JN237287

入門

ウェブ分析論

小川 卓
Ogawa Taku

Introduction to Web Analytics

アクセス解析を成果につなげるための新・基礎知識

SoftBank Creative

■本文中のサービス名、システム名、製品名などは、一般に各社の商標または登録商標です。
■本文中では、TM、®マークは明記しておりません。
■本書の出版にあたっては正確な記述に努めましたが、本書の内容に基づく運用結果について、著者、監修者、ソフトバンク クリエイティブ株式会社は一切の責任を負いかねますのでご了承ください。

© 2010 本書の内容は、著作権法上の保護を受けています。著作権者、出版権者の文書による許諾を得ずに、本書の内容の一部または全部を無断で複写・複製・転載することは禁じられています。

▶▶▶ はじめに

　本書の目的は、サイトに関する「過去」のデータを分析して「現状」を可視化し、サイトの「未来」を変えることです。もう少し具体的に書くと、ウェブ上で取得できるさまざまなデータを用いてサイトの状態を明らかにしたうえで、強みを伸ばし、弱みを改善することで、サイトをより良くすることです。この一連のプロセスのことを「ウェブ分析」といいます。

　今、本書を手にとっている人の中には、「サイトのアクセス数や売上が伸びない」などの問題を抱えている人もいるでしょう。またこれから新たにサイトを立ち上げる人もいるでしょう。もし、少しでも現状を改善したいと思っていたり、自社や自身のサイトについてもっと詳しく知りたいと思っているのでしたら、ぜひ本書を読み進めてください。きっとこれまでは見えていなかったサイトの現状を把握することができるようになり、またサイトの課題を発見することができるようになります。それらの情報・ノウハウは今後のサイト運営で必ず役に立ちます。本書は全11章で構成されています。

　Part 01の「Chapter 01 サイトの目標の可視化」では、サイトの目的を数値化する方法を解説します。目的を数値化することで、その目的を達成するための方法が具体的に見えてきます。「Chapter 02 ウェブ分析の基礎」では、アクセス解析ツールの仕組みや、ウェブ分析においてもっとも重要な3つの単位と、4つの指標を解説します。これまでアクセス解析ツールを使用したことがない人は必ず目をとおしてください。「Chapter 03 統計の基礎知識とグラフの理解」では、ウェブ分析でデータを扱う際に必要になる統計とグラフの基礎知識を解説します。さまざまなシーンで利用する知識なのでぜひ読み進めてください。

　Part 02の「Chapter 04 モニタリングレポートの作成とトレンドの発見方法」では、ウェブ分析の基本である「トレンド」について詳しく解説します。また、トレンドを発見するためのレポートの作成方法やデータの見方についても解説します。「Chapter 05 セグメンテーションによるウェブ分析」では、さまざまな軸でサイトに訪れる人を分類し、サイトの現状を明らかにする分析方法を解説します。「Chapter 06 サイトの課題を発見する10のSTEP」では、前半の各章で解説してきた内容をもとにサイトの課題を発見する手法を具体的に解説します。「Chapter 07 課題のリストアップと改善策の実施」では、ウェブ分析を行って発見した課題に対する具体的な改善策の実施方法を解説します。

　Part 03の「Chapter 08 集客最適化」では、サイトに人を集める「集客」の種類と特徴、そして最適化をするための「集客ポートフォリオ」を紹介します。「Chapter 09 導線最適化」では、サイト内の導線（ユーザーの画面遷移）に関する課題の発見方法と改善策を紹介します。

　Part 04の「Chapter 10 アクセス解析ツール以外のウェブ分析ツール」では、アクセス解析ツールでは取得できないサイトを可視化できるさまざまなツールを紹介します。「Chapter 11 12のアドバンスドウェブ分析手法」では、高度な分析手法をまとめて紹介します。中には難易度が高いものもありますが、サイトをさらに改善するためには有効な手法ばかりです。

2010年9月
小川 卓

Contents

Introduction ウェブ分析とは — 1

- ウェブ分析の必要性 — 2
- ウェブ分析の特徴（オフラインとの違い） — 3
- 「集計」と「分析」は違う — 5
- まずはアクセス解析ツールを使いこなそう — 5
- ウェブ分析の精度 — 6
  - **Column** ウェブ分析の成熟度モデル — 7

Part 01 ウェブ分析をはじめる前に — 10

Chapter 01 サイトの目標の可視化 — 10

- サイトの目標とKGI — 10
- KGIの設定方法 — 11
  - 商品販売による売上が発生するサイト — 11
  - 広告掲載による売上が発生するサイト — 11
  - コンテンツ掲載による売上が発生するサイト — 12
  - サイト外で売上が発生するサイト — 13
  - 売上がまったく発生しないサイト — 13
- KGIを達成するためにCSFとKPIを考える — 13
- KPI設定時の注意点 — 16
- サイトの種類別KGI／CSF／KPIの設定方法 — 17
  - サイトの目標を設定しないと何が起こるのか — 19
- サイトの最適化の種類と実行単位 — 19

| Column 売上2倍は夢物語？ | 20 |

Chapter 02 ウェブ分析の基礎 — 21

≫ アクセス解析ツールのデータ収集方法 — 21
- ≫ Apacheログ方式 — 21
- ≫ Webビーコン方式（タグ方式） — 23
- ≫ Apacheモジュール方式 — 26
- ≫ パケットキャプチャー方式 — 27
- ≫ データ収集方式の決定方法 — 28

≫ アクセス解析ツールで取得できる主なデータ — 28
- ≫ ユーザーの特定 — 29
  - Column サードパーティCookie — 30

≫ ウェブ分析で扱う主な指標 — 31
- ≫ アクセス数に関する指標 — 31
- ≫ 指標の割り算 — 33

≫ ウェブ分析特有の4つの指標 — 34
- ≫ 新規ユーザー／リピーター — 34
- ≫ コンバージョン — 35
  - Column コンバージョンの設定内容 — 36
- ≫ 遷移／離脱／直帰 — 37
- ≫ 滞在時間 — 37
  - Column 「ダブルタギング」のススメ — 39

Chapter 03 統計の基礎知識とグラフの理解 — 40

≫ ウェブ分析で利用する「統計」 — 40
- ≫ 平均 — 40
- ≫ 中央値と最頻値 — 42
- ≫ 正規分布 — 43
- ≫ 相関係数 — 44

≫ 大数の定理 — 46

≫ 単位の割り算 — 47

≫ ウェブ分析における統計グラフの使い方 — 49
- ≫ 折れ線グラフ — 49
- ≫ 棒グラフ — 53
- ≫ 円グラフ — 54

⫸	散布図	55
⫸	バブルチャート	56
⫸	レーダーチャート	56
	Column アクセス解析ツール間の数値のずれ	58

Part 02 サイトの課題発見から改善まで　59

Chapter 04 モニタリングレポートの作成とトレンドの発見方法　60

⫸ モニタリングレポートとは　60
- ⫸ モニタリングレポートの目的　60
  - **Column** 定常分析とスポット分析　61

⫸ モニタリングレポートの作成方法　61
- STEP 1 ⫸ 見るべき項目を決める　62
- STEP 2 ⫸ データを取得する　62
- STEP 3 ⫸ データをグラフ化する　63
- STEP 4 ⫸ 「まとめ」シートを作成する　69

⫸ トレンドの基礎知識　70
- ⫸ トレンドとは　70

⫸ トレンドの見つけ方　71
- ⫸ 月単位で季節トレンドを把握する　71
- ⫸ 期間ごとのトレンドを確認する　74
- ⫸ 時間別トレンド　75
- ⫸ 条件を揃える　76
- ⫸ 他データと組み合わせる　77
- ⫸ 特異なデータを差し引く　78
- ⫸ 多項式近似を使う　80

⫸ トレンドから外れたところを分析する　82
- ⫸ 「トレンドから外れた」の定義　82
- ⫸ 期間ごとに異なるトレンドの「誤差」　83
  - **Column** 無料で利用できる個性的なウェブ分析サービス　84

Chapter 05 セグメンテーションによるウェブ分析　85

⫸ セグメンテーションの基礎知識　85

- ≫ セグメンテーションとは ... 85
- ≫≫≫ **1．流入元で分類する** ... 86
  - ≫ 検索エンジンからの流入 ... 87
  - ≫ 検索エンジン以外のリファラーやノーリファラーからの流入 ... 88
  - ≫ 各セグメントと5つの指標 ... 89
- ≫≫≫ **2．検索ワードで分類する** ... 93
  - ≫ 検索ワードによるセグメンテーションの基本 ... 93
  - ≫ 上位10ワードの分析 ... 93
  - ≫ 上位100ワードの分析 ... 96
  - ≫ キーワードマトリックス ... 96
- ≫≫≫ **3．入り口ページで分類する** ... 98
  - ≫ 入り口ページによるセグメンテーションの基本 ... 99
- ≫≫≫ **4．新規ユーザー／リピーターで分類する** ... 101
  - ≫ 新規ユーザー／リピーターによるセグメンテーションの基本 ... 101
- ≫≫≫ **5．コンテンツごとに分類する** ... 103
- ≫≫≫ **6．コンバージョンの有無で分類する** ... 104
  - ≫ コンバージョンの有無によるセグメンテーションの基本 ... 104
  - Column アドバンスドセグメント機能の使い方 ... 106

Chapter ≫≫≫ 06 サイトの課題を発見する10のSTEP ... 110

- ≫ ウェブ分析をはじめる前に ... 110
- STEP 1 ≫≫ **主なトレンドの把握** ... 112
  - ≫ 季節トレンドの把握 ... 112
  - ≫ 日別トレンド ... 117
  - ≫ 時間別トレンド ... 119
  - ≫ インテリジェンス機能の利用 ... 120
- STEP 2 ≫≫ **サイトの流入内訳の確認** ... 122
- STEP 3 ≫≫ **検索エンジンからの流入の分析** ... 123
  - ≫ 上位50ワードを取得する ... 124
  - ≫ キーワードマトリックスを作成する ... 126
- STEP 4 ≫≫ **リファラーの分析** ... 127
  - ≫ リンクされているページをチェックする ... 129
- STEP 5 ≫≫ **入り口ページの分析** ... 130
  - ≫ 直帰率が高い入り口ページのリファラーを確認する ... 131
- STEP 6 ≫≫ **出口ページの分析** ... 132

STEP 7	来訪者の地理情報の分析	133
STEP 8	特定ページの分析	134
	分析対象ページの遷移前後のページを確認する	135
STEP 9	コンバージョン直前ページの分析	136
STEP 10	コンバージョンページの分析	138
	コンバージョンに貢献したページを探す	139
	Column　Google Analyticsの「目標」の設定方法	140

Chapter 07 課題のリストアップと改善策の実施　143

課題発見から改善策の実施まで　143
- 1. 「気づき」を分類する　143
- 2. 課題の改善策を考える　144
- 3. 改善策の優先順位を決める　145
- 4. 具体的な手法とスケジュールを決める　147
- 5. 改善策のゴールを決める　147
- 6. 改善策を実施して評価する　148

改善策の実施方法：A/Bテスト　149
- A/Bテストのメリットとデメリット　150
- A/Bテストのテスト方法　150
- A/Bテストの実行方法（同時テスト）　151
- Column　A/Bテストを実施できるツール　153

改善策の実施方法：マルチバリエイトテスト　154
- マルチバリエイトテストのメリットとデメリット　154
- Column　有料のアクセス解析ツールでできること　156

Part 03 集客と導線の最適化　157

Chapter 08 集客最適化　158

集客最適化とは　158
- コンバージョン数が増えない理由　158
- 集客最適化の考え方　159
- Column　コストと売上に関する指標　161
- 10種類の集客施策　161

集客施策その1：検索エンジン　162
検索エンジンのメリットとデメリット　163
「検索エンジン」施策の概要　164
Column 検索結果画面の上位に掲載してもらう方法　165

集客施策その2：リスティング広告　166
リスティング広告のメリットとデメリット　167
リスティング広告と検索エンジンの違い　168
「リスティング広告」施策の概要　169
Column インタレストマッチとGoogleコンテンツネットワーク　170

集客施策その3：メールマガジン　171
メールマガジンのメリットとデメリット　172
「メールマガジン」施策の概要　172

集客施策その4：アフィリエイト　174
アフィリエイトのメリットとデメリット　175
「アフィリエイト」施策の概要　175

集客施策その5：外部広告（プロモーション）　176
外部広告のメリットとデメリット　177
「外部広告」施策の概要　177

集客施策その6：プレスリリース　178
プレスリリースのメリットとデメリット　178
「プレスリリース」施策の概要　179

集客施策その7：自己集客　179
自己集客のメリットとデメリット　180
「自己集客」施策の概要　180

集客施策その8：公式サイト（モバイル）　181
公式サイト（モバイル）のメリットとデメリット　182
「公式サイト（モバイル）」施策の概要　183

集客施策その9：他力集客　183
他力集客のメリットとデメリット　184
「他力集客」施策の概要　185

集客施策その10：アライアンス　185
アライアンスのメリットとデメリット　186
「アライアンス」施策の概要　187

集客施策の最適化プロセスと集客ポートフォリオ　187
集客施策の最適化プロセス　187
集客ポートフォリオの作成　188
FAQ ウェブ分析担当者がよく質問される項目とその答え　191

Chapter 09 導線最適化 — 197

導線最適化とは — 197
入り口ページの最適化 — 197
- 問題のある入り口ページの特定 — 198
- 直帰率が高いページの改善施策 — 199
- 流入数と改善幅の調査 — 201

ページ間の遷移 — 202
- 遷移率の低いページを探す — 203
  - Column 情報量の多いサイトマップ — 204
- 遷移率の改善方法 — 204

入力フォーム — 206
- 入力フォームへの遷移 — 207
- 入力フォーム内の遷移 — 208

キャンペーンの最適化 — 208
- キャンペーンの目的と施策 — 209
- 目的を指標に落とし込む — 209
- キャンペーンの実施と評価 — 210
  - Column プレゼントキャンペーンの導線最適化 — 212

Part 04 一歩先のウェブ分析手法 — 213

Chapter 10 アクセス解析ツール以外のウェブ分析ツール — 214

アクセス解析ツールの計測範囲 — 214
【検索エンジン関連の情報】キーワードツール — 215
- 検索ワードの検索数の調査・分析 — 216
- 検索ワードのトレンドの調査・分析 — 217
- 自社サイトや競合サイトと関連性のある検索ワード — 218
- 検索ワードのCTRの把握 — 219
- リスティング広告の入札ワードの決定 — 220
- モバイルユーザーの検索ワード — 221

【検索エンジン関連の情報】Google Insights for Search — 221
- 検索ワードの検索トレンドを比較する — 222

- 地域ごとの検索数を確認する … 223
- 人気検索クエリと注目検索クエリを確認する … 224

【検索エンジン関連の情報】GRC … 225
- GRCの利用方法 … 226

【検索エンジン関連の情報】その他の一芸ツール … 227
- SEO TOOL DW 230 … 228
- SEOアクセス解析ツール … 228
- キーワード出現頻度解析 … 229
- ライバルサイトチェッカーβ … 229
- UnitSearch … 230
- itomakihitode.jp … 230

【サイト内のユーザー情報】UserHeat … 231
- UserHeatの使用方法 … 231
- マウストラック分析の結果画面 … 232
- クリックマップ分析の結果画面 … 233
- 熟読エリア分析の結果画面 … 233

【サイト内のユーザー情報】なかのひと … 234
- なかのひとの使用方法 … 234

【サイト内のユーザー情報】4Q … 235
- 4Qの使用方法 … 235

【サイト内のユーザー情報】FormAnalytics … 238
- FormAnalyticsの使用方法 … 238
- レポートの集計結果 … 239

【外部サイトの情報】kizasi.jp … 242

【外部サイトの情報】TopHatenar＋Blogpolis … 242
- 自社ブログや個人ブログのランキング … 243
- 購読者やブックマーク数の増加につながった記事の確認 … 244
- 書いているブログと関連性のあるブログの確認 … 244

【外部サイトの情報】アドプランナー … 245
- アドプランナーの使用方法 … 246

【外部サイトの情報】Twitter分析 … 249
- Twitter分析とは … 250
- Twitter上の情報を取得する方法 … 250
- 広告コード付きURLと短縮URLサービス … 251
- Twitter分析の手法 … 252
  - **Column** その他のウェブ分析手法 … 255

Chapter 11 12のアドバンスドウェブ分析手法　257

- 1．トレンド＋セグメンテーションの併用分析　257
- 2．任意の変数を利用したセグメンテーション　258
- 3．リピーターのセグメンテーション　259
- 4．ロングテール分析　261
- 5．ユーザー単位の分析　262
- 6．間接効果の利用　263
- 7．売上の取得　264
- 8．サイト内検索の検索ワード分析　265
  - Google Analyticsを利用したサイト内検索の検索ワード分析　265
- 9．データマイニング　267
- 10．離脱リンクの計測　268
- 11．効果差配　268
- 12．レコメンデーション　269
  - Column　ユーザーエンゲージメント　270

おわりに　274
INDEX　278

Introduction

ウェブ分析とは

Introduction　ウェブ分析とは

　本書で解説する「ウェブ分析」とは、1. サイト内外のデータを収集し、2. そのデータを分析することでサイトの問題点を可視化し、3. 問題点を改善することでサイトを最適化する、方法・手順のことです。

● ウェブ分析の3ステップ

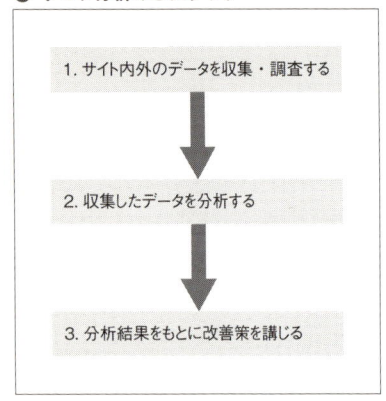

```
1. サイト内外のデータを収集・調査する
          ↓
2. 収集したデータを分析する
          ↓
3. 分析結果をもとに改善策を講じる
```

　サイトの状況を判断したり、対策を考えたりする際には、サイト運営者の主観や意見も大切です。しかし、時にはその判断が正しくない場合もあります。なぜなら、サイト運営者はサイトに訪れるユーザーではないからです。その点、ウェブ分析では「サイトに訪れたユーザーが残したさまざまな足跡(データ)」をもとに分析を行うため、具体的かつ効果的な対策を行うことができます。

　また、ウェブ分析を行えば、ユーザーのサイト内での動き、コンバージョン率(サイトの目的達成度合い)の分析、キャンペーンや各種集客方法(メールマガジンやプレスリリース)などの効果測定にも利用できます。

ウェブ分析の必要性

　そもそも、ウェブ分析は必要なのでしょうか。一昔前であれば必要なかったと思います。なぜなら、以前はサイトを作成することが1つの目標であり、またインターネットを利用するユーザーもそれほど多くなかったため、詳細に分析しなくても一定の効果を得ることができたからです。

　しかし、今では膨大な数のサイトがインターネット上に存在し、かつインターネットの利用者数も膨大な数に膨れ上がっているため、単にサイトを作成しても誰も見てくれません。また、サイトに対するユーザーのリテラシも高まっているので、たとえユーザーが訪れたとしても使いにくければ、すぐに別のサイトに移ってしまうでしょう。つまり、第一のポイントとして以下のことがいえます。

現在は「ユーザーにとって使いやすいサイト」、「ユーザーの要望を満たすサイト」を作る必要がある

　さらに、検索エンジンが広く利用されるようになったため、ユーザーはサイト制作者が用意したTOPページ以外のページからサイト内に流入してくるようになりました(実際、多くのサイトでは

TOPページへの流入よりも、それ以外のページへの流入のほうが多いです)。その結果、第二のポイントとして以下のことがいえます。

TOPページだけではなく、サイト内のすべてのページを最適化しなければならない

● サイトへの流入経路の多様化

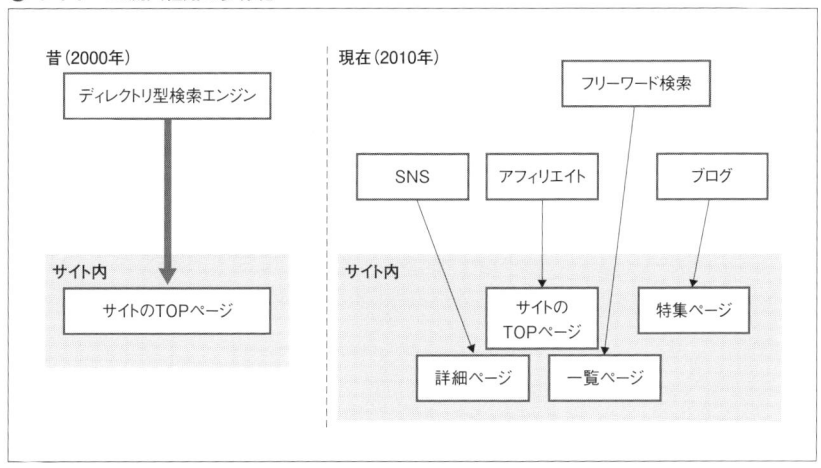

昔(2000年)
ディレクトリ型検索エンジン
↓
サイト内
サイトのTOPページ

現在(2010年)
フリーワード検索、SNS、アフィリエイト、ブログ
↓
サイト内
サイトのTOPページ、特集ページ、詳細ページ、一覧ページ

　このような状況において、ユーザーに求められるサイトを作成するにはウェブ分析が必須です。ウェブ分析を行い、目に見えない「ユーザーが求めていること」を可視化することで、はじめてユーザーが求めるサイトを構築できるのです。
　実際、多くの企業やサイト管理者がウェブ分析を行って成果を上げています。ウェブ分析を行いユーザーにとって最適なコンテンツを提供しているサイトと、ウェブ分析を行わずただ単に作っただけのサイトでは、結果に大きな差が生じています。
　なお、ウェブ分析を行ってサイトを改善すると、ユーザーの要求を満たせるだけでなく、GoogleやYahoo!などの検索結果ページで上位に表示されるようにもなるので、結果的により多くのユーザーに来訪してもらえるようになります。

ウェブ分析の特徴(オフラインとの違い)

　ウェブ分析の多くは「ウェブ」だから実現できます。当然と思われるかもしれませんが、オフライン(現実世界)では実現できません。コンビニエンスストア(以下、コンビニ)を例にオンラインとオフラインで取得できるデータの違いを見てみましょう。
　コンビニで取得できるデータは、主にユーザー行動の最後のステップである「購入」に関わる部分です。例えば以下のようなデータを取得できます。

Introduction　ウェブ分析とは

● コンビニで取得できるデータ（主にレジの周り）

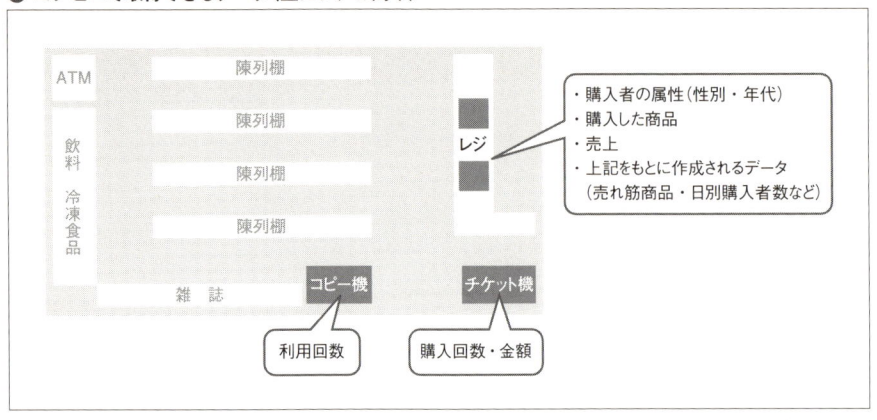

- 購入者の属性（性別・年代）
- 購入した商品
- 売上
- 上記をもとに作成されるデータ
  （売れ筋商品・日別購入者数など）

コピー機：利用回数
チケット機：購入回数・金額

一方、オンラインのお店では、上記に加えて以下のデータも取得できます。

● オンラインで取得できるデータ（コンビニとの比較）

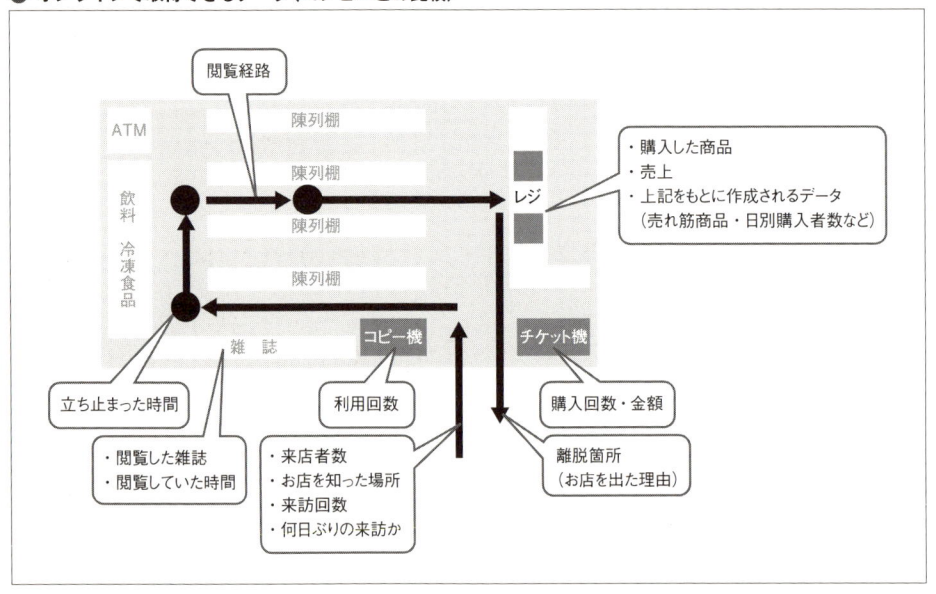

閲覧経路

- 購入した商品
- 売上
- 上記をもとに作成されるデータ
  （売れ筋商品・日別購入者数など）

立ち止まった時間
- 閲覧した雑誌
- 閲覧していた時間

利用回数

- 来店者数
- お店を知った場所
- 来訪回数
- 何日ぶりの来訪か

購入回数・金額

離脱箇所
（お店を出た理由）

このように、新しく取得できるデータが増えれば、それだけ売るための対策を考えたり、ユーザーの要求を満たす施策を練ったりすることができます。せっかく得られるデータを活用しない手はないでしょう。上記をまとめると、ウェブ分析では以下のことを実現できます。

1. ユーザーのサイト外での行動を可視化できる
2. ユーザーのサイト内での行動を可視化できる
3. 可視化することでサイトの状態を把握できる
4. 可視化した結果をもとにサイトの改善案を立案できる
5. 実行した改善案の効果を測定できる

「集計」と「分析」は違う

　ここまで読み進めた人の中には、「すでにアクセス解析ツールを使ってデータを集計しているのに成果が上がらない」と嘆いている人がいるかもしれません。そこで、ウェブ分析を行ううえで非常に重要なことをここで述べておきます。大切なのは「分析」という言葉です。まれに「分析」と「集計」を混同している人がいますが、この2つには天地ほどの違いがあります。以下の用語の定義を確認してください[※]。

・集計とは「データを集めて計算すること」
・分析とは「ある物事を分解して、それらを成立させている成分・要素・側面を明らかにすること」

　ウェブ分析において「集計」は受動的な言葉です。主語を付けると「アクセス解析ツールがサイトのデータを集計している」という表現になります。つまり、それを見ている人は何もしておらず、ツールが集計した結果を見て一喜一憂しているだけなのです。

　一方、「分析」は能動的な言葉です。主語を付けると「私がサイトを分析している」という表現になります。つまり、ツールが何かをしているわけではなく、人が作業しているのです。この違いは本書全体において非常に重要な考え方になります。本書で解説するのは「分析」を行う方法です。「データを見る人」ではなく、「データを使う人」になるために必要な情報を網羅しています。

まずはアクセス解析ツールを使いこなそう

　ウェブ分析においてもっとも重要なツールは「アクセス解析ツール」です。ウェブ分析はアクセス解析ツールを使用してサイト内外のさまざまなデータを取得するところからはじめます。そのため、まずはきちんとアクセス解析ツールを使いこなせるようになる必要があります。もちろん、アクセス解析ツールが取得する各種データの意味や利用方法を習得する必要もあります。

　本書ではアクセス解析ツールで取得できる各種データについても詳しく解説しています。また、それらのデータをもとにサイトの状態を分析する方法や、その分析結果をもとに改善策を立案する方法も解説しています。すでに何らかのアクセス解析ツールを利用している人はそのツールを使いながら本書を読み進めてください。利用していない人はこの機会に導入することをお勧めします。

※ 出所：ASCII.jpデジタル用語辞典、Wikipedia

Introduction　ウェブ分析とは

● 主なアクセス解析ツール

ツール名	提供元	価格	説明
Comfy Analytics	コンフォート・マーケティング	有料	「現状把握」や「課題解決」といった、ニーズ別にメニューがまとまっている。機能単位でレポートを見る他のツールとは軸足が異なる。どのレポートでもフィルタリングが可能
Google Analytics	グーグル	無料	もっとも高いシェアを誇る、無料のアクセス解析ツール。指定した条件でグルーピングしたデータを用いてサイト分析できる「アドバンスドセグメント」が強力
RTmetrics	オーリック・システムズ	有料／無料	「パケットキャプチャー型」、「ビーコン型」、「サーバーログ型」の3種類の計測方式が用意されているツール。モバイルでの導入実績が多く、導線分析も強力。「myRTmobile」は数少ないモバイル用の無料アクセス解析ツール
Sibulla	環	有料	データをもとにしたアドバイス機能は課題発見を容易にする。ユーザー検索機能やユーザー単位の導線分析などが特徴的
SiteCatalyst	アドビシステムズ	有料	取得できるデータの種類と機能が豊富。分析要件が多く、大規模サイト向け。有料ツールではシェア世界1位
Visionalist	デジタルフォレスト	有料	クロス集計やカスタム検索などの絞り込みが便利。サポートとコンサルティングが充実。国産ツールであり、日本での導入実績が多い
X-log	ジャスネット	有料	韓国生まれのアクセス解析ツール。リスティング広告の不正クリック防止や、サイトに訪れた人とのチャット機能、企業分析など独自の機能を多数搭載している

　なお、本書では解説の必要上、Google Analyticsの使用例をいくつか掲載していますが、同等の操作や分析の大半は他のツールでも行うことができます。また、ウェブ分析ではアクセス解析ツール以外にもさまざまなツールを利用します(本書後半で解説します)。

ウェブ分析の精度

　アクセス解析ツールはどれくらいの精度で各データを取得できると思いますか。ここでいう精度とは「100回アクセスがあった場合に、すべてのアクセスを計測できていれば100％、1回分計測できていない場合は99％」ということです。100％は無理でも99％くらいではないかと考えている人も多いのではないでしょうか。しかし、実際には90〜95％程度だといわれています。詳しくは後述しますが、ウェブ分析で利用するいくつかのデータはCookieの情報をもとに算出されます。そのため、Cookieが拒否されているブラウザからのアクセスなどは正しくデータを取得できないのです。他にも技術的な理由でデータが取得できないこともあります。

　ただし、100％の精度でデータを取得できないからといってウェブ分析が無意味なものになるわけではありません。サイトの現状把握や課題の洗い出し、また具体的な改善方法の立案などは十分に行えます。もちろん100％に越したことはないのですが、現実的に難しいのでそこは割り切って利用しましょう。

Column ウェブ分析の成熟度モデル

　ウェブ分析の詳細については次章以降でじっくりと解説していきますが、ウェブ分析は勉強しただけでは意味がありません。学んだことを実践し、サイトの改善に活用することが大切です。また、主観的な感覚ではなく、分析したデータをもとに客観的に判断していくことも重要です。

　筆者はウェブ分析に以下のような成熟度モデルを定義しています。これらのレベルをヒントにしながら、ステップアップしていきましょう。本書では主にLv1〜Lv7の内容を紹介します。

ウェブ分析の成熟度モデル（実施内容に基づくレベル分け）

レベル	説明
Lv1	アクセス解析ツールを導入したが、数字の意味および見ることの必要性を感じられない状態
Lv2	ページビュー数やコンバージョン数などの、見るべき数字（あるいは見たほうが良いと思う数字）を定期的に閲覧している状態。しかし、特に対策は行っていない
Lv3	アクセス解析ツールを活用して、集客や導線の課題を見つけることができる状態
Lv4	上記の課題に対して改善施策を考え、サイトに反映し、その結果を確認している状態。改善施策を実現する環境が整っており、またその施策の評価方法もわかっているが、その効果に関しては改善を実施してみないとわからない
Lv5	アクセス解析ツール以外の手法を使ってサイトに関するデータ（ウェブアンケートやインターネット視聴率など）を取得し、改善策を検討している状態
Lv6	アクセス解析ツールで取得したデータを利用して、ページビュー数やコンバージョン数を最大化させる施策を、計画的かつ定期的に行っている状態。実施した施策を記録・蓄積し、過去の情報をもとに未来を予測できる。また複数の施策の相乗効果なども検討できるようになっている。目標はあくまでも数字を増やすことにある
Lv7	ページビュー数やコンバージョン数を最大化させるだけではなく、費用対効果を考えた最適化を行っている状態。コストや工数も考慮し、改善施策を行っている。またアクションの総量を増やすだけではなく、アクション量およびアクション先をコントロールできる（売れない商品を売れるようにするための施策を考えられる）
Lv8	アクセス解析ツールで集計したデータ以外の情報（売上情報や会員情報など）と連係し、総合的な可視化とセグメントに対する最適化を行っている状態。特に最終コンバージョンがオフラインの場合は、そのオフラインのデータも取り込み、サイトの効果を最大限に発揮できる施策を行っている
Lv9	取得したデータをもとに、今後の予測を立てて、予測に則った集客およびサイト内コンテンツの最適化を行っている状態。未来にわたってサイトの売上予測がある程度可能
Lv10	最適化のプロセスを自動化している状態。最適化のプロセスは自動的かつ定期的に見直される

　なお、成熟度のステップアップは一人では実行できません。企業内でウェブ分析を実施している場合は、IT部門やマーケティング部門などの協力が必要ですし、上司に理解してもらう必要もあります。そのため、実施内容と併せて以下に示す「ウェブ分析の浸透度合い」を示す成熟度モデルも参考にしてください。

　以下は、米国のウェブコンサルティング会社「Immeria」のハメル氏が提唱した、「企業におけるアクセス解析の成熟度」を表すレーダーチャートです。なお、各成熟度レベルは連動します。「リソース」が充実しても、それを使う「方法論」や「目的」が低いレベルのままでは良い結果を残すことはできません。また、ある人がツールやデータの活用法に長けていても、それがチーム全体に浸透していなければ十分な効果は期待できないでしょう。ぜひ他の成熟度レベルよりも遅れている項目がないか確認してください。遅れている項目が最初に手をつけるべきところです。

Introduction　ウェブ分析とは

● 企業におけるアクセス解析の成熟度（実施環境に基づくレベル分け）

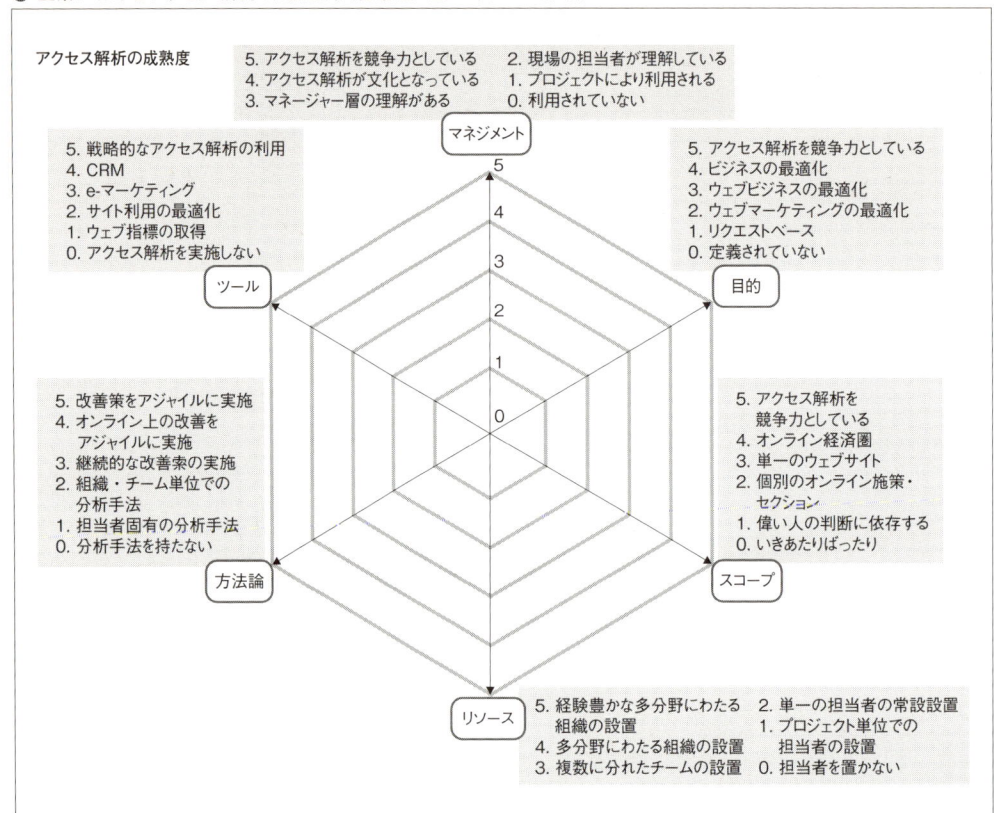

アクセス解析の成熟度

マネジメント
5. アクセス解析を競争力としている
4. アクセス解析が文化となっている
3. マネージャー層の理解がある
2. 現場の担当者が理解している
1. プロジェクトにより利用される
0. 利用されていない

ツール
5. 戦略的なアクセス解析の利用
4. CRM
3. e-マーケティング
2. サイト利用の最適化
1. ウェブ指標の取得
0. アクセス解析を実施しない

目的
5. アクセス解析を競争力としている
4. ビジネスの最適化
3. ウェブビジネスの最適化
2. ウェブマーケティングの最適化
1. リクエストベース
0. 定義されていない

方法論
5. 改善策をアジャイルに実施
4. オンライン上の改善をアジャイルに実施
3. 継続的な改善案の実施
2. 組織・チーム単位での分析手法
1. 担当者固有の分析手法
0. 分析手法を持たない

スコープ
5. アクセス解析を競争力としている
4. オンライン経済圏
3. 単一のウェブサイト
2. 個別のオンライン施策・セクション
1. 偉い人の判断に依存する
0. いきあたりばったり

リソース
5. 経験豊かな多分野にわたる組織の設置
4. 多分野にわたる組織の設置
3. 複数に分けたチームの設置
2. 単一の担当者の常設設置
1. プロジェクト単位での担当者の設置
0. 担当者を置かない

● 成熟度を構成するカテゴリ

カテゴリ	説明
マネジメント	ウェブ分析に対する上司または上層部の理解度。例えば、Lv3はマネジメント層がウェブ分析の必要性を理解し、担当者もおり、数値に基づいた目標が設定・管理されている状態を示す
目的	ウェブ分析を行う際の目的。ウェブ分析のデータはサイト上のマーケティング（集客増加やユーザー行動の可視化など）や、新しい商品やサービスの最適化にも利用できる。「なぜウェブ分析を行っているのか」という質問に対する答えが、この成熟度の目安となる
スコープ	ウェブ分析がどのシーンにおいて活用されているかを表す。個別の施策（キャンペーン単位など）で利用されているのか、サイト単位で利用されているのかがこの成熟度の目安となる。範囲が広ければ広いほど関わる人も多く、難易度が上がる
リソース	ウェブ分析を行うための「体制」。例えば、Lv2はウェブ分析の実行が特定の個人に依存している状態、Lv4はウェブ分析担当者が各サイトに存在し、常に相談できる状態を示す
方法論	ウェブ分析を行うための「手法」や「ノウハウ」がどのように蓄積・利用されているかを表す。リソースと同じようにチームや組織として担保することが大切。「アジャイル」とは検討および実施のスピードが早いことを示す。ウェブ分析が認知され、分析手法が確立されていないと実現できない
ツール	ツールを使って実現できる内容。ツールそのものの成熟度ではない。Lv1はツールを使ってデータを取得しているだけの状態を、Lv4はユーザー（あるいはグループ）ごとに最適なウェブサイトを表示するための情報としてデータを使っている状態を示す

Part 01

ウェブ分析をはじめる前に

| Chapter 01 ≫ サイトの目標の可視化 |
| Chapter 02 ≫ ウェブ分析の基礎 |
| Chapter 03 ≫ 統計の基礎知識とグラフの理解 |

Chapter 01 サイトの目標の可視化

　ウェブ分析では、最初に「目標の可視化」を行います。具体的には、サイトの目標を明確にしたうえで、「計測できる数値」に置き換える作業を行います。あいまいな目標を数値に置き換えることで、客観的に現在の状況と過去を比較したり、現状を判断したりできるようになります。

サイトの目標とKGI

　みなさんは、なぜサイトを立ち上げたのでしょうか。その目的・目標を改めて考えてください。例えば、以下のような目的が挙げられるかもしれません。

- サイト単体での売上を増やす
- ブランドを認知してもらうために、多くの人にページを見てもらう
- ヘルプセンターを開設して、ユーザーの疑問を解決する

　ウェブ分析では、サイトの目的・目標を「KGI（Key Goal Indicator：経営目標達成指標）」と呼びます。ここで重要なのは目的を数値化することです。そのうえで、以下のようにその目標に対して「いつまでに」、「どれくらい」を設定してください。

- サイト単体の売上を1年間で15％向上させる
- ブランドを認知してもらうために、半年後に月間閲覧数を100万回にする
- ヘルプセンターを開設して、電話への問い合わせ数を20％削減する

　上記のようなKGIを設定することはとても重要です。KGIがないと現在のサイトが良いのか、悪いのか判断することができませんし、「目標を達成するぞ！」というモチベーションにもつながりません。常にKGIを意識して、サイト改善に臨みましょう。

● KGIの重要性

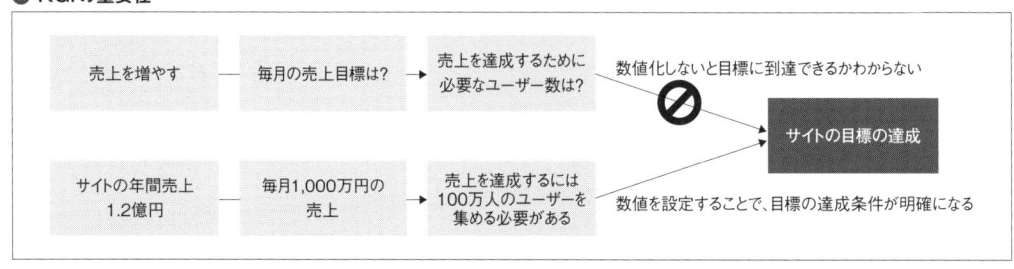

売上を増やす → 毎月の売上目標は？ → 売上を達成するために必要なユーザー数は？　　数値化しないと目標に到達できるかわからない　🚫　サイトの目標の達成

サイトの年間売上1.2億円 → 毎月1,000万円の売上 → 売上を達成するには100万人のユーザーを集める必要がある　　数値を設定することで、目標の達成条件が明確になる

KGIの設定方法

　KGIの内容や考え方は、対象のサイトの種類によって異なります。ここでは主要な5種類のサイトを例にKGIの設定方法を解説します。

商品販売による売上が発生するサイト

　「通販生活(http://www.cataloghouse.co.jp/)」や「赤すぐ(http://akasugu.net/)」のように、商品やサービスの販売によってサイト上で売上が発生するサイトの場合は、会社の売上目標や過去の売上実績をもとにKGIを考えます。通常は会社の売上目標を達成できるような数値を設定します。例えば、年間の売上目標が10億円の会社においてオフライン(実店舗)の売上予想が7億円なのであれば、サイトのKGIは「3億円以上の売上」となります。

　また、売上目標が設定されていない場合は、過去の売上をもとにKGIを設定するのも有効です。例えば、過去数年間の売上が毎年1.1倍ずつ伸びているのであれば、「昨対比1.1倍」をKGIに設定しましょう。ただし、今年からはじめてウェブ分析を行う場合は「昨対比1.5倍」を目指してください。

広告掲載による売上が発生するサイト

　「朝日新聞(http://www.asahi.com/)」や「Markezine(http://markezine.jp/)」のようなメディアサイトを含め、サイト内に他社の広告を掲載することによって売上が発生するサイトの場合は、以下の計算式をもとに売上高を計算し、KGIを設定します。

KGI ＝ 広告枠の数×掲載率×ページビュー数×ページビュー単価

※ページビュー数とは、ユーザーがあるページを訪問(閲覧)した回数です。
※ページビュー単価とは、1ページビューごとに発生する料金です。

　例えば、トップページに大小2つの広告枠があり、100万PVごとに大きなバナー広告に10万円、小さいテキスト広告に5万円の広告料金を設定しているとします。この場合において、サイトの月間ページビュー数が50万PVであり、通期において8割の期間に広告が入る場合、年間の広告売上は以下のように計算できます。

大きなバナー広告の年間売上 ＝ 10万円×(12÷2)×0.8
　　　　　　　　　　　　　＝ 48万円

小さいテキスト広告の年間売上 ＝ 5万円×(12÷2)×0.8
　　　　　　　　　　　　　　＝ 24万円

　このように算出した数値をもとに、各項目に対していくらか上積みして目標を設定しましょう。上積みの程度は過去の実績をもとに行ってください。過去の実績がまったくない場合は、予想数値の1.5

倍程度を設定します。

コンテンツ掲載による売上が発生するサイト

「HotPepperグルメ（http://www.hotpepper.jp/）」や「食べログ（http://tabelog.com/）」などの飲食店紹介サイトや、「SUUMO（http://suumo.jp/）」などの住宅情報サイト、「価格.com（http://kakaku.com/）」のような商品比較サイト、「楽天市場（http://www.rakuten.co.jp）」のようなショッピングモールサイトのような、クライアントのコンテンツを掲載することによって売上が発生するサイトの場合は、売上とリテンション率をもとにKGIを設定します。

売上の計算は「掲載数 × 掲載あたりの単価」で求めることができます。例えば、月あたりの掲載数が500社、掲載単価が5万円だとすると年間の売上は以下のようになります。

```
年間の売上 ＝ 500 × 50,000 × 12
         ＝ 3億円
```

なお、上記の計算はあくまでも毎月500社がコンテンツを出稿してくれた場合の期待値です。実際は「前回出稿してくれた会社が再度出稿してくれない」や「新しい会社が出稿してくれた」のような変動要素があります。

そこで、より厳密に目標数値を立てるために「リテンション率（再掲率）」と「新規掲載数」を考慮します。例えば、過去の実績を見ると新規掲載数が毎月50件、新規で掲載した会社のリテンション率が80％、2回目以降のリテンション率が25％のサイトにおいて、ある月のデータを見ると新規掲載数が100件、再掲数が50件あったとします。この場合の1年間の新規掲載数・再掲数は以下のようになります。

● 新規掲載数と再掲数

月	新規掲載数	再掲数	売上（円）
4月	100	50	7,500,000
5月	50	93	7,150,000
6月	50	63	5,650,000
7月	50	56	5,300,000
8月	50	54	5,200,000
9月	50	54	5,200,000
10月	50	54	5,200,000
11月	50	54	5,200,000
12月	50	54	5,200,000
1月	50	54	5,200,000
2月	50	54	5,200,000
3月	50	54	5,200,000
合計	650	694	67,200,000

上記の数値をもとに、必要な売上を達成しているのか確認します[※]。達成していない場合は、新規掲載数や再掲数を増やす必要があります。

※ 上記の表では掲載単価を一律5万円に仮定して計算しています。複数の金額を設定している場合は、その点も考慮する必要があります。

サイト外で売上が発生するサイト

「Salesforce (http://www.salesforce.com/jp/)」や「ホテルニューオータニ (http://www.newotani.co.jp/tokyo/)」のようなオンラインでは売上が発生しないサイトもたくさんあります。ブランディングや情報提供、資料請求などが目的のサイトです。このようなサイトの場合は、最終的に発生した売上から逆算してKGIを設定します。一例として以下の状況の場合のKGIを考えてみます。

- ウェブ経由で1000社が契約を締結した
- その売上高は60億円（1社平均600万円）
- サイトに訪れた人のうち10%が資料を請求した
- 資料請求した会社のうち5%が契約を締結した

上記の場合は以下の計算式より、20万人の来訪があったと試算できます。

1,000 ÷ 5% ÷ 10% ＝ 20万人

つまり、年間20万人の来訪があれば60億円の売上が見込めると判断できます。この値をもとにKGIを設定します。例えば、来期の売上目標が80億円であれば、KGIに「来訪者数26万6,667人」を設定します。このように、オンライン上で売上が発生しないサイトの場合でも最終成果から逆算することでKGIを設定できます。

売上がまったく発生しないサイト

サポートサイトや企業サイトのように売上がまったく発生しない場合は、売上以外のKGIを設定します。例えば、サポートサイトの場合は、サポートページにおける顧客満足度などをKGIとして設定できます。「サポート内容が役に立った」と答えた人が前年度の調査で全体の60%だった場合は、より多くの利用者に満足してもらえるよう、今年度のKGIに「全体の80%の利用者に満足してもらう」を設定します。また、多くの企業や個人に興味を持ってもらうことが目標の企業サイトの場合は、過去の実績をもとにサイト全体の新規訪問者数や特定ページ（地図印刷ページや採用ページ）の訪問者数をKGIとして設定してみましょう。

> **Tips** 上記のどの方法も使えない場合や設定方法がわからない場合は、「現在の売上の1.5倍」（ウェブ分析と改善策の実施を定期的に行える場合は売上の2倍）を設定することをお勧めします。その根拠については本章の最後に紹介します。

KGIを達成するためにCSFとKPIを考える

設定したKGIを達成するためには、戦略と戦術を考える必要があります。戦略とは「KGIを達成す

るための要件」であり、戦術とは「戦略を実現するための方法」です。ウェブ分析における戦略と戦術の一例を以下の表にまとめました。ウェブ分析では、このような戦略を「CSF（Critical Success Factor：重要成功要因）」と呼びます。つまり、CSFとは「KGIに決定的な影響を与える要素」です。例えばKGIが「売上を20%向上させる」の場合は、「何を行えば売上が上がるのか」の"何を"に当たる内容がCSFになります。

● ウェブ分析における戦略と戦術

戦略（CSF）	戦術
購入回数を増やす	・商品数を増やす ・利用者数を増やす
流入量を増やす	・集客にお金をかける ・オフラインに広告を掲載する ・球団を買収する
購入単価を上げる	・購入した商品に関連するお勧め商品を紹介する ・まとめ買いで送料を無料にする
利用頻度を上げる	・メールマガジンを発行する ・リピーター向けのキャンペーンを行う
利用者の満足度を上げる	・ヘルプやQ&Aのコンテンツを作成する ・アンケートの意見をもとにサイトやサービスを改善する
離脱率を下げる	・進入してきたページを見直す ・リスティング広告を見直す
会員登録数を増やす	・会員限定商品を用意する ・会員機能の露出をサイト内で増やす
メルマガの読者数を増やす	・メルマガ限定商品を用意する ・メルマガの露出をサイト内で増やす ・メルマガ登録プレゼントキャンペーンを行う
広告を何度も出してもらう	・複数回出稿した際に割引する ・サイトだけではなくメルマガにも広告を記載する
掲載単価を上げる	・画像や動画が豊富に使えるプランを用意する ・特集やトップページの掲載枠を新規に用意する

しかし、CSFのままでは内容があまりにも漠然としていて、CSFを達成するための具体的な方法が見えてきません。そこでCSFをもとに以下のプロセスを実行して、より具体的な目標を設定します。

Step 1 ≫ 戦略ごとに計測できる指標を決める

まず、戦略ごとに客観的に計測できる指標を決めます。上表の「メルマガの読者数を増やす」の場合、計測できる指標は「メルマガの読者数」になります。メルマガの読者数は、メール配信システムの配信数を確認すればすぐに把握できるので計測しやすい数値といえます。

Step 2 ≫ 戦略を実現するための施策を考える

次に、戦略を実現するための施策を考えます。戦略が「メルマガの読者数を増やす」の場合の施策には「メルマガ限定商品を用意する」、「メルマガの露出をサイト内で増やす」、「メルマガ登録プレゼントキャンペーンを行う」などがあります。

なお、戦術と施策は必ずしも一致しません。戦術と施策の最大の違いは「実行可能性の有無」です。

「集客にお金をかける」という戦術の場合の施策には「SEO対策にお金をかける」、「リスティング広告の出稿量を増やす」、「メディアサイトに広告を掲載する」などが挙げられます。

Step 3 » 施策ごとに目標数値を設定する

最後に、施策ごとに目標数値を設定します。この数値はKGIをもとに計算してください。例えばKGIが「月間売上10億円を1年間で達成する」であり、現時点のメルマガ経由の年間売上が1億円、サイト直接の売上が6億円の場合は以下の目標数値を設定できます。

- メルマガ限定商品を用意してメルマガの読者数を増やし、メルマガ経由の売上を10%増やす
- メルマガの露出をサイト内で増やしてメルマガの読者数を増やし、メルマガ経由の売上を10%増やす
- メルマガ登録プレゼントキャンペーンを行ってメルマガの読者数を増やし、メルマガ経由の売上を10%増やす

これでCSFがより具体的になりました。ウェブ分析では上記のような「具体的な施策＋目標設定」を「KPI（Key Performance Indicator：業務評価指標）」と呼びます。ウェブ分析を行う際は常にKPIをウォッチして、状況の把握と改善を行っていきます。

なお、すでにお気づきの人もいると思いますが、メルマガ経由の売上を10%ずつ（合計30%）改善しただけではKGIを達成できません。7億円の売上が7.3億円（7億＋{(1億×10%)×3}）になっただけです。このような場合は、複数のKPIを用意してください。KGIは通常1つだけ設定しますが、KPIは複数用意することが大切です。あるKPIを達成できなくても、他のKPIを達成すればKGIを達成できるようになります。上記に挙げた戦略・戦術をもとに他のKPIも追加してください。

● KGIとCSF、KPI

目的(KGI)	年間売上10億円				
戦略(CSF)	メルマガの読者数を増やす	会員登録数を増やす	流入量を増やす	購入単価を上げる	利用頻度を上げる
戦術	・メルマガ限定商品の用意 ・メルマガの露出を増やす	・会員限定商品の用意 ・会員機能の露出を増やす	・集客にお金をかける ・オフラインに広告を掲載	・まとめ買いで送料無料 ・お勧め商品の紹介	・メールマガジンを発行 ・キャンペーンを行う
指標			訪問回数	購入単価	
目標			月平均50,000回増	購入単価+1,500円	
施策(KPI)	リスティング広告の見直しと追加 +25,000回	SEO対策を行う +15,000回	TwitterやSNSで集客 +10,000回	「5,000円以上で送料無料」を行う +1,000円	レコメンド機能の実装 +500円

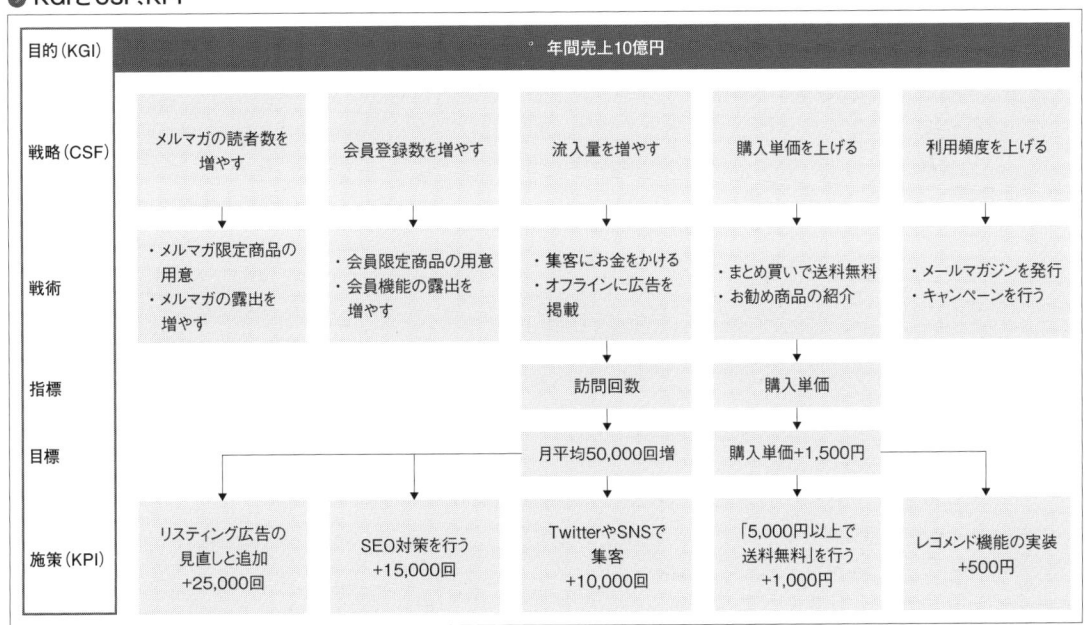

KPI設定時の注意点

KPIを設定する際は以下の3点に注意してください。これらの点に注意を払えば効果を測定しやすいKPIを設定できます。

▶▶▶ 実行できるKPIである

KPIには施策内容が具体的であり、かつ実行できるものを設定するように心がけてください。例えば、「直帰率(サイトを1ページだけ見て離脱する率)を10%改善する」は適切です。なぜなら、「流入数が多く直帰率が高いページを修正する」という具体的かつ実行可能な施策を設定できるからです。

一方、「メールマガジンの配信回数を増やして訪問回数を増やす」のような目標数値が設定されていないものや、「サイトの訪問回数を10,000回増やす」のような落とし込みが足りないものは適切ではありません。「メールマガジンの配信回数を月2回から月4回に増やし、メルマガ経由の流入量を2倍にする」や「A社のサイトに広告出稿を行って、流入数を毎月10,000回増やす」などが適切なKPIです。

▶▶▶ 変動要素が小さいKPIである

変動要素が小さいKPIを設定してください。自分が行った施策によってKPIが変動する分には問題ありませんが、変動幅が広いKPIを設定すると施策の効果が判定しにくくなります。例えば、「コミュニティサイト(mixiや2chなど)からの流入数を2倍に増やす」というKPIは一見すると適切なように思われますが、過去のコミュニティサイトからの流入数が1カ月前は500ページビュー、2カ月前は3,000ページビューであった場合、「流入数を2倍に増やす」ことに意味がないことがわかります。予期できない外部要因によって影響を受けやすいKPIや、変動幅が大きいKPIは設定しないでください。

▶▶▶ 改善幅が大きいKPIである

設定したKPIを達成した際の改善幅にも注意してください。せっかく努力してKPIを達成しても、その影響範囲がサイト全体では小さい場合、あまり意味がありません。例えば、サイト全体の月間ページビュー数が10万PV程度のサイトにおいて「直帰率が90%以上のページを改善して50%以下にする」というKPIを設定する場合は、事前に直帰率が90%以上のページがどのくらいあり、それを改善することでどの程度KGIに影響を与えるのか調査してください。仮に直帰率が90%以上のページ群の月間ページビュー数が100PVしかない場合は、これらの直帰率を50%以下に改善したところでサイト全体への影響はほとんどありません。KPIを設定する際は改善幅が大きい箇所を選ぶことが重要です。

サイトの種類別KGI／CSF／KPIの設定方法

　設定するKGI／CSF／KPIは、サイトの種類や特性、経営目標などによって異なります。ここではサイトの種類別に具体的な指標をいくつか紹介します。みなさんがKGI／CSF／KPIを設定する際の参考にしてください。なお、KPIの中には、「直帰率」や「訪問者数」などあまりなじみのない用語が多数含まれていると思います。これらについては次章以降で詳しく解説しているので適宜読み返してください。

ECサイト

　ECサイトとは、「Yahoo!ショッピング（http://shopping.yahoo.co.jp/）」や「Amazon（http://www.amazon.co.jp/）」のような、サイト内で商品やサービスを販売することによって売上が発生する種類のサイトです。ECサイトの場合、KGI／CSF／KPIには主に以下のような項目が設定されます。

●ECサイトのKGI／CSF／KPI例

指標	指標例
KGI	売上（利益）を増やす。月間平均売上10億円
CSF	・流入量を増やす ・購入者数を増やす ・購入単価を増やす
KPI	・自然検索経由の流入を10％増やす ・主要キーワードとページ直帰率を10％減らす ・購入1回あたりの平均購入点数を1.3から1.5に増やす ・購入単価を1購入あたり500円増やす ・カート（決済プロセス）への遷移率を10％増やす ・メルマガ経由の購入を1.5倍にする ・会員の購入額を1.3倍にする

メディアサイト、広告型サイト

　メディアサイト、広告型サイトとは、「mixi（http://mixi.jp/）」や「YouTube（http://www.youtube.com/）」、「価格.com（http://kakaku.com/）」のような、サイト内のコンテンツやサービスを閲覧してもらうことで、そのサイトの認知度やブランド力を上げ、広告収入を得ることを目標としている種類のサイトです。メディアサイトや広告型サイトの場合、KGI／CSF／KPIには主に以下のような項目が設定されます。

●メディアサイト・広告型サイトのKGI／CSF／KPI例

指標	指標例
KGI	利用者を800万人に増やし、月間1000万円の広告収入を得る
CSF	・閲覧数を増やす ・滞在時間を増やす ・ブランド名を理解してもらう

● メディアサイト・広告型サイトのKGI／CSF／KPI例（続き）

指標	指標例
KPI	・新規ユーザーのページビュー数を1.5倍にする ・新規ユーザーの訪問者数を月間500万から800万に増やす ・サイト名（ブランド名）での検索回数を1.5倍に増やす ・1訪問あたりの滞在時間を1.5倍に増やす ・1訪問あたりの平均ページビュー数を10から12に増やす ・広告掲載ページのページビュー数を現在の2倍に増やす ・広告枠を現在の1.5倍に増やす

リード（見込み客）獲得型サイト

　リード（見込み客）獲得型サイトとは、企業サイトや見積もり依頼を目標とするサイトのように、サイト内では直接売上が発生せず、サイトを経由して売上が発生する種類のサイトです。主なコンテンツに「資料請求」、「会員登録」、「見積もり依頼」、「エントリー」、「クーポン印刷」、「告知ページやサイト」などがあります。リード（見込み客）獲得型サイトの場合、KGI／CSF／KPIには主に以下のような項目が設定されます。基本的な考え方はECサイトと似ています。

● リード（見込み客）獲得型サイトのKGI／CSF／KPI例

指標	指標例
KGI	資料請求数を2倍にする
CSF	・流入数を増やす ・資料請求率を上げる ・問い合わせ件数を増やす
KPI	・新規流入数を1.5倍にする ・新規流入の直帰率を10%下げる ・入力フォームでの離脱率を20%下げる ・1回あたりの平均資料請求数を、1.7から2.5に増やす ・売上効果が高い特定の資料請求を2倍に増やす

その他サイト

　その他サイトとは、時刻表や天気予報、警報情報などを提供している利益を目標としていないサイトや、「Wikipedia (http://ja.wikipedia.org/)」や「日本郵政（ http://www.japanpost.jp/)」のような、サイト内外で売上が発生せず、かつ、認知度を上げることを目標としていない種類のサイトです。この種類のサイトの場合、KGI／CSF／KPIはサイトごとに大きく異なります。サイトによっては目標を設定しなくても良いですが、利用者の満足度を上げるためにも、ぜひ設定してください。

● リード（見込み客）獲得型サイトのKGI／CSF／KPI例

指標	指標例
KGI	FAQ満足度を50%から75%に増やす
CSF	・FAQの項目数を増やす（利用者に合致する質問がない場合） ・FAQに図表を追加する（わかりやすさ向上のため） ・関連する質問へのリンクを用意する（より的確な答えを得るため）
KPI	・FAQの項目数を100個増やして満足度を5%向上する ・FAQに図表を追加して満足度を10%向上する ・関連リンクを追加して満足度を5%向上する

なお、過去に上記の施策を実施していない場合は、それぞれの項目が満足度に与える影響度合いを判断できません。実施経験がない場合は各施策のトライ＆エラーを行って経験を積むしかありません。はじめのうちは影響度合いを予測しながら、経験を積み、より適切なKPIを設定してください。

サイトの目標を設定しないと何が起こるのか

サイトの目標を設定しなくてもサイトを運営することはできます。しかし、目標を設定しないと以下のような状況になります。

- 現在の売上が良いのか悪いのかわからない
- サイトの改善意欲がわかない
- どこを改善すれば良いのかわからない
- サイト運営者の評価基準がなく、上司に評価されにくい
- 効果を気にせずにキャンペーンを行ってしまう

このような状態では、ユーザーから求められる良いサイトを作ることはできません。ぜひサイトの目標を明確にし、より良いサイト作りを目指してください。世の中には目標を設定しないサイトが多いため、目標を設定して運用すれば競合サイトに勝つ契機にもなります。すべての施策が必ずしも成果を上げるわけではありませんし、中には失敗することもあるでしょう。しかし、施策を考えて実行することで、多くの経験や気づきを得ることができます。それらは今後の改善に必ず活きます。

サイトの最適化の種類と実行単位

設定したKGIやKPIを達成するには、サイトの課題を発見し、「サイトの最適化」を実行する必要があります。サイトの最適化は大きく「集客の最適化」と「導線の最適化」の2つに分けることができます。KPIの多くは集客の最適化や導線の最適化を行うことで達成できます。

● サイトの最適化におけるポイント

項目	説明
集客の最適化	サイトに訪れる人の量と質を最適化する。KGIを達成する可能性が高い集客元から、より多くの人を連れてくることが目標。さまざまな集客施策を実施し、効果を可視化したうえで、それらを最適化する
導線の最適化	サイトに訪れた人が目標を達成しやすいようにサイトを改善すること。主にサイトを構成するページ間の遷移を最適化する

これらの詳細については本書の後半で詳細な説明を行いますが、先立ってサイトの最適化を行う際の大切な考え方を1つ紹介しておきます。

サイトの最適化はKPI単位で行う

サイトを最適化するのは容易ではありません。最適化するには、ウェブ分析を行ってサイトの課題を発見し、その施策を設定し、施策の効果を検証する必要があります。ただ漫然と施策を行っても失

敗するだけです。

はじめのうちは「KPI単位でサイトを最適化する」ことをお勧めします。多くの場合1つのKPIの改善は他のKPIにも良い影響を与えるので、KPI単位でサイトを最適化していけば結果的にサイト全体の改善につながります。例えば、直帰率を減らせばサイトの滞在時間や平均閲覧ページ数の増加につながります。慣れてくれば複数のKPIに対する改善案を考えたり、検証したりできますが、まずは1つずつ最適化してください。

● サイトの最適化はKPI単位で行う

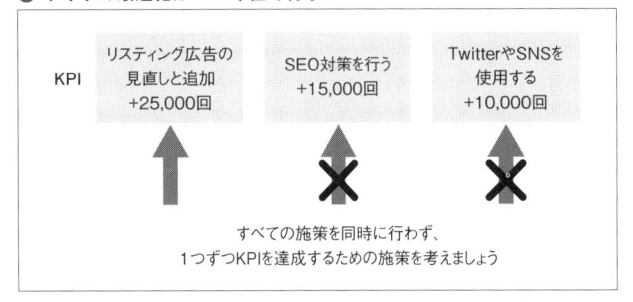

| KPI | リスティング広告の見直しと追加 +25,000回 | SEO対策を行う +15,000回 | TwitterやSNSを使用する +10,000回 |

すべての施策を同時に行わず、
1つずつKPIを達成するための施策を考えましょう

Column　売上2倍は夢物語？

本章では、過去の実績がまったくない場合はKGIに「予想数値の1.5倍程度を設定しましょう」と述べました。一見するとむちゃな設定のように感じるかもしれません。そんな簡単に売上が1.5倍になるはずがないと感じる人も多いと思います。では、この設定値は無謀なものなのでしょうか。各KPIをどの程度改善すれば売上が1.5倍になるのか見てみましょう。

あるECサイトに設定した「流入数」、「直帰率」、「直帰以外の購入率」、「購入単価」の4つのKPIをそれぞれ10%改善、20%改善すると以下のようになります。

● 各KPIを10%ずつ改善した場合と20%ずつ改善した場合

KPI	改善前	10%改善後	20%改善後
流入数	5,000	5,500	6,000
直帰率	50%	45%	40%
直帰以外の購入率	10%	11%	12%
購入単価	2,000	2,200	2,400
売上 = 流入数×(1－直帰率)×直帰以外の購入率×購入単価	500,000	732,050	1,036,800

732,050 ÷ 500,000 = 146　→　売上46%アップ
1,036,800 ÷ 500,000 = 207%　→　売上107%アップ

※KPIは「リスティング広告経由の流入を10%増加させる」のように具体的な数値を設定する必要がありますが、ここでは簡略化しています。

上記を見ると、各KPIを10%改善すれば売上が約1.5倍になり、20%改善すれば2倍以上になることがわかります。「売上を2倍にする」というと非常に難しく感じますが、「各KPIを20%改善する」というと現実味が出てきます。そうなればサイトを最適化する意欲も沸くのではないでしょうか。

Chapter 02 ウェブ分析の基礎

本章では、アクセス解析ツールがデータを計測する仕組みや、アクセス解析ツールを活用するうえで必要な用語などの、ウェブ分析における主なビルディングブロック(構成要素)を解説します。

アクセス解析ツールのデータ収集方法

ウェブ分析では、主にアクセス解析ツールで取得した各種データをもとに分析を行うので、アクセス解析ツールの特徴や取得できるデータの種類を理解しておく必要があります。一口に「アクセス解析ツール」といっても、データの収集方法はさまざまです。そのため、利用しているアクセス解析ツールがどのようにデータを収集しているのかを理解することがウェブ分析の第一歩となります。ここを押さえておけば、画面上に表示される数字がどのように集計されているのかをより深く理解することができます。

アクセス解析ツールのデータ収集方法は「Apacheログ方式」、「Webビーコン方式(タグ方式)」、「Apacheモジュール方式」、「パケットキャプチャー方式」の4つの方式に分類されます。それぞれにメリット、デメリットがあります。ツールの中には複数の方式に対応しているものもあります。

Apacheログ方式

Apacheログ方式とは、現在もっとも普及しているウェブサーバーソフトウェアである「Apache HTTP Server」が生成するアクセスログをもとにデータを集計・表示する方式です。もっとも古くからあるデータ収集方法の1つで、一昔前はこの方式が一般的であり、現在でも広く利用されています。

● Apacheログ方式によるデータの収集方法

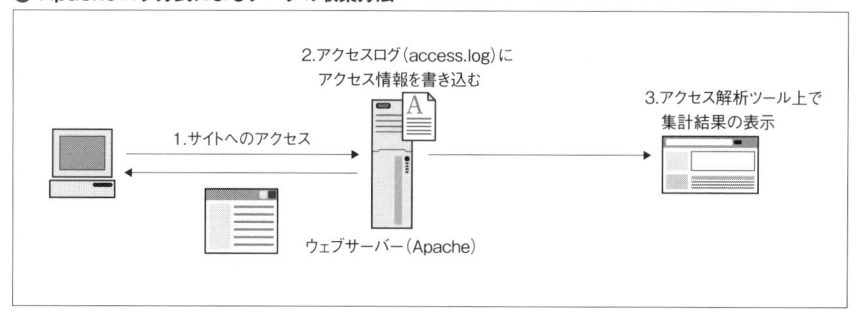

Apacheログ方式の特徴として、後述する他の方式では取得できない以下の2つの情報を取得できる点が挙げられます。1つ目は「ページ以外のリクエスト情報」です。画像(gifやjpgなど)や動画(flaやwmvなど)のリクエスト情報を取得できます。ただしウェブ分析でこれらの情報を利用することはまれです。2つ目は「クローラーによるリクエスト情報」です[※]。Apacheログ方式ではクローラーがページを参照した場合も1アクセスとしてアクセスログに情報が記載されます。この情報は人間がページを表示した情報ではないため、ウェブ分析を行う際はノイズとなります[※※]。

▶▶▶ Apacheログ方式のメリットとデメリット

Apacheログ方式には以下のメリットがあります。

- データを取得する際に対象のページに手を加える必要がないため、すぐに集計を開始できる
- 検索エンジンのクローラー情報を取得できる
- 過去のログファイルを保存しておけば、過去のアクセス状況を集計できる

一方、以下のデメリットもあります。

- 分析時にログファイルを読み込む必要があるので、アクセス数が多いと読み込みに時間がかかる(数時間～数日かかる場合もある)
- ウェブサーバーごとにログファイルが生成されるため、複数のウェブサーバーがある場合は集計に手間がかかる
- ページ以外のリクエスト情報が含まれるので、ウェブ分析を行う際はそれらの情報を削除する必要がある(読み込み時に自動的にフィルタリングをしてくれるツールもある)
- 同一ユーザーを正確に特定できない(精度が低い)
- アクセスログを取得できない環境(レンタルサーバーなど)では利用できない

　上記のメリット、デメリットからもわかるとおり、Apacheログ方式は日々の分析には向いていません。そのため、通常は他の方式を採用しているアクセス解析ツールを使用し、クローラーのアクセス情報や画像などのリクエスト数を知りたい場合や、過去データを再集計したい場合に利用することをお勧めします。

▶▶▶ アクセスログの記述方式

　アクセスログはウェブサーバーの「logs」ディレクトリー内に「access.log」として生成されます(初期設定時)。1アクセスの情報が1行ごとに記載されます。取得する項目は「CustomLog」というディレクティブ(記述形式)内で設定できます。

　以下は一般的に利用されている「Combined Log Format」が設定されている場合のアクセスログです。これで1行分のデータになります(ここでは紙面の都合上改行しています)。

※ クローラーとは、検索エンジンなどがサイトの情報を取得するために実行するプログラムです。クローラーが世界中のサイトを巡回し、取得した情報をもとに検索結果画面を表示します。
※※ クローラーがきちんとサイトに来ているかを確認するために取得することもあります。

```
127.0.0.1 frank [10/Oct/2000:13:55:36 -0700]
"GET /apache_pb.gif HTTP/1.0"
200 2326 "http://www.example.com/start.html"
"Mozilla/4.08 [en] (Win98; I ;Nav)"
```

● アクセスログの内容

記述	説明
127.0.0.1	IPアドレス
frank	HTTP認証で認証されたログインID。HTTP認証の場合しか取得できないので外部向けサイトでは通常使用しない
[10/Oct/2000:13:55:36 -0700]	アクセス日時。[-0700]はタイムゾーンを表す。日本の場合は [+0900]
"GET /apache_pb.gif HTTP/1.0"	リクエスト情報。左の例では「GET形式で画像apache_pb.gifを、HTTP/1.0プロトコルで取得した」ことを意味する
200	ステータスコード。リクエストが成功した場合は200番台、別の要求を行ったリダイレクトの場合は300番台、クライアント側のエラーの場合は400番台、サーバー側のエラーの場合は500番台が戻される
2326	クライアントに送信されたサイズ（byte単位、ヘッダを除く）。コンテンツが送信されなかった場合は「-」（ハイフン）
"http://www.example.com/start.html"	リファラー（参照元）。左の例ではgif画像がこのURLに含まれていたか、あるいはこのURLから画像へのリンクをクリックしたことがわかる
"Mozilla/4.08 [en] (Win98; I ;Nav)"	ユーザーエージェント（ブラウザとOSの情報）

Tips　Apacheのアクセスログを分析する際は、RTMetricsやLogChaser、SiteTracker、WebTrendsなどのアクセスログの内容をわかりやすく図示するツールを利用すると便利です。

Webビーコン方式（タグ方式）

Webビーコン方式（タグ方式）とは、事前にページ内に計測用の画像とタグ（JavaScript）を埋め込んでおき、そのページが表示されるたびに専用の集計サーバーに対して、イメージリクエストを送信することでアクセス情報を取得する方式です※。計測用のタグが埋め込まれていないページに対するアクセス情報は取得できません。

● Webビーコン方式によるデータの収集方法

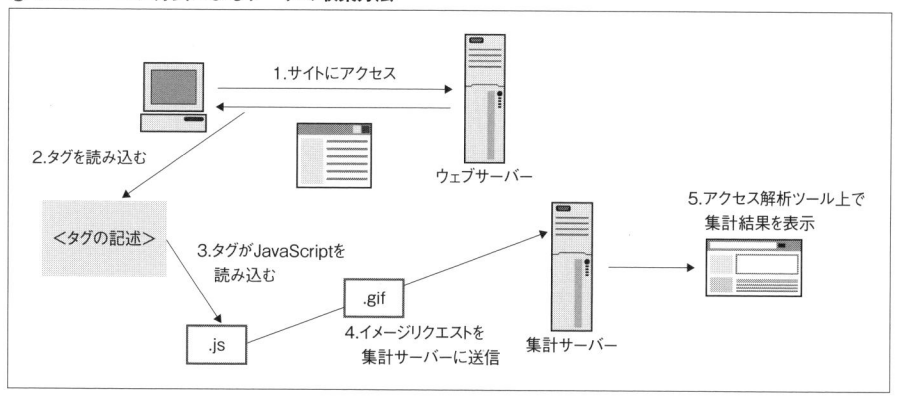

1. サイトにアクセス
2. タグを読み込む
3. タグがJavaScriptを読み込む
4. イメージリクエストを集計サーバーに送信
5. アクセス解析ツール上で集計結果を表示

※ 集計用に利用する画像を「Webビーコン」と呼びます。

Webビーコン方式は、計測用のタグをページ内に埋め込むだけで利用でき、また取得できるデータの種類が他の方式よりも豊富であるため、多くのアクセス解析ツールがこの方式を採用しています。本書で例示するGoogle Analyticsをはじめ、SiteCatalyst（PC）やVisionalist（PC）、econda、Sibulla、ComfyAnalyticsなどはWebビーコン方式のアクセス解析ツールです。もしアクセス解析ツールを導入していないのであれば、まずはこの方式を採用しているツールを導入することをお勧めします。

ただし、この方式はJavaScriptを使っているので、JavaScriptが動作しないサイト（携帯サイトなど）では利用できないので注意してください。

● Webビーコン方式のタグ例（Google Analytics）

```
<script type="text/javascript">

  var _gaq = _gaq || [];
  _gaq.push(['_setAccount', 'UA-XXXXXX-X']);
  _gaq.push(['_trackPageview']);

  (function() {
    var ga = document.createElement('script'); ga.type = 'text/javascript'; ga.async =
    true;
    ga.src = ('https:' == document.location.protocol ? 'https://ssl' : 'http://www') +
    '.google-analytics.com/ga.js';
    var s = document.getElementsByTagName('script')[0]; s.parentNode.insertBefore(ga,
    s);
  })();

</script>
```

❯❯❯ Webビーコン方式のメリットとデメリット

Webビーコン方式には以下のメリットがあります。

- HTMLページにタグを入れるだけなので導入の難易度が低い
- 別サーバーや別ドメインでも問題なく計測できる
- 外部や共有のサーバーでも利用できる
- Apacheログ方式よりはやく結果を確認できる

一方、以下のデメリットもあります。

- JavaScriptやCookieに非対応(不許可)の環境では計測できる項目が極めて限定的
- クローラーの情報を取得できない
- タグが読み込まれないと計測されないので、タグが読み込まれる前に離脱されると計測できない

≫≫ アクセスログの記述方式

Webビーコン方式で実際に送られるイメージリクエストを確認してみましょう。以下はGoogle Analyticsが取得しているデータの一例です。

```
15:31:13.500[629ms][total 629ms] Status: 200[OK]
GET http://www.Google Analytics.com/__utm.gif?
utmwv=4.6.5&utmn=659033600&utmhn=d.hatena.ne.jp&
utmcs=EUC-JP&utmsr=1920x1200&utmsc=32-bit&utmul=ja&
utmje=1&utmfl=10.0 r45&utmdt=リアルアクセス解析&
utmhid=777861380&utmr=http://www.google.co.jp/ig&
utmp=/ryuka01/&utmac=UA-176486-7&
utmcc=__utma=12134753.782672868.1234064311.1267942132.1267944193.633;+__utmz=12134753
.1267944193.633.617.utmcsr=google.co.jp|utmccn=(referral)|utmcmd=referral|utmcct=/ig;
Load Flags[LOAD_NORMAL] Content Size[35] Mime Type[image/gif]    Request Headers:
       Host[www.Google Analytics.com]
       User-Agent[Mozilla/5.0 (Windows; U; Windows NT 6.0; ja; rv:1.9.1.8)
Gecko/20100202 Firefox/3.5.8 GTB6 (.NET CLR 3.5.30729)]
```

● アクセスログの内容

記述	説明
15:13:13.500	アクセス日時。小数点部分はミリ秒
[629ms]	ファイルの読み込み時間。単位はミリ秒
Status: 200[OK]	ステータスコード。リクエストが成功した場合は200番台、別の要求を行ったリダイレクトの場合は300番台、クライアント側のエラーの場合は400番台、サーバー側のエラーの場合は500番台
http://www.Google Analytics.com/__utm.gif	アクセス解析ツールに対するイメージのリクエスト(Webビーコン)。アクセス解析ツールはこれより後ろの各種パラメータ情報を取得する
utmwv	タグのバージョン情報
utmn	画像のキャッシュを防ぐために作成されるユニークID
utmhn	アクセスしているページのホスト名
utmcs	文字コード
utmsr	画面解像度。横×縦(ピクセル)
utmsc	画面色数
utmul	ブラウザの言語
utmje	Javaの対応状況。対応していれば「1」、していなければ「0」
utmfl	Flashのバージョン
utmdt	ページタイトル。<TITLE>タグの内容
utmhid	Google社のAdsenseというサービスで使われているID
utmr	リファラー(1つ前のページのURL)
utmp	アクセスしているページのURL。ドメイン部分は省略
utmac	Google AnalyticsのアカウントID
utmcc	Cookie情報。各情報は以下を表す。 utma：ユーザーを特定する情報 utmz：キャンペーン(Google Analytics上で定義)に関するアクセス情報 utmcsr：キャンペーンのリファラー utmccn：キャンペーン名 utmcmd：キャンペーン媒体 utmcct：キャンペーンの説明文章
User-Agent[・・・]	ユーザーエージェント(ブラウザとOSの情報)

Apacheモジュール方式

　Apacheモジュール方式とは、アクセスがあると自動的にHTMLを書き換えてIMGタグを追記するモジュールをApacheにインストールして、データを収集する方式です。モジュールをインストールする手間はありますが、いったん導入してしまえばWebビーコン方式のように計測対象のページにタグを入れる必要はありません。

● Apacheモジュール方式によるデータの収集方法

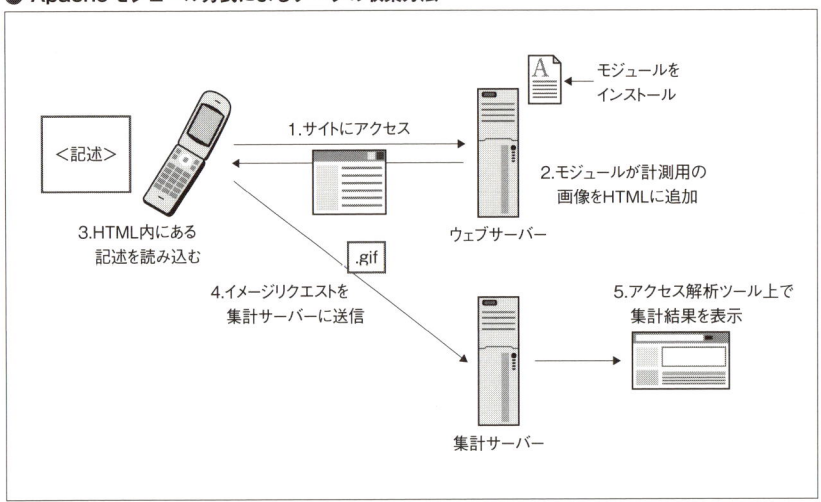

```
[図：Apacheモジュール方式によるデータの収集の流れ]
1.サイトにアクセス
2.モジュールが計測用の画像をHTMLに追加
3.HTML内にある記述を読み込む
4.イメージリクエストを集計サーバーに送信
5.アクセス解析ツール上で集計結果を表示
モジュールをインストール
ウェブサーバー／集計サーバー
```

　計測するページに記述（タグ）を追加する点や、豊富なデータを取得できる点は先述のWebビーコン方式と似ていますが、Apacheモジュール方式ではモジュールがページ内に直接イメージタグを挿入するので、JavaScriptが動作しない環境でも利用できます。そのため、この方式はMobilogやSite Catalyst（Mobile）、Visionalist（Mobile）など多くのモバイル用アクセス解析ツールで採用されています。

● 挿入される計測用のイメージタグ例（SiteCatalyst）

```
<img src="http://XXXX.112.2o7.net/b/ss/XXXXXXXXXXXXXXXXXXXX/1/H.20.3--
NS/3530497328?[AQB]&ndh=1&ce=SHIFT_JIS&cc=JPY&t=29/12/2009%2022%2054%2021%202%20-
540&ns=XXXX&g=http%3A%2F%2FXXX%2FXXX.jsp&vid=1234567890&gn=XXXX&server=XXXX.jp&c2
=D%3dX-DCMGUID+x-up-subno+x-jphone-
uid&c2=XXXXXXX&c3=XXXX.jp%2F%3fuid%3XXXXXXXX&c5=XXXXX&[AQE]"
border="0">
```

≫ Apacheモジュール方式のメリットとデメリット

　Apacheモジュール方式には以下のメリットがあります。

- 各ページにタグを入れる必要がないので、タグを入れる手間がかからない

- モジュールをインストールするだけなので、導入の難易度が低い
- リアルタイムのアクセス解析が可能（ツールが対応していれば）

一方、以下のデメリットもあります。

- ウェブサーバーごとにモジュールをインストールする必要があるため、ウェブサーバーが複数ある場合は作業が煩雑になる
- モジュールをインストールする権限がない場合（共有サーバーなど）は利用できない
- 他のモジュールと競合することがあるので導入前の検証が必要
- タグが読み込まれないと計測されないので、ページを開いた直後に離脱されると計測できない

パケットキャプチャー方式

　パケットキャプチャー方式とは、サイトにアクセスしてきた際のパケット（情報）を専用サーバー（パケットキャプチャサーバー）にコピーし、その情報を集計サーバーに送って集計する方式です。

● パケットキャプチャー方式

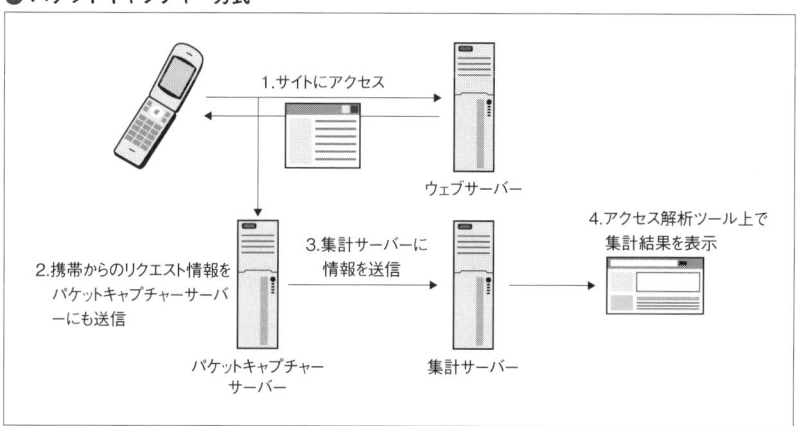

　パケットキャプチャー方式では上図のように専用のパケットキャプチャーサーバーを導入するため、実装するにはサーバーに関する知識が必要です。導入難易度も他の方式より高く、サイト技術担当者の協力が必須です。また、初期費用（数十万～数百万円）もかかります。
　一方、この方式ではサイトのコンテンツやウェブサーバーに一切悪影響（表示遅延やサーバー負荷の増加、JavaScriptのエラーなど）が及ばないため、サイトにとってはもっとも優しいデータ集計方法です。アクセス数が多いサイトを運営している企業は導入を検討してください。この方式を採用しているツールにはRTMetricsやUrchinなどがあります。

パケットキャプチャー方式のメリットとデメリット

　パケットキャプチャー方式には以下のメリットがあります。

- 各ページにタグを入れる必要がないので、タグを入れる手間がかからない
- 別サーバーや別ドメインでも集計できる
- サイトのコンテンツやウェブサーバーに一切影響を与えない
- 外部にアクセス解析の情報を送信しない(すべて自社内で完結)

一方、以下のデメリットもあります。

- 専用サーバーが必要なため初期費用と工数がかかる
- 専用サーバーを設置できない環境では利用できない
- サイトが置かれている環境が異なる場合は環境ごとに専用サーバーが必要になる

データ収集方式の決定方法

　上記のように各方式にはメリット、デメリットがあるので「必ずこの方式を使ったほうが良い」というものはありませんが、以下の理由によりPCサイトを分析対象とする場合は「Webビーコン方式」をお勧めします。Webビーコン方式のデメリットを理解したうえで、検討してください。

- 他の方式よりも初期投資が安く、計測開始までの手間が少ない
- シェアの高いGoogle AnalyticsがWebビーコン方式を採用している
- Apacheログ方式よりもはやく分析データを閲覧できる

　一方、モバイルサイトを分析対象とする場合はサイトの規模によって判断してください。筆者の経験上、小中規模サイトの場合は「Webビーコン方式」か「モジュール方式」、大規模サイトで環境が1つしかない場合は「パケットキャプチャー方式」をお勧めします。

アクセス解析ツールで取得できる主なデータ

　アクセス解析ツールを使用するとさまざまなデータを取得できます。取得できるデータは大きく分けると以下の2種類に分類できます。

● アクセス解析ツールで取得できる主なデータ

分類	内容
Cookie以外から取得できる情報	・アクセスした日時 ・アクセスしているページのURL ・リファラー(1つ前のURLや検索ワード) ・ブラウザやOSのバージョン ・Flash、JavaScriptのバージョンや対応有無 ・画面の幅と高さ ・IPアドレス ・ブラウザに設定されている言語(日本語・英語など) ・ユーザーが任意に設定した変数(サイト内検索ワード・商品IDなど) ・ユーザーを特定するキー(モバイル)

Chapter 02　ウェブ分析の基礎

● アクセス解析ツールで取得できる主なデータ（続き）

分類	内容
Cookieに記載されている情報	・ユーザーを特定するキー（PC） ・累計訪問回数 ・はじめてサイトに訪問した日時 ・前回サイトに訪問した日時 ・ユーザーが任意に設定した変数

　これらの情報は、ほぼすべてのアクセス解析ツールで取得できますが、Cookieを使えないApacheログ方式などは上記のうち「Cookieに記載されている情報」を取得することはできません（集計して同じようなデータを作り出すことは可能）。

ユーザーの特定

　ウェブ分析ではサイトに訪れたユーザーの行動を分析するため、ユーザーの特定方法を理解しておく必要があります。理想的には1人の人間とウェブ分析におけるユーザーを一対一で対応させたいところですが、実際には対応できません。
　アクセス解析ツールがユーザーを特定する方法には以下の3種類があります。

◉ パソコン端末とブラウザの組み合わせ（PC）

　この方法では、パソコン端末とブラウザの情報をもとにユニークなIDを作成してCookieに記録することで、ユーザーを特定します。そのため、同一人物であっても別のパソコン（自宅と会社など）や別のブラウザ（IEとFirefoxなど）を使ってサイトに来訪すると別の人としてカウントされます。Webビーコン方式ではこの方法でユーザーを特定しています。Cookieを利用できない場合に「IPアドレスとブラウザの組み合わせ」を利用するハイブリッド型のアクセス解析ツールもあります（次項参照）。

● パソコン端末とブラウザの組み合わせによるユーザーの特定

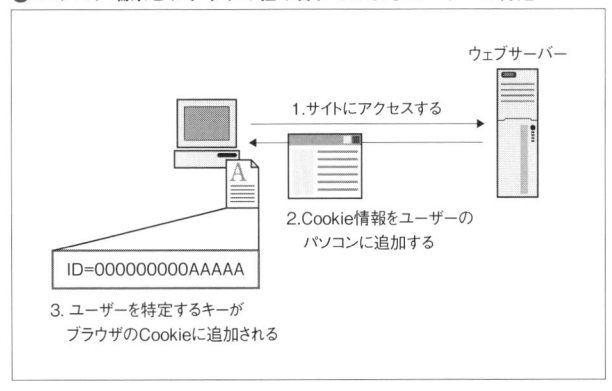

1. サイトにアクセスする
2. Cookie情報をユーザーのパソコンに追加する
3. ユーザーを特定するキーがブラウザのCookieに追加される

ID=000000000AAAAA

ウェブサーバー

◉ IPアドレスとブラウザの組み合わせ（PC・モバイル）

　この方法では、IPアドレスとブラウザ（UserAgent）の情報を組み合わせてユーザーを特定します。そのため、会社内で共通のIPアドレスを利用し、かつ同じバージョンのブラウザを使用している場合は、別の人が別のマシンでサイトにアクセスしても同じユーザーであると認識されます。この方法

はCookieを利用できないApacheログ方式などで使われています。

◉ 携帯の個体識別番号（モバイル）

モバイルサイトの場合は、携帯電話固有の「端末識別番号」でユーザーを特定できます[※]。通常、携帯電話はあまり貸し借りされず、また複数の携帯電話を持っている人でもウェブにアクセスする携帯電話は1台であることが多いので、PCよりもモバイルのほうが「ユーザーの特定」に関しては高い精度で測定できます。ただし、ユーザーが端末識別番号の送信を拒否している場合は、ユーザーを特定することはできません。

Column　サードパーティCookie

Cookieには、「ファーストパーティCookie」と「サードパーティCookie」の2種類があります[※]。これらはアクセス解析ツールの計測に影響を与える要素なので、ここで違いを理解しておきましょう。

● Cookieの種類

種類	説明
ファーストパーティCookie	ホストドメインに関連付けられているCookie
サードパーティCookie	別のドメインに関連付けられているCookie

例えば、サイト「www.example.com」のページに会員情報に関するCookieと、あるアクセス解析ツールのCookieがあるとします。それぞれのCookieが発行されるドメインは以下のとおりです。

● Cookieが発行されるドメイン

Cookie	ドメイン
会員情報のCookie	www.example.com
アクセス解析ツールのCookie	www.webanalytics.com

このサイトはwww.example.com内にあるため、会員情報のCookieは「ファーストパーティCookie」、アクセス解析ツールのCookieは「サードパーティCookie」になります。サイトで利用できるファーストパーティCookieには数の制限があり、またドメインを超えてセッションを維持できないことから、アクセス解析ツール側としてはこれらの制限がないサードパーティCookieのほうが利用しやすいといえます。しかし、サードパーティCookieには問題点もあります。それは「ブラウザの設定でサードパーティCookieの発行がオフになっているとCookieに関する情報を取得できない」という点です。いくつかのブラウザ（OperaやSafariなど）は、セキュリティの観点からデフォルトの設定でサードパーティCookieの発行がオフになっているので、ユーザーが設定を変更せずにそのまま利用している場合、アクセス解析ツールはそれらのCookie情報を取得することができません。

どちらのCookieにも一長一短あり、アクセス解析ツールによって利用しているCookieの種類は異なります。なお、Google AnalyticsはファーストパーティCookieを利用しているため、1つの集計画面で複数のドメインを計測する作業には向いていないといえます。

※ 引用：マイクロソフトサポートオンライン（http://support.microsoft.com/kb/260971/ja）

※ docomoには公式サイト向けのIDと非公式サイト向けのIDの2種類が存在します。

ウェブ分析で扱う主な指標

ウェブ分析では、アクセス解析ツールで取得したさまざまなデータを指標にして、サイトの特性や状況を分析します。データをそのまま利用する場合もありますし、いくらか加工して利用する場合もあります。まずは特に重要な指標をいくつか紹介します。

アクセス数に関する指標

ウェブ分析において、もっとも重要な指標は「アクセス数」に関する以下の3つの指標です。

- ページビュー数(PV数)
- 訪問回数(セッション数、のべ訪問者数)
- 訪問者数(ユニークユーザー数、UU数、ユニークビジター数、ユニークブラウザ数)

◉ ページビュー数(PV数)　単位:PV

ページビュー数(PV数)とは「あるページやサイトが表示された回数」です。「ページ」とは通常ユニークなURLを持つコンテンツです。サイト全体のページビュー数は各ページのページビュー数の合計になります。別のいい方をすると「アクセス解析ツールに対してリクエストが送信された回数」になります。そのため、AjaxやFlashなどをクリックした際にリクエストを飛ばすように設定しておけば、新しいページが表示されなくてもページビュー数をカウントすることができます。

◉ 訪問回数(セッション数、のべ訪問者数)　単位:回

訪問回数とは「ある一定期間にユーザーがサイトに来訪した回数」です。同じユーザーが2度来訪した場合は「2」となります。サイトに来訪してから離脱するまでの一連の行動(セッション)を1回としてカウントします。多くのアクセス解析ツールではページ間の遷移が30分以内であれば、同じ訪問とみなし、30分を超えると新しい訪問回数としてカウントします[※]。

また、ページ単位の「訪問回数」という考え方もあります。セッション内でそのページを訪れればそのページの訪問回数は「1」、訪れなければ「0」です。1つのセッション内で、そのページを3回見ても訪問回数は「1」になります(ページビュー数は「3」)。

● 訪問回数の数え方

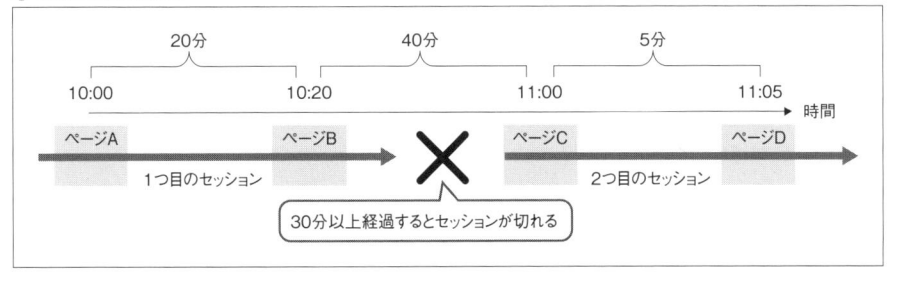

	20分	40分	5分
10:00	10:20	11:00	11:05 →時間
ページA	ページB	ページC	ページD
1つ目のセッション		2つ目のセッション	

30分以上経過するとセッションが切れる

※「30分以内」に明確な理由はありません。多くのツールがセッションの区切りを30分にしているためデファクトスタンダードになっています。一部ツールではこの時間を変更できます。なお、セッションそのものの長さは30分を超えても同一セッションとしてカウントできます。

◉ 訪問者数（ユニークユーザー数、UU数、ユニークビジター数、ユニークブラウザ数）　単位：人

　訪問者数とは、「サイトに訪れたユーザーの数」です。同じユーザーが何度訪れても訪問者数は「1」です。「サイト全体の訪問者数」や「特定のページの訪問者数」として利用します。訪問者数は、特定の期間とセットで数えます。訪問者数を数える際は期間（日、週、月など）を明確にしましょう。設定する期間によって、同じアクセス履歴でも訪問者数は変わります。

　例えば、同一ユーザーが1カ月間に3回（7月4日（日）、7月5日（月）、7月18日（日））、サイトに訪れた場合、期間によって以下のように訪問者数は変わります。

◉ 設定期間別：訪問者数（2010年7月の場合）

来訪日	月別訪問者数	週別訪問者数	日別訪問者数
7月4日	1	1	1
7月5日	－（同じ月に訪れているのでカウントせず）	－（同じ週に訪れているのでカウントせず）	1
7月18日	－（同上）	1（週が変わったので、カウントする）	1
訪問者数	1	2	3

　上記の3つの指標（ページビュー数、訪問回数、訪問者数）は、ウェブ分析において特に重要な指標です。それぞれの違いや数え方をきちんと把握しておきましょう。なお、これらの指標はともにサイト単位とページ単位で数えることができます。

　下図を例に各指標の数え方をおさらいしてみましょう。

◉ ある日の訪問者と閲覧ページ

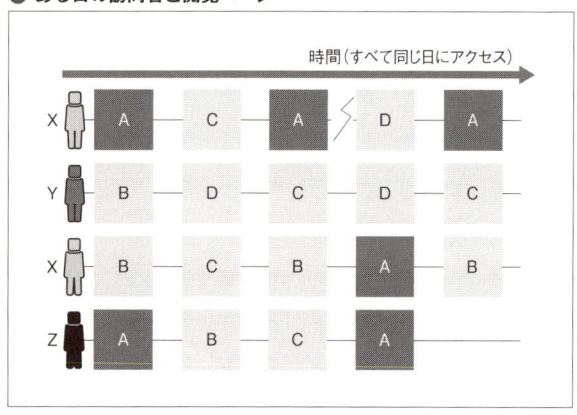

　上図は、ある日の訪問者（X、Y、Zの3人）と、それぞれが閲覧したページ（A～D）を表しています。また、線がつながっている部分は同一セッションを表しています（一番上のXのアクセスは途中でセッションが切れています）。上図の場合の各指標は以下のようになります。

◉ アクセス数に関する各指標の値

	ページビュー数	訪問回数	訪問者数
サイト全体	19	5	3
ページA	6	4	2

　まず、サイト全体に対する各指標の値を数えてみましょう。サイト全体のページビュー数は表示さ

れたページの数の合計なので、各訪問者が訪れたすべてのページ数を数えます。訪問回数は一連の行動を「1」とするので、合計で「5回」になります（最初のXの訪問は途中でセッションが切れています）。訪問者数はサイトに訪れた人数なので、X、Y、Zの「3人」になります。

次に、ページAに対する各指標の値を数えてみましょう。ページAのページビュー数は、ページAが表示された回数なので合計で「6PV」になります。訪問回数は、Aページに対する訪問回数を数えます。ポイントは同一セッション内で2回以上訪問してもカウント数は「1」になる点です。この点に注意するとページAの訪問回数が「4回」であることがわかります。訪問者数は、ページAに訪れた人数なのでXとZの「2人」になります。

指標の割り算

これら3つの指標は、それぞれ単体でも十分に意味のある指標ですが、各指標を割り算するだけで、新たな意味を持つ指標になります。

● 3つの指標と割り算

ページビュー数	÷	訪問回数	=	訪問あたりのページビュー数
ページビュー数	÷	訪問者数	=	訪問者あたりのページビュー数
訪問回数	÷	訪問者数	=	訪問者あたりの訪問回数

◉ 訪問あたりのページビュー数

ページビュー数を訪問回数で割ると「訪問あたりのページビュー数」になります。この値は1回の来訪で何ページ閲覧されているのかを表しています。つまり、この数字が多ければ多いほど、多くのコンテンツが閲覧されていることになります。ユーザーがサイト内で迷っている場合を除き、通常は数が多いほうが良いです。

◉ 訪問者あたりのページビュー数

ページビュー数を訪問者数で割ると「訪問者あたりのページビュー数」になります。この値は各ユーザーが何ページ閲覧したのかを表しています。サイト内であるアクション（商品の購入や解説など）を実行・理解するのに必要なページビュー数を把握できます。無駄な画面遷移がない場合、この数値が多いほうが良いです。

◉ 訪問者あたりの訪問回数

訪問回数を訪問者数で割ると「訪問者あたりの訪問回数」になります。この値は平均して1人のユーザーがサイトに訪れる回数を表しています。この指標を利用すると定期的に見られているサイトなのか、必要なときだけ見られているサイトなのか判断できます。一般的に、ブログやニュース系サイトであれば同じユーザーが何度も来訪するのでこの値は多くなります。

ウェブ分析特有の4つの指標

ウェブ分析では上記の3つの指標とは別に4つの特徴的な指標も扱います。サイトの現状把握や課題発見には欠かせない指標であり、本書でも繰り返し出てくるので覚えておいてください。

- 新規ユーザー／リピーター
- コンバージョン
- 遷移／離脱／直帰
- 滞在時間

新規ユーザー／リピーター

新規ユーザー／リピーターとは、サイトに訪れた人が「はじめて（新規ユーザー）」なのか「2回以上（リピーター）」なのかを示す指標です。「新規ユーザー数／リピーター数」として数を表す場合と、「新規率（新規ユーザー数÷訪問回数）」や「リピート率（リピーター数÷訪問回数）」として比率を表す場合があります。比率を用いる場合は必ず同じ単位を使用してください（新規訪問回数÷全体訪問回数など）。通常は訪問回数が利用されます。なお、ユーザーを特定できない場合はアクセスされるたびに毎回新規ユーザーとして集計されます。また、過去にサイトを訪れたことがある場合でも、そのアクセスがアクセス解析ツールの導入前の場合はカウントされません。

新規ユーザー／リピーターを使う際は必ず「リピーター期間」を意識してください。リピーター期間とは、設定した期間内の再訪をリピーターとしてカウントする期間です。例えば、リピーター期間に「1週間」を設定すると、前回の訪問から1週間以上経過した後のアクセスは新規ユーザーとして扱われます。ツールごとにデフォルトのリピーター期間は異なります（Google Analyticsのデフォルトのリピーター期間は2年）。リピーター期間を自由に変更できるツールもあります。ただし、途中でリピーター期間を変更すると過去のデータとの整合性が取れなくなるので、いったん設定したら変更しないことを推奨します。

なお、「最適な新規ユーザー／リピーターの比率」は存在しません。サイトを新しい人に見てほしいから新規ユーザーにも来訪してほしいですし、一度来訪した人には何度も見てほしいと考えます。そのため最適な比率を求めることはできません。この指標を確認するのは「サイト担当者が意図したとおりの比率になっているか」を判断するためです。新規ユーザーを呼び込むキャンペーンを行った

ときに新規率が上がり、リピーター向けにコンテンツを作ったときにリピート率が上がっているかを確認することが重要なのです。

コンバージョン

コンバージョンとは、サイト内で設定した任意の目標（通常は特定ページへの到達）の達成可否を示す指標です。「コンバージョン数」として数を表す場合と、「コンバージョン率」として比率を表す場合があります。コンバージョン数は目標を達成した件数、コンバージョン率はサイトへの訪問回数のうちコンバージョンを達成した件数の割合になります。

● コンバージョン数とコンバージョン率

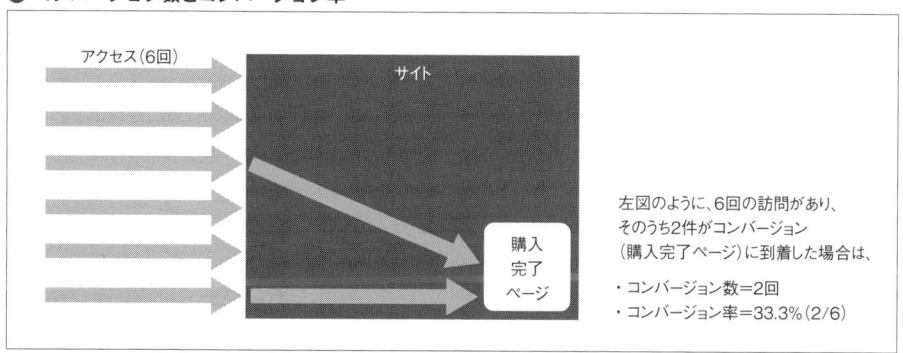

左図のように、6回の訪問があり、そのうち2件がコンバージョン（購入完了ページ）に到着した場合は、
・コンバージョン数＝2回
・コンバージョン率＝33.3%（2/6）

コンバージョン数と率を求める際はその「単位」に注意してください。上記の例ではコンバージョン数の単位を「訪問回数」としていますが、「ページビュー数」を利用する場合もあります。例えば、1回の訪問で資料請求を2回行った場合、コンバージョンページのページビュー数は「2」、訪問回数は「1」となります。

● 単位によって求められる値が変わる

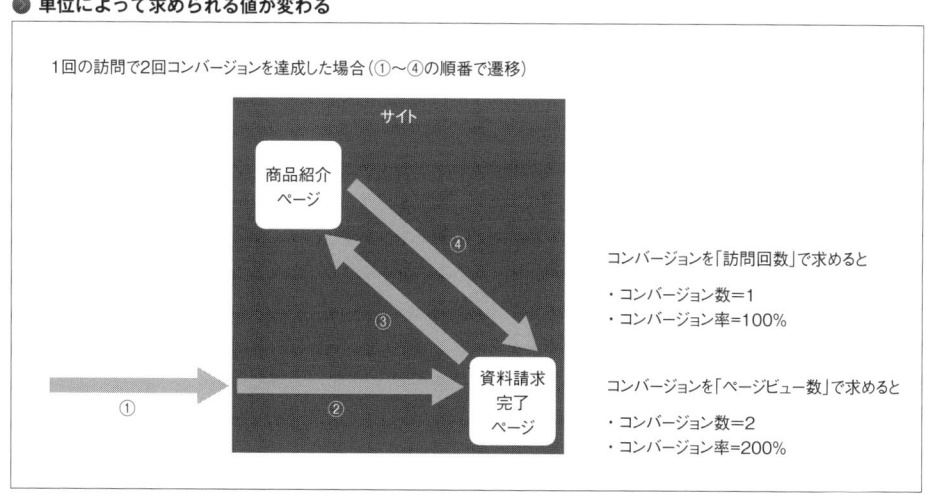

1回の訪問で2回コンバージョンを達成した場合（①〜④の順番で遷移）

コンバージョンを「訪問回数」で求めると
・コンバージョン数＝1
・コンバージョン率＝100%

コンバージョンを「ページビュー数」で求めると
・コンバージョン数＝2
・コンバージョン率＝200%

1回の訪問で2回コンバージョンページに到達した場合に、コンバージョン数を1回とするのか、2回とするのかはアクセス解析ツールによって異なります（両方確認できるツールもあります）。通常、1回でも達成してくれれば良い場合（会員登録など）は訪問回数を、複数回の到達に意味がある場合（商品購入や資料請求など）はページビュー数を単位に設定します。

> **Column　コンバージョンの設定内容**
>
> 　「コンバージョン」に設定するページやカウントする条件は前章で設定したKGIと連動します（P.10）。KGIが「売上を増やす」の場合は「購入完了ページ」、KGIが「資料請求数を増やす」の場合は「資料請求完了ページ」がコンバージョンページになります。特定のページと連動するコンバージョンがない場合は、「ある条件を達成した」がコンバージョンになります。ページビュー数を増やしてブランドの認知度を高めたい場合は「訪問あたりの平均ページビュー数が10ページ以上」や「訪問者あたりの訪問回数が月4回以上」などを設定してください。
>
> 　また、コンバージョンの達成件数が少ない場合は「中間成果（マイクロコンバージョン）」を設定することもあります。例えば商品が高額であるためにコンバージョンに設定してある「商品購入完了ページ」へのアクセスが月に数件しかない場合は比率の母数が少なくなり、結果として1件のコンバージョンによってウェブ分析の結果が大きく変わることになります。そこで中間成果として「詳細ページ」や「カートへの追加ページ」などを設定します。こうすると母数が増えるので、効果的な施策や集客力のあるキーワードなどを適切に判断できるようになります。
>
> ● 中間成果（マイクロコンバージョン）
>
> - 流入ページ
> - 一覧ページ
> - 詳細ページ ┐
> - カートへの追加 ├ より数が多いページを「中間成果（マイクロコンバージョン）」として設定する
> - 決済プロセス開始 │
> - 確認画面 ┘
> - 購入完了画面 ← コンバージョンページ

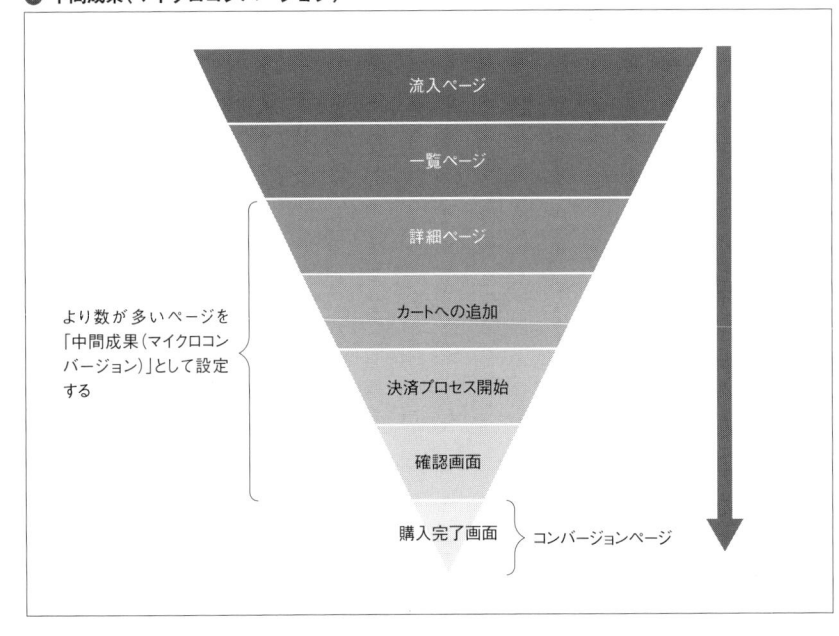

遷移／離脱／直帰

遷移／離脱／直帰の3つは同じ考え方から求められる指標です。単位は「訪問回数」です。

● 遷移／離脱／直帰

指標	説明
遷移	あるページから別のページに移動すること。ページAからページBに遷移した数が「遷移数」、ページAの全訪問数の中でページBに遷移した割合が「遷移率」
離脱	セッション内の最後の閲覧ページになること。あるページにおいてそのページが最後の閲覧ページとなった数が「離脱数」、「離脱数÷ページAの全訪問回数」が「離脱率」。なお、サイトに訪れた人は最終的には必ず離脱するので、離脱数を減らすことはできない。サイト全体の離脱数とサイト全体の訪問回数は同数になる
直帰	流入したページから遷移せず、1ページだけ見てそのまま離脱すること。離脱の一部に含まれる。ページAのみを閲覧して離脱した数が「直帰数」、「直帰数÷ページAへの流入数」が「直帰率」。サイト全体の直帰率は「直帰数÷訪問回数」

● 遷移／離脱／直帰の関係

①ページAから別のページに遷移した場合 ＝ ページAから遷移
③ページAのみを閲覧して離脱 ＝ ページAから直帰
②ページAが最後の閲覧ページ（直帰も含む）＝ ページAから離脱

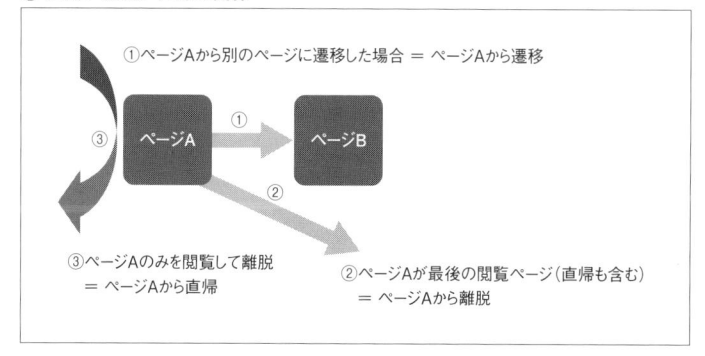

　これら指標のうちもっとも重要なのは「直帰」です。通常、サイトは複数のページで構成されており、最初の1ページでコンバージョンやKPIが達成されることはまずありません。そのためコンバージョン数を増やすには各ページの直帰率を減らす必要があるのです。

　また、サイトに入ってきた人は、必ず帰ってしまうため離脱数を減らすことはできませんが、「離脱してほしくないページ」での離脱数を減らすことを考えることは大切です。商品詳細ページや決済ページからの離脱はコンバージョン達成の妨げになります。これらのページの離脱率が高い場合は離脱されないように施策を講じるべきです。一方、サイトには必ず「離脱しても良いページ」があります。例えば商品購入後に表示されるページや、FAQの回答ページなどです。これらのページの離脱率は高くても問題ありません。これらの具体的な改善施策についてはChapter05（P.85）で詳しく説明します。

滞在時間

　滞在時間とは、あるページまたはサイト全体に滞在していた時間を示す指標です。「ページ滞在時間」と、「訪問滞在時間」の2種類があります。ページ滞在時間は該当ページへの流入時刻と次ページへの流入時刻の差をとって算出します。訪問滞在時間はサイトに流入してから離脱するまでの時間を

指します。

　なお、多くのアクセス解析ツールはサイトからの離脱時刻を取得できないため、離脱ページの滞在時間はツールごとに独自の計算方法によって求められます。Google Analyticsのように「0秒」とするツールもあれば、特定の時間を設定するツールもあります。離脱ページの滞在時間については利用しているツールのベンダーに確認してください。

● 滞在時間の求め方

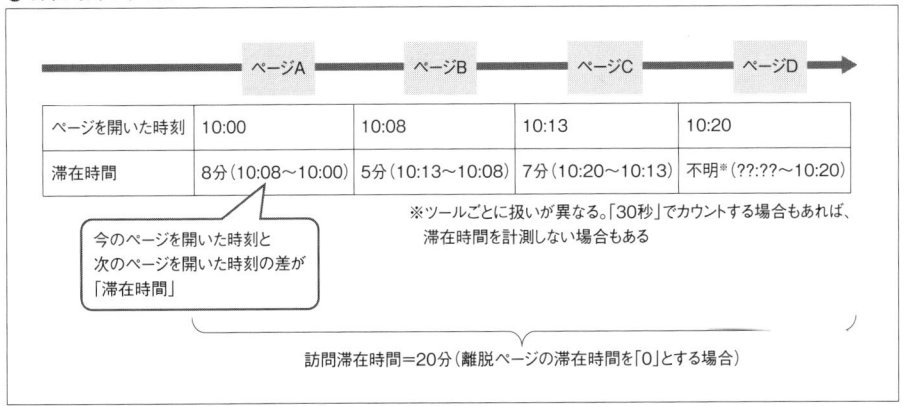

	ページA	ページB	ページC	ページD
ページを開いた時刻	10:00	10:08	10:13	10:20
滞在時間	8分 (10:08〜10:00)	5分 (10:13〜10:08)	7分 (10:20〜10:13)	不明※ (??:??〜10:20)

今のページを開いた時刻と次のページを開いた時刻の差が「滞在時間」

※ツールごとに扱いが異なる。「30秒」でカウントする場合もあれば、滞在時間を計測しない場合もある

訪問滞在時間＝20分（離脱ページの滞在時間を「0」とする場合）

　ページの滞在時間は、必ずしも長ければ良いというわけではありません。対象ページの特徴を踏まえて判断する必要があります。例えば、ナビゲーションしかないトップページでは訪問者を迷わさずに次のページに遷移してほしいので、ページ滞在時間は短いほど良いでしょう。一方、読み物ページでは最後まで文章を読んでほしいので、ページ滞在時間は長いほうが良いでしょう。いずれにせよ、滞在時間の長短が評価軸として比較的明確な場合に利用すると効果的な指標です。

> **Tips** 多くのアクセス解析ツールではページ滞在時間の平均値しか表示されないため、滞在時間の分布を確認することはできません。また、「滞在時間 = 実際にサイトを見ている時間」にはならない点にも注意が必要です。タブブラウザを使ってページを開きっぱなしの場合もありますし、ブラウザを開いたまま離席している場合もあります。滞在時間をもとに何かを判断するときはこれらの点を忘れないでください。

● ウェブ分析特有の4つの指標

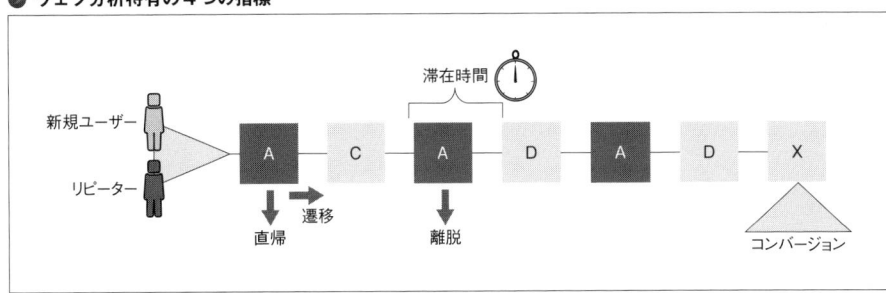

新規ユーザー　リピーター　→　A　C　A　D　A　D　X
　　　　　　　　　　　　　　↓遷移　　↑滞在時間　　　　　コンバージョン
　　　　　　　　　　　　　直帰　　　離脱

Column 「ダブルタギング」のススメ

「ダブルタギング」とは、アクセス解析ツールを複数導入することです。ダブル（2つ）のタギング（タグ追加）です。ダブルタギングを行うメリットは「ツールを使用する人のレベルや要件に応じて、ツールを使い分けることができる」こと、そして「片方のツールで計測が正しくできていなかった場合のバックアップ」です。すべての要件に対して最適なツールは存在しません。求める要件が異なれば、最適なツールも異なります。ユーザー単位で詳しく分析をしたい人もいれば、いつも見ているデータだけをすぐに見たい人もいます。これらの要件を1つのツールだけでこなすのは非常に困難です。複数のツールを使うことにはさまざまなメリットがあります。以下にアクセス解析ツール同士の組み合わせ例をいくつか紹介します。

◉ 似ていないツールを選ぶ

良い例　Visionalist＋WebAnalyst

似た機能を持つ同レベルのツールを選択してもあまり意味がありません。「詳細分析＋レポーティング」や「課題発見＋広告分析」、「課題発見＋特殊分析」といった切り口で、似ていないツールを選びましょう。

◉ 有料ツールと無料ツールを組み合わせる

良い例　RTMetrics＋Google Analytics

有料ツールを複数導入するのはコスト面を考えても大変です。まずは無料ツールを導入し、ある程度使いこなせるようになったうえで「無料ツールでは満たせない点」を補うために有料ツールを利用することをお勧めします。または先に有料ツールを導入して、バックアップ用に無料ツールを導入する流れも定番です。

◉ 利用目的に応じて主と従を決める

良い例　SiteTracker（主）＋X-log（従）

アクセス解析ツールの利用目的（分析したい内容）に応じて、普段使用するツール（主）と特殊な用途で使用するツール（従）を使い分けましょう。例えば、通常の分析は「SiteTracker」で行い、不正広告のクリック対策などは「X-log」で行うなどの構成が考えられます。

◉ 計測方式やタイミングが異なるツールを選ぶ

良い例　LogChaser（ログ型）＋ComfyAnalytics（Webビーコン型）
良い例　Urchin（非リアルタイム）＋Yahoo!アクセス解析（リアルタイム）

計測方式や集計タイミングが異なるツールを組み合わせるのも1つの手です。計測方式によって取得できるデータやレポート内容は異なります。さまざまなデータを取得できれば、より正確にウェブ分析が行えるようになるので、お勧めの方法です。

なお、ダブルタギングを行った際は、各ツールの取得したデータを比較することに意味がないことを覚えておいてください。ツールごとにデータの計測方式や定義が異なるため、同じ指標であっても数値は絶対にずれます。ウェブ分析では取得したデータの値そのものを見ることよりも、値の変化を見ることのほうが大切です。

Chapter 03 統計の基礎知識とグラフの理解

　本章では、ウェブ分析を行ううえで必須となる統計の知識と、7種類のグラフの特徴や注意点を解説します。また、データを迅速かつ正確に比較するには各種グラフの作成方法を理解しておく必要もあります。

ウェブ分析で利用する「統計」

　アクセス解析ツールで取得したデータを正しく理解し、分析するには、基本的な「統計」の知識が必要です。ただし、それほど難しいものはありません。むしろ日常的に利用している人もいるのではないでしょうか。まずは改めて基本的な統計用語の意味とその数字を利用する際の注意点を再確認しましょう。

平均

　平均とは、「n個のデータがあった場合に、そのn個の数字の総和をnで除算した値」です。以下の式で求めることができます。

$$(X_1 + X_2 + \cdots + X_n) \div n$$

　ウェブ分析では主に「ページ単位」と「サイト単位」でさまざまな平均値を利用します。
　ページ単位の平均値で代表的なものは「ページの平均滞在時間」です。ページの平均滞在時間を求めることで、例えば2種類の特集ページがあった場合により長く閲覧されているページを特定したり、あるページの内容をすべて読むのに必要な時間を算出したりできます。
　サイト単位の平均値で代表的なものは「訪問あたりの平均ページビュー数」や「訪問あたりの平均滞在時間」です。訪問あたりの平均ページビュー数が3PVのサイトと、10PVのサイトでは、後者のほうがサイトの商品やサービスをたくさん見てもらえていると判断できます。滞在時間についても同様に判断できるでしょう。
　このように、平均はページやサイトを評価・比較する際に1つの指標になるのですが、利用する場合は以下の点に注意する必要があります。

》》分母(n)の数が少ない場合は平均値が大きくずれやすい

　分母(n)の数が少ない場合は1つの要素が全体に与える影響が大きいので注意が必要です。例えば、平均ページビュー数が「4」であってもその平均値がたった2回の訪問から求められているのであれば、次の訪問に大きく影響を受けることになります。仮に次の訪問の平均ページビュー数が「31」であった場合、平均ページビュー数は「13」に跳ね上がります。

```
(2+6)÷2 = 4
(2+6+31)÷3 = 13
```

　このような状況では「平均ページビュー数」にあまり意味はありません。平均ページビュー数を求める場合は、少なくとも500訪問以上を母数としてください。500訪問あれば、平均ページビュー数が「4」のサイトにページビュー数が「30」の訪問が加わっても平均値に与える影響は軽微であるため、平均値として参考にできます。

```
((4×500)+(30×1))÷501 = 4.05
```

》》同じ平均値でも内容が大きく異なる可能性がある

　平均は全体の総和をその件数で割った値なので、平均値を見ただけではその内訳まではわかりません。そのため、同じ平均値であってもデータの内容が大きく異なる可能性があることを覚えておく必要があります。一例として、以下の2つのページの平均滞在時間を考えてみましょう。

● ページAとページBのページ滞在時間(5訪問分)

ページ名	1	2	3	4	5
ページA	50秒	55秒	55秒	70秒	70秒
ページB	5秒	10秒	10秒	125秒	150秒

　上記2つのページの平均滞在時間はともに「60秒」です。しかし、実際のデータを見ると内容が大きく異なっていることがわかると思います[※]。

　ページAでは各アクセスの滞在時間にそれほど振り幅がありません。これはTOPページなどのメニュー系のページでよく見られる傾向です。一方、ページBではアクセスごとに滞在時間が大きく異なります。これは読み物系のコンテンツでよく見られる傾向です。コンテンツの内容に興味がない人はすぐ別のページに遷移しますが、興味を持った人はじっくりと読んでくれるため滞在時間が長くなるのです。

　このように、同じ平均値であってもその値が示す内容には大きな違いがあることがあります。多くのアクセス解析ツールは「平均値」しか表示しないため、この点を忘れると大切なことを見落としてしまう恐れがあります。平均値を扱うときは十分に注意してください。

[※] 統計学ではこのような数値のばらつきのことを「分布」と呼びます。ページAの滞在時間は分布が狭く(50秒～70秒)、ページBの滞在時間は分布が広いといえます(5秒～150秒)。同じ平均値でも分布が異なる場合があることを理解しておきましょう。

中央値と最頻値

ウェブ分析では平均の他に「中央値」と「最頻値」も利用します。データ分布の特徴を1つの値で表す点では平均と似ていますが意味合いは異なるので再確認しておきましょう※。

● 中央値と最頻値

指標名	説明
中央値	n個のデータを昇順に並べた際に中央に位置する値。nが偶数の場合は、中央に近い2つの値の平均値
最頻値	n個のデータの中で、もっとも頻繁に出現する値。この数字を使用すれば平均値を補強できる

中央値と最頻値が平均値と異なる場合は、分布に偏りがあります。下表を見てください。サイトAとサイトBの「平均ページビュー数」に関する各代表値の値です。

● サイトAとサイトBの「平均ページビュー数」に関する各代表値の値

ページ名	平均値	中央値	最頻値
サイトA	6	6	6
サイトB	6	4	2

実際のページビュー数の分布を見てみると、以下のようにすべての値が一致しているサイトAでは平均値を中心に左右対称に分布していますが、中央値や最頻値が平均値より小さいサイトBでは分布が偏っていることがわかります。

● サイトAとサイトBの平均ページビュー数

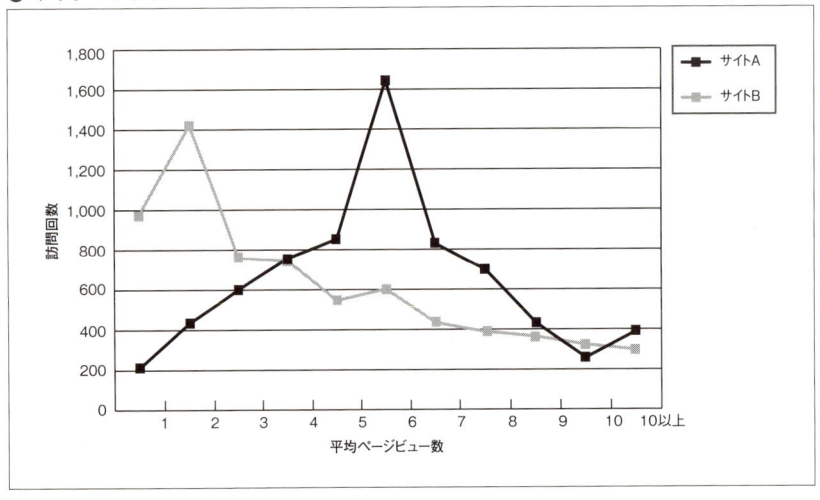

なお、中央値や最頻値はとても重要な指標なのですが、残念ながらほとんどのアクセス解析ツールの画面には表示されません。これらの値を求めるにはアクセス解析ツールが取得したデータをダウンロードして別途計算する必要があります。

※ 統計では、データ分布の特徴を1つの値で表す平均値や中央値、最頻値のことを「代表値」と呼びます。

正規分布

平均値を中心に左右対称になる分布を「正規分布」と呼びます。以下は小学3年生の体重分布をプロットしたグラフですが、正規分布になっていることがわかります。上記のサイトAの訪問回数も正規分布に近いといえるでしょう。

● 正規分布図

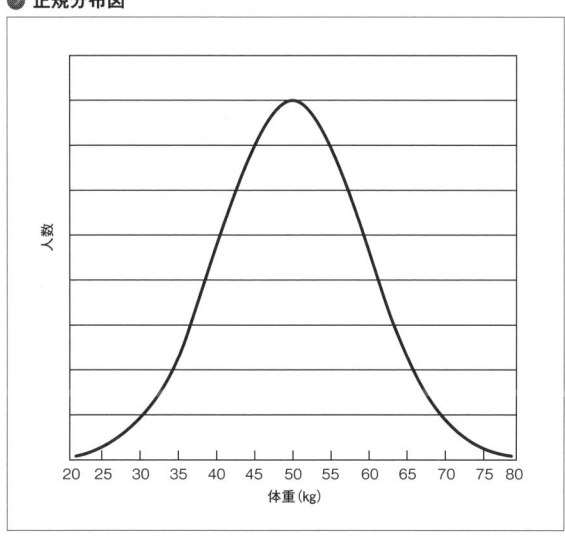

ウェブ分析の書籍であえて正規分布に触れているには訳があります。ここでみなさんに覚えておいてほしいのは「ウェブに関するデータで正規分布するものはほとんどない」ということです。

例えば、あるサイトの平均ページビュー数が「8.64」だったとします。正規分布だと8、9ページあたりを頂点に分布すると想像できます。しかし、実際には下図のようになります。

● あるサイトのページビュー数の分布図

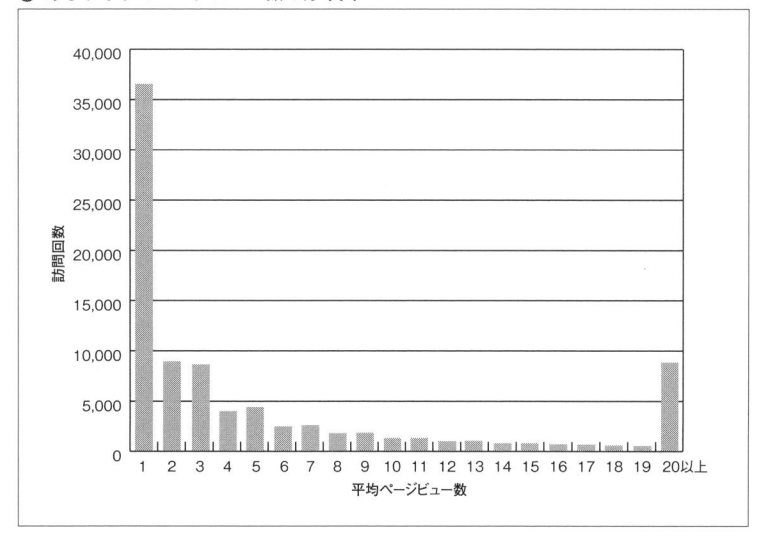

上図を見ると正規分布になっていないことがわかります。訪問あたりのページビュー数は1PVが最多となり、徐々に減衰しているのがわかります。つまり「平均ページビュー数：8.64」であっても、8.64ページよりも多い訪問が50％、少ない訪問が50％ではないのです。ウェブ分析で扱う多くのデータは正規分布ではなく、上図のようなロングテール型の分布になります。

相関係数

相関係数とは、2つの変数の相関（類似性の度合い）を－1～1の間で表す指標です。1に近いほど「正の相関関係」（Aが増えるとBも増える）があり、－1に近いほど「負の相関関係」（Aが増えるとBは減る）があることを示します。また、2つの変数に相関がない場合は0になります。

相関係数を利用すると、データ間の関連性を把握できます。ウェブ分析ではコンバージョン数（率）の推移と他のデータを比較する際などに利用します。

正の相関関係

ウェブ分析に関する指標で正の相関関係にある代表的なものは「平均ページビュー数」と「サイトの平均滞在時間」です。多くのページを閲覧するには長い時間サイトに滞在する必要があり、数ページしか見ない人はすぐにサイトから離脱するため、これらの2つの指標は基本的に正の相関関係にあります。中には、2～3ページをじっくりと読む人もいると思いますが、全体から見れば数は少ないでしょう。

他にも、「平均ページビュー数」と「コンバージョン率」は正の相関関係になりやすいといえます。具体例を見てみましょう。下図は1日のコンバージョン率と平均ページビュー数をグラフ化したものです。Y軸がコンバージョン率、X軸が平均ページビュー数です。3カ月間のデータをプロットしています。

● ページビュー数とコンバージョン率の関係（相関係数＝0.51）

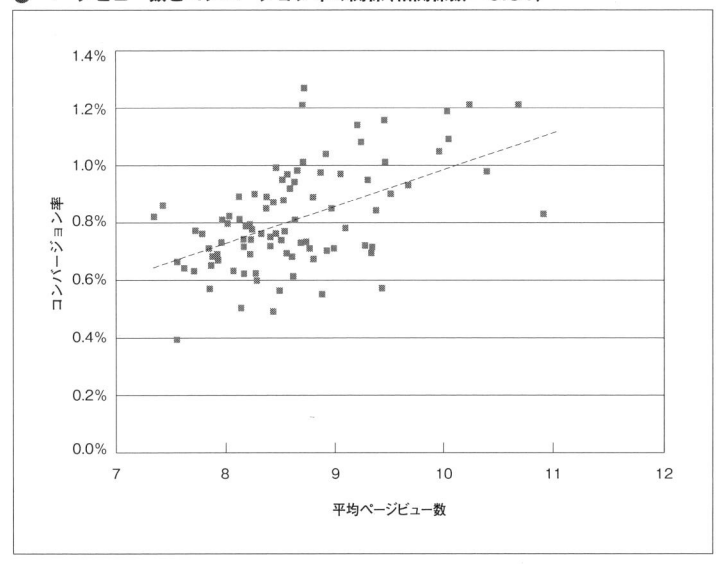

近似直線を追加すると、線が右肩上がりになっており、平均ページビュー数とコンバージョン率が正の相関関係であることがわかります。

負の相関関係

ウェブ分析に関する指標で負の相関関係にある代表的なものは「直帰率」と「コンバージョン率」です。通常、入り口ページとコンバージョンページは異なるため、直帰率（サイトを1ページだけ見て離脱する）が高いほどコンバージョン率は低くなります。下図は1日の直帰率とコンバージョン率をグラフ化したものです。Y軸がコンバージョン率、X軸が直帰率です。3カ月間のデータをプロットしています。

● 直帰率とコンバージョン率の相関関係（相関係数＝−0.65）

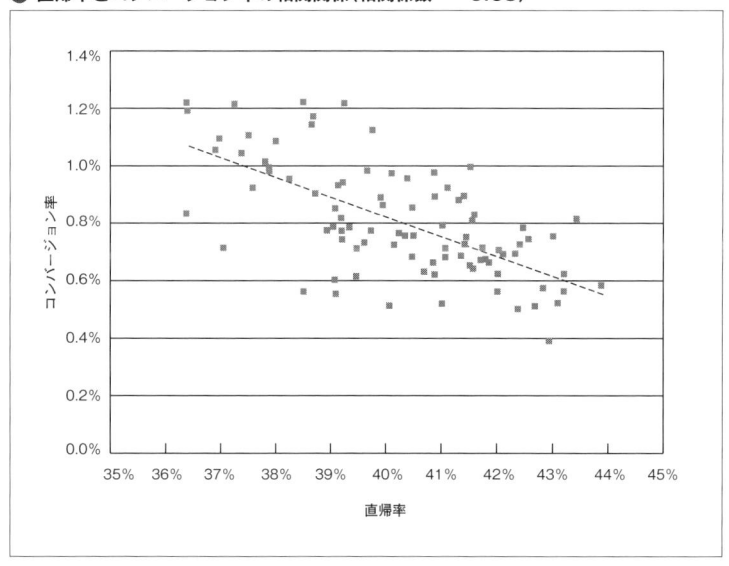

近似直線を追加すると、線が右肩下がりになっており、コンバージョン率と直帰率が負の相関関係にあることがわかります。

相関関係の計算方法

相関係数は以下の式で計算できます※。手作業で計算すると大変ですが、ExcelのCORREL関数を使えば簡単に計算できます。

※ 出所：Wikipedia「相関係数」

相関関係の計算方法

2組の数値からなるデータ列 $(x, y) = \{(x_i, y_i)\}$ ($i = 1, 2, ..., n$) が与えられたとき、相関係数は以下のように求められる。

$$\frac{\sum_{i=1}^{n}(x_i - \bar{x})(y_i - \bar{y})}{\sqrt{\sum_{i=1}^{n}(x_i - \bar{x})^2}\sqrt{\sum_{i=1}^{n}(y_i - \bar{y})^2}}$$

ただし、$\bar{x}$, $\bar{y}$ はそれぞれデータ $x = \{x_i\}$, $y = \{y_i\}$ の相加平均である。
これは、各データの平均からのずれを表すベクトル

$x - \bar{x} = (x_1 - \bar{x}, ..., x_n - \bar{x})$,
$y - \bar{y} = (y_1 - \bar{y}, ..., y_n - \bar{y})$

のなす角の余弦である。
また、この式は共分散をそれぞれの標準偏差で割ったものに等しい。

大数の定理

　大数の定理とは「母数が少ないデータは1つのデータに全体が左右されやすく、一定のデータ量がたまらないと本来の平均値にならない」という定理です。下図を見てください。サイコロを振った回数（X軸）と出目の平均値（Y軸）を表したグラフです。

サイコロの出目の平均数字

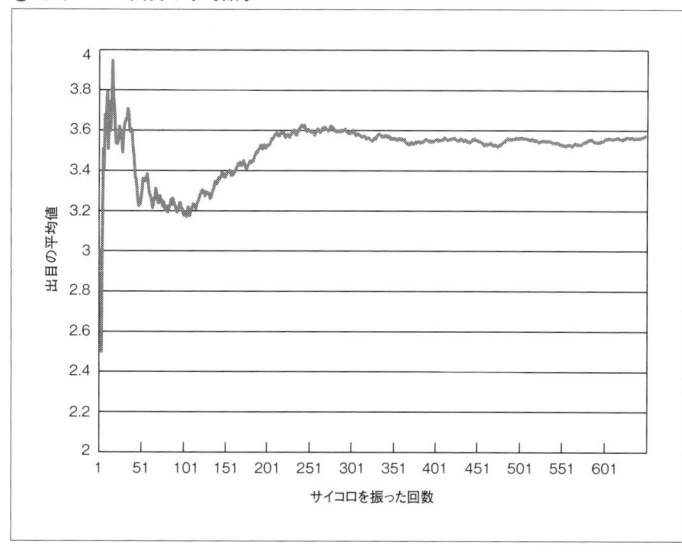

　サイコロの出目は1～6なので平均値は3.5になります。しかし上図を見ると振った回数が少ない時点では平均値が大きく変動していることがわかります。平均値が3.5近辺になるのは350回ほど振ってからです。このようにある程度のデータ数がないと正しい平均値を算出できないのです。これが

「大数の定理」です。

　ウェブ分析では、新規ユーザー／リピーターの比率やコンバージョン率、平均滞在時間、平均ページビュー数などを算出する際に大数の定理が当てはまります。これらのデータは算出元の母数が少ないとあまり意味がありません。下表はあるサイトの「コンバージョン率が高い検索ワード」の一覧表です。

● コンバージョン率が高い検索ワード（失敗例）

順位	検索ワード	流入数	コンバージョン率
1位	音楽	54	3.7%
2位	J-pop	58	3.4%
3位	音楽　視聴	101	2.9%
4位	音楽　情報	128	2.3%
5位	音楽　購入	50	2.0%
6位	クラシック	54	1.8%

　例えば、5位の検索ワード「音楽　購入」はコンバージョン率が2.0%であり、コンバージョンに貢献しているワードであると考えらます。しかし、この判断は誤りです。そもそも流入数が少ないためコンバージョン率はたった1回のコンバージョンに大きく影響を受けます。どれほどコンバージョン率が高くても、母数（ここでは流入数）が少ない場合は、対象の検索ワードが良いワードなのか、悪いワードなのか判断することはできません。

　上記からもわかるとおり、平均値や率を求める際は常に大数の定理を意識しておくことが重要です。ある程度のデータ数が集まってから判断してください。ここで紹介した例では、少なくとも500件以上の流入数が必要でしょう。

単位の割り算

　ウェブ分析ではこれまでに解説してきた統計の知識に加えて、もう1つ、数値を扱う際に注意すべき大切な考え方があります。それが「単位の割り算」です。ウェブ分析では「新規率」や「コンバージョン率」のように、しばしば2つの指標を割り算して新しい指標を算出するのですが、このとき常にどの指標で割り算しているのかを理解しておく必要があります。

　例えば、新規率を求める際にその単位を「訪問者」にするのか、「ページビュー数」にするのかで求められる値が変わります。下表を見てください。

● あるサイトの訪問者とページビュー数

訪問者	ページビュー数
A（新規ユーザー）	4
B（リピーター）	12

　上表を見るとあるサイトに2人（新規1人、リピーター1人）が訪れ、それぞれ数ページを閲覧していることがわかります。この場合に、新規率を「訪問者」で計算すると50%になりますが、ページビュー

数で計算すると25%（4 ÷ (4 + 12)）になります。両者はともに新規率としては正しい値です。しかし、単位が変われば求められる値も変わります。分析を行う際は必ず単位も把握しておきましょう。

また、通常は「単位を揃える」という点も忘れないでください。例えば、新規率を求める際に「新規ページビュー数÷全訪問者数」のように異なる単位を混同して計算しても意味がありません。必ず「新規ページビュー数÷全ページビュー数」のように分母、分子ともに単位を揃えてください。この点において唯一の例外は「コンバージョン率」です。通常は「コンバージョンページの訪問回数÷サイト全体の訪問回数」や「コンバージョンページのページビュー数÷サイト全体のページビュー数」のように単位を揃えるのですが、場合によっては「コンバージョンページのページビュー数÷サイト全体の訪問回数」のように異なる単位で計算することもあります。これはどのような場合に起こるのでしょうか。下図を見てください。

● あるサイトの訪問者が閲覧したページ

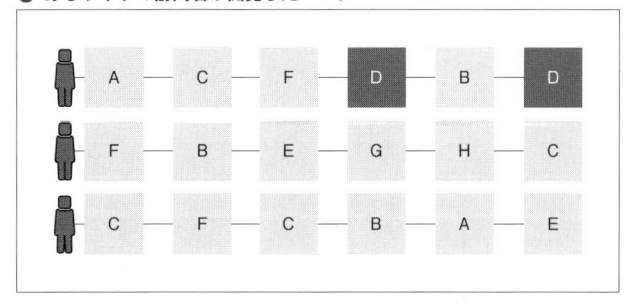

上図は、3回の訪問があり、そのうち最初（最上部）の訪問だけがサイトのコンバージョンページである「D」に2回訪れたことを表しています。この場合におけるコンバージョン率を求めてみましょう。

● 単位ごとのコンバージョン率

計算式	コンバージョン率
コンバージョンページの訪問回数÷サイト全体の訪問回数	33%（1÷3）
コンバージョンページのページビュー数÷サイト全体のページビュー数	11%（2÷18）
コンバージョンページのページビュー数÷サイト全体の訪問回数	66%（2÷3）

それぞれが異なる結果になることがわかります。これらはすべてコンバージョン率として正しい値になりますが、それぞれが示す意味合いは異なります。

「コンバージョンページの訪問回数÷サイト全体の訪問回数」は「サイトに訪れた人がどの程度の確率でコンバージョンするか」という数値になります。意味もわかりやすく、通常「コンバージョン率」といえばこの数値を指します。しかし、この計算方法では1回の訪問で何度コンバージョンを達成しても同じ評価になってしまいます（何度達成しても「1」とカウントします）。

一方、「コンバージョンページのページビュー数÷サイト全体の訪問回数」ではコンバージョンの達成回数が考慮されます。つまり、1回の訪問で2回コンバージョンしたセッションと、1回コンバージョンしたセッションでそれぞれコンバージョン率が異なります。例えば、広告Aからの流入では1回のコンバージョン、広告Bからの流入では5回のコンバージョンがあったとします。この場合に、「コンバージョンページの訪問回数÷サイト全体の訪問回数」ではいずれの広告もコンバージョン率が

100%になりますが、「コンバージョンページのページビュー数÷サイト全体の訪問回数」では広告Bのほうが効果的であるとわかります。広告主としては広告Bをより評価したいと考えるのではないでしょうか。

「コンバージョンページのページビュー数÷サイト全体のページビュー数」は「アクセスされた全ページのうち、どの程度がコンバージョンのページだったか」という数値になります。ただし、計算結果が非常に小さい値になってしまうので実際はあまり利用されません。

ウェブ分析における統計グラフの使い方

ウェブ分析では大量のデータを扱うため、ログに残されている生データをそのまま見ても状態を把握することは困難です。必要に応じてグラフを作成しなければなりません。また、多くのアクセス解析ツールは取得したデータをグラフ化して表示するため、各グラフの特徴や使い方、注意点などを理解しておく必要もあります。ウェブ分析では、主に以下のグラフを使用します。

● グラフの種類

種類	説明
折れ線グラフ	時系列で変化を見る場合に使用する
棒グラフ	特定の軸でデータの大小を比較する場合に使用する
円グラフ	特定の軸でデータの比率を比較する場合に使用する
積み上げ式グラフ	時系列で特定の軸の比率を見る場合に使用する
散布図	2つの軸でデータの相関関係を見る場合に使用する
バブルチャート	3つの軸でデータの相関関係を見る場合に使用する
レーダーチャート	特定の情報を複数の軸で評価する場合に使用する

折れ線グラフ

折れ線グラフは、主に指標の変化を時系列で確認する際に利用します。通常はX軸に時間、Y軸に各指標を設定します。ページビュー数や訪問回数、訪問者数、コンバージョン数(率)などは折れ線グラフを使って確認することが多いです。これらの指標を折れ線グラフで表現することで、例えば「平日のアクセスが多くて、週末は少ない」など、時間帯や曜日ごとのトレンドを確認できます[※]。

それでは、ウェブ分析で利用する折れ線グラフをいくつか見ていきましょう(X軸はすべて時間です)。まずは、Y軸にページビュー数を設定したグラフです。折れ線グラフにするとページビュー数の増減が一目瞭然です。

※「トレンド」についての詳細はChapter04(P.60)で詳しく解説します。

● 折れ線グラフ（X軸：日付、Y軸：ページビュー数）

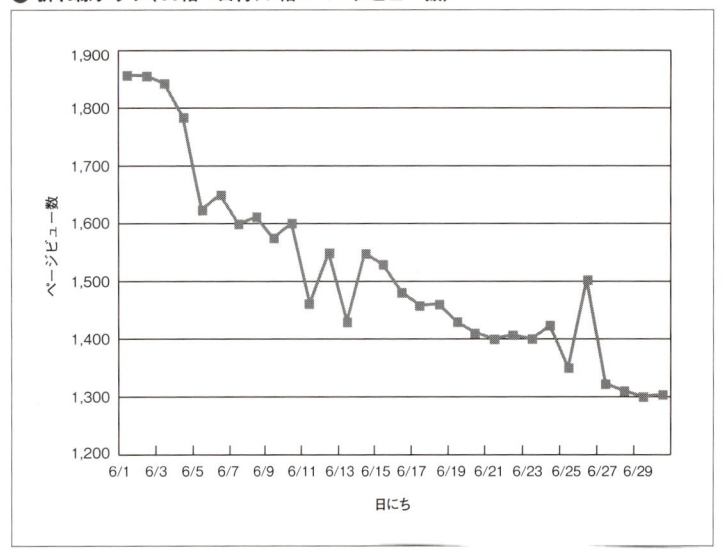

下図では全体のページビュー数に加えて、新規ユーザーとリピーターのページビュー数もプロットしています。同じ単位であれば1つのグラフ内に統合することができます。

● 折れ線グラフ〜複数種類のデータその1〜

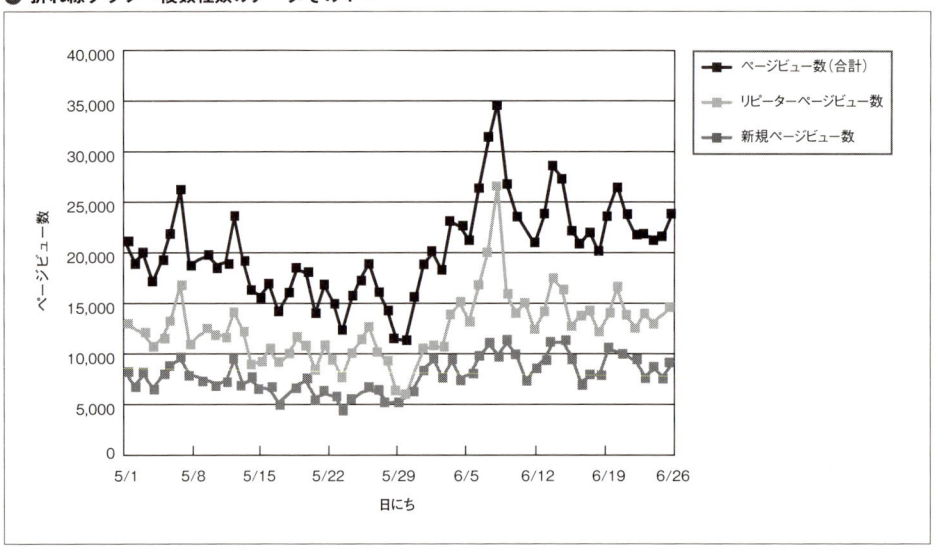

このようにすることで、変遷の内訳を確認できます。ここでは6月8日のピークがリピーターによってもたらされていることがわかるかと思います。

では次のグラフを見てみましょう。「4月」と「5月」の2つの期間で、日ごとのページビュー数を比較しています。

● 折れ線グラフ〜複数種類のデータその2〜

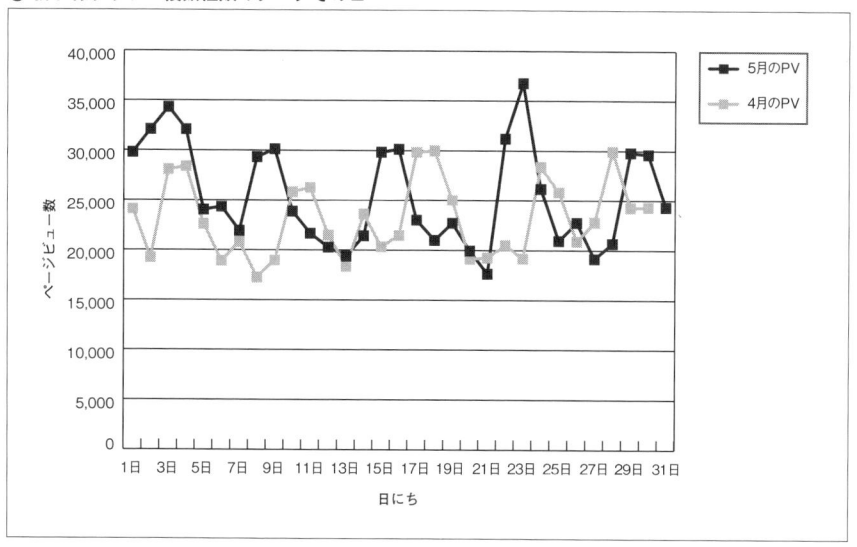

2種類の指標を1つの折れ線グラフ上にプロットする

　通常、折れ線グラフには単一または同一単位の指標をプロットしますが、場合によっては2種類の指標をプロットすることもあります。異なる指標を並べることによって、それらの指標の相関関係がわかります。下図ではまったく性質の異なる滞在時間と直帰率を並べることで、これらの指標の相関関係を把握できます（直帰率が低いときは滞在時間が長い：円で囲ってある部分）。

● 折れ線グラフによる相関関係の確認（直帰率と滞在時間）

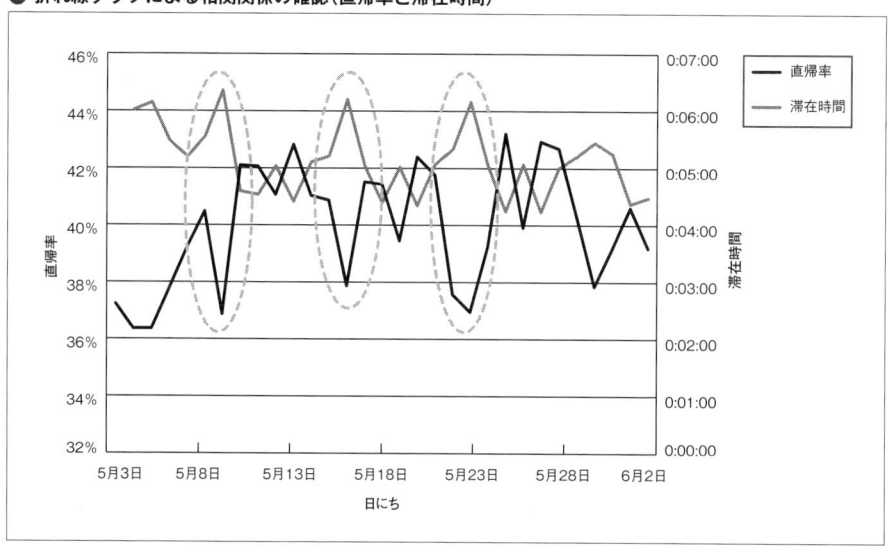

ウェブ分析で利用する折れ線グラフでは、X軸に時間を設定することが多いのですが、他の基準を利用することもあります。下図ではX軸にページビュー数が多いページの順位、Y軸にサイト全体のページビュー比率をプロットしています。

● ページビュー数の関係グラフ

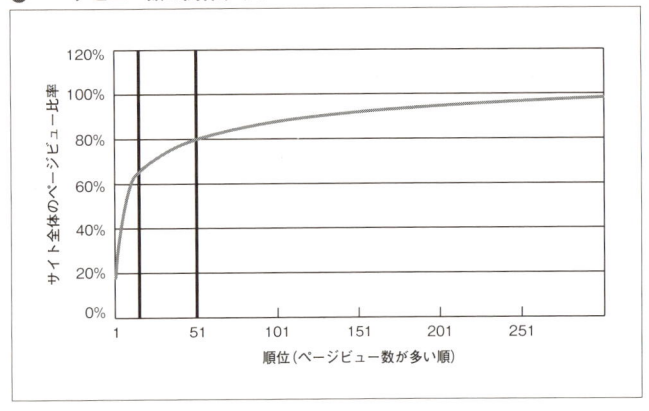

上図の縦線が引いてあるところを見ると、上位10ページでサイト全体の65%、上位50ページでサイト全体の80%のページビュー数を占めていることがわかります。このようなデータを見ることによって、影響力の大きいページがいくつあるかを把握することができます。

折れ線グラフ作成時の注意点

折れ線グラフを作成する際は以下の点に注意してください。

1. X軸とY軸にラベルを必ず付ける。特にY軸が2軸になる場合は、両方とも忘れずに付ける
2. X軸が5項目以上ある場合に折れ線グラフを使う。5項目未満の場合は棒グラフ（P.53）を使う
3. 1つのグラフに折れ線が4つ以上あると、折れ線が重なって見えにくくなる。その場合はグラフを2つに分けるなどの工夫が必要
4. Y軸の目盛り単位を変更するとグラフの印象が大きく変わるので、適切な目盛り単位を設定する（下図参照）

● 同一データによる折れ線グラフ（Y軸の目盛り単位が異なる）

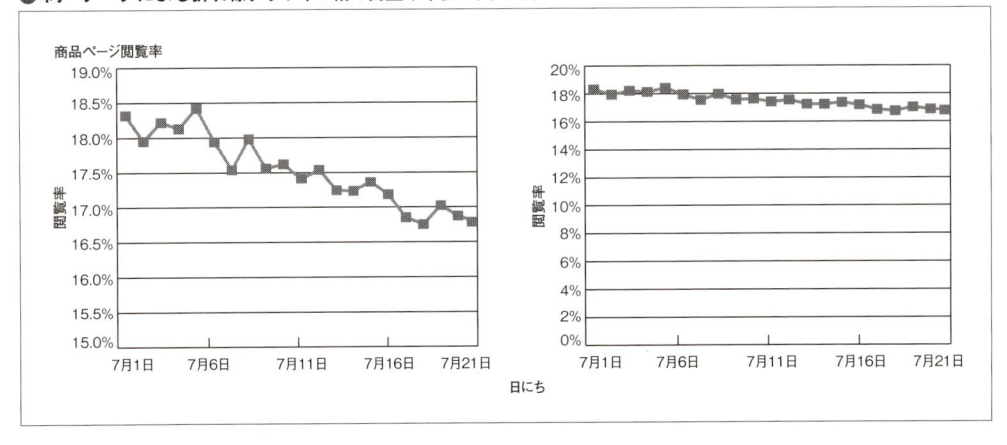

棒グラフ

　棒グラフは、主に指標値の大小を特定の軸で比較するときに利用します。X軸には「数字軸」と「数字以外の軸」の2種類があります。Y軸には指標値を測る数値を使います。ウェブ分析でもっとも利用するグラフの1つです。一口に棒グラフといっても、縦型の棒グラフや横型の棒グラフ、積み上げ式の棒グラフなどいくつかの種類があります。ここでは、それぞれの特徴を説明していきます。

　まずは「X軸が数字以外の棒グラフ」です。複数のキャンペーンのコンバージョン率を比較しています（X軸はキャンペーンの名称）。下図を見ると一目でコンバージョン率の大小を確認できます。

● **棒グラフ〜X軸が数字以外の棒グラフ〜**

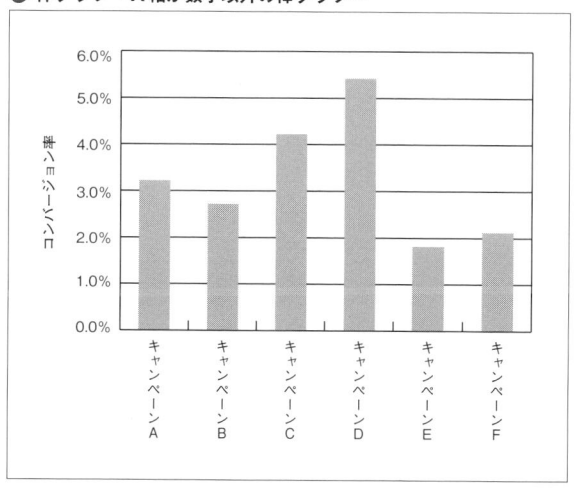

　次に「X軸が数字の棒グラフ」を見てみましょう。下図はあるページの滞在時間の分布です。

● **棒グラフ〜X軸が数字の棒グラフ〜**

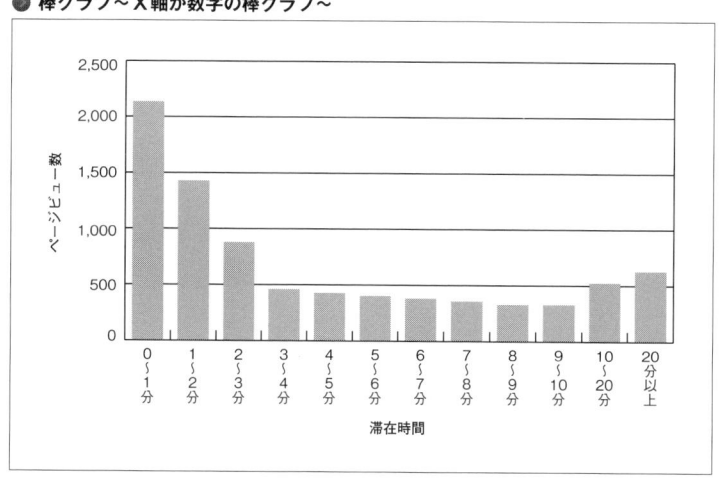

なお、このような数字軸を用いたグラフを確認する場合は目盛りの単位に注意してください。上図を見ると右端の2つの棒だけ他の棒よりも目盛りの単位が広いことがわかります（他の棒は1分間隔）。アクセス解析ツールは滞在時間や訪問あたりの平均ページビュー数をレポートする際にこのような棒グラフを表示します。グラフの見た目だけで判断しないように気をつけましょう。

棒グラフには「積み上げ式の棒グラフ」もあります。ある数値の内訳を確認したい場合に便利です。下図ではサイトの流入元を3種類に分類してグラフ化しています。左図が流入数、右図が流入比率です。右図では流入数は確認できませんが、流入元の内訳を容易に判断できます。

● 積み上げ式の棒グラフ

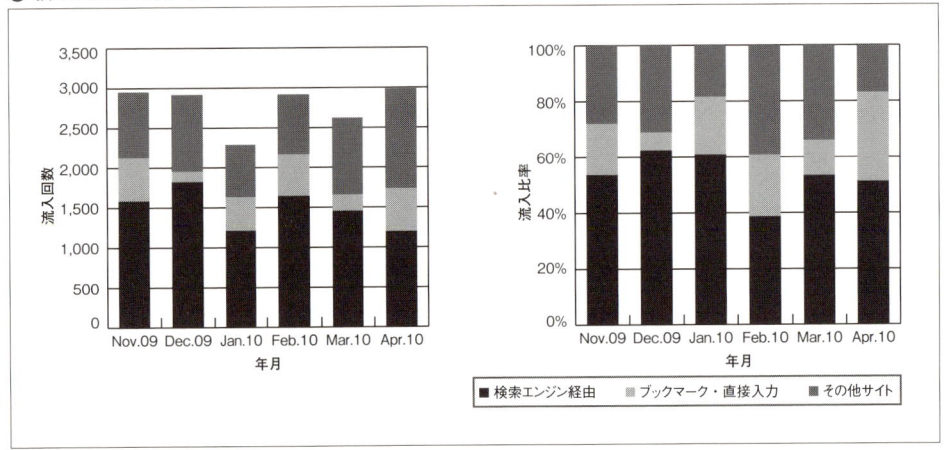

棒グラフ作成時の注意点

棒グラフを作成する際は以下の点に注意してください。

1. 棒と棒の間にすき間を入れる
2. 棒の数は最大10個を目処に。それを超える場合は折れ線グラフのほうが良い
3. 「量」と「比率」はそれぞれ別の棒グラフを作成する

円グラフ

円グラフは、主にある指標値の全体に対する比率を確認する際に利用します。一目でどの項目がもっとも大きいかわかるところが円グラフの特徴です。下図を見るとIEがブラウザシェア全体の3/4を占めていることがわかります。また、あまり使用する機会はありませんが「補助円グラフ付き円グラフ」と呼ばれるグラフもあります。

● 円グラフ(左)と補助円グラフ付き円グラフ(右)

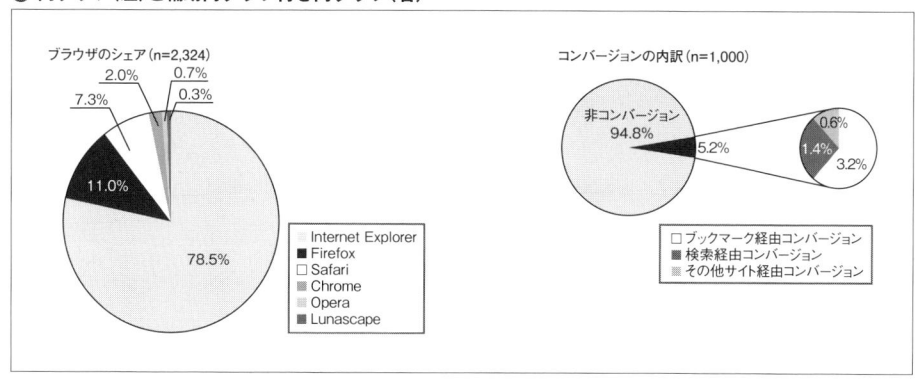

ブラウザのシェア (n=2,324)
- Internet Explorer 78.5%
- Firefox 11.0%
- Safari 7.3%
- Chrome 2.0%
- Opera 0.7%
- Lunascape 0.3%

コンバージョンの内訳 (n=1,000)
- 非コンバージョン 94.8%
- 5.2%
  - ブックマーク経由コンバージョン 0.6%
  - 検索経由コンバージョン 1.4%
  - その他サイト経由コンバージョン 3.2%

円グラフ作成時の注意点

円グラフを作成する際は以下の点に注意してください。

1. 円グラフは量ではなく比率を確認するためのグラフなので、円グラフ上には比率を入れ、合計数はn＝XXXという形でグラフに追加する
2. 円グラフの構成要素はパーセンテージの降順で並べる(「その他」以外)
3. 円グラフの構成要素が10種類以上ある場合は下位のデータをまとめて「その他」と表示する

散布図

散布図は、2つの指標の相関関係を確認するために利用します。実は散布図をレポートするアクセス解析ツールはあまりないのですが、例えばページビュー数と直帰率、キーワードごとの直帰率とコンバージョン率の関係、流入元ごとの新規率とページビュー数などを散布図にプロットすると相関関係が明確になるので、必要に応じて利用しましょう。

● 散布図

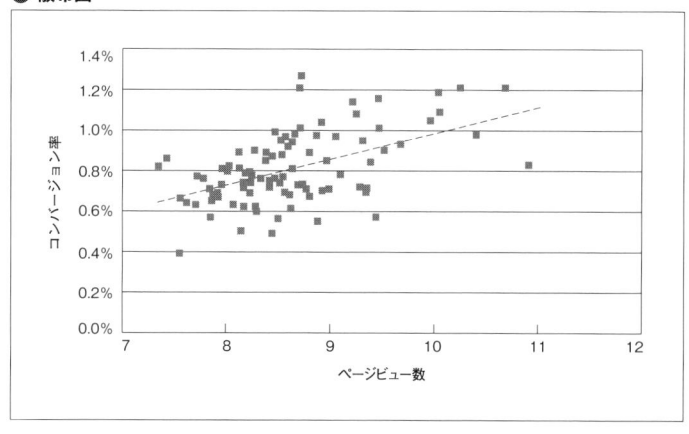

(横軸: ページビュー数、縦軸: コンバージョン率)

散布図を作成する目的は大きく分けると2つあります。1つ目は2つの指標の相関関係を見るためです（P.44）。上図はコンバージョン率とページビュー数の散布図です。

2つ目は「4象限での分析」を行うためです。詳細は後述しますが（P.96）、この分析方法では、散布図を4つのエリアに分けて、ウェブの特性を分析します。

バブルチャート

バブルチャートは、主に3つの軸を1つのグラフで確認したい場合に利用します。上記の散布図に1軸（プロットの大小）を追加したグラフになります。

下図では、円の大きさが1日の訪問回数、Y軸がその日のコンバージョン率、X軸がその日の平均ページビュー数を表しています。平均ページビュー数とコンバージョン率に正の相関関係があることは散布図でもわかりますが、バブルチャートを用いると訪問回数が多い日（円が大きい個所）は平均ページビュー数とコンバージョン率が低くなっていることもわかります。

● バブルチャート

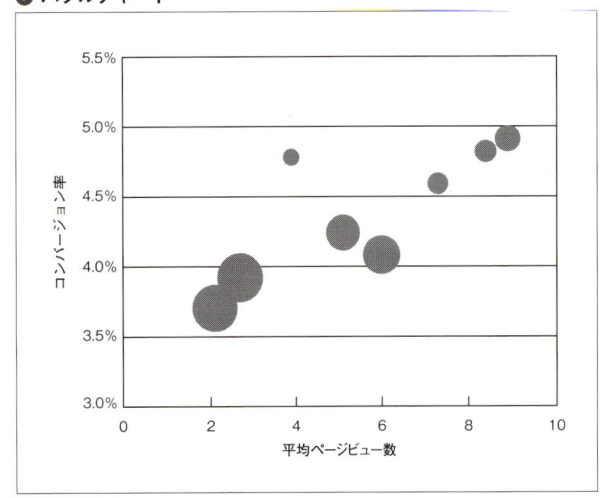

レーダーチャート

レーダーチャートは、主に1つの情報を複数の軸で評価したい場合に利用します。下図では2つのキャンペーンを5つの軸で5段階評価しています。

● レーダーチャート

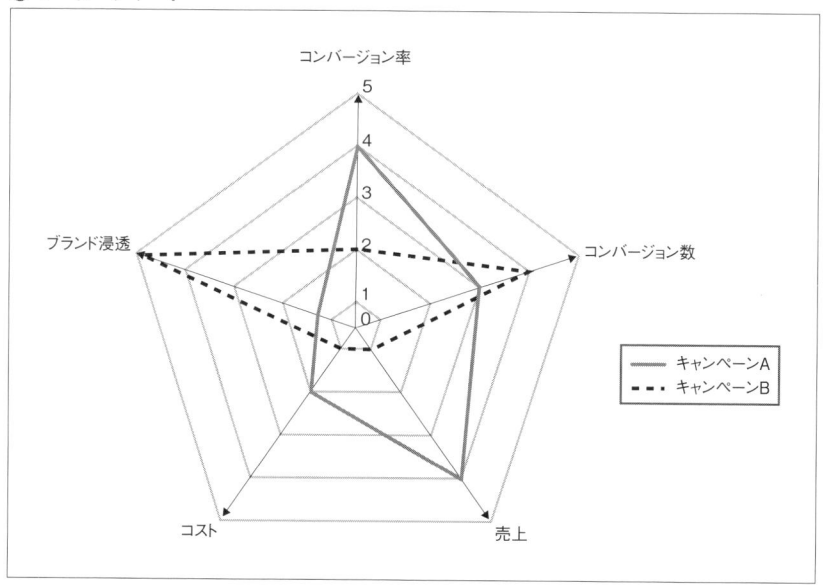

レーダーチャートは利用できるケースが限定されますが、上図のような場合は表形式のレポートよりも圧倒的に比較しやすく、特徴もすぐにつかめます。

最後に、グラフの種類を決定する際に便利なフローチャートを紹介します。

● グラフの種類の選択基準

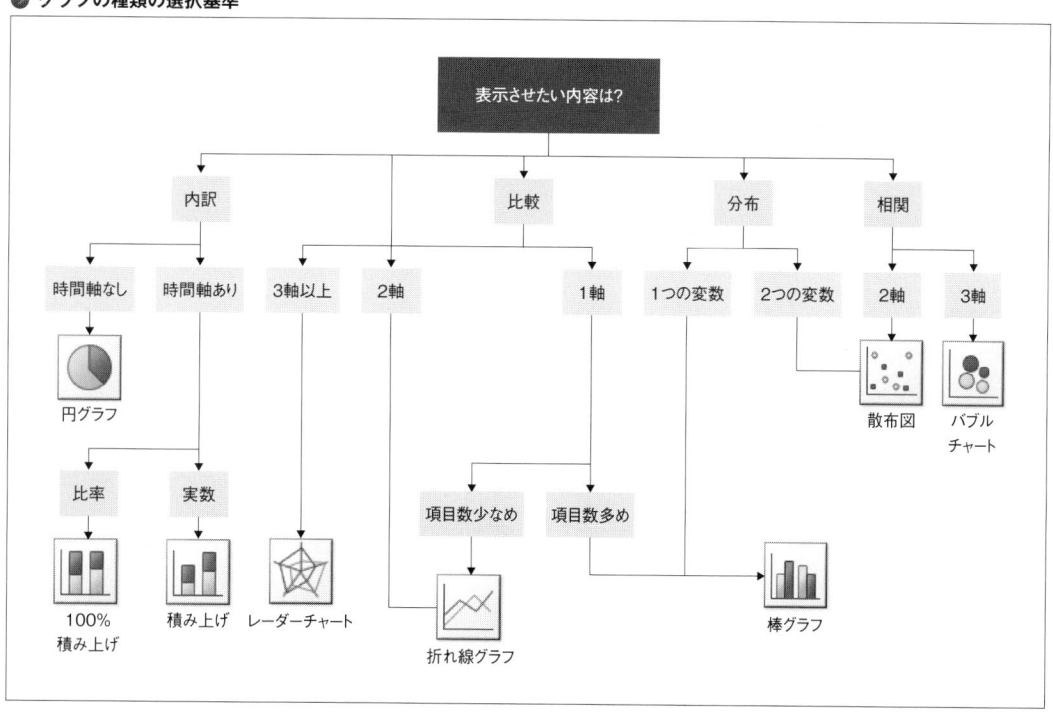

> **Column**　アクセス解析ツール間の数値のずれ
>
> 　アクセス解析ツールを変更するときや、複数のアクセス解析ツールを同時に利用するときは「ツール間の数値のずれ」に注意してください。基本的な指標に関しては誤差程度のずれしか発生しないので問題ありませんが、まれに値が10倍以上もずれることがあります。そのような状況に出くわした場合は以下をチェックしてください。たいていの場合は以下のいずれかが原因になっています。
>
> 1. 同じ計測記述がすべてのページに入っているか
> 2. 同じデータを比較しているか
> 3. 同じ計測指標を見ているか
> 4. 除外IPやクローラーなどの計測除外の設定が完全に一致しているか
> 5. 計測タグを入れている場所が離れていないか（タグ型の場合は上部にあるタグのほうが計測率は高くなる）
> 6. リピート訪問の設定日数が同じ値になっているか。なお、新しいツールを導入した直後はすべての訪問者が新規となる
>
> 　ツール間で数値のずれを感じたときは、まず上記の6項目を確認します。2と3は特に多いです。これらの項目に関しては、間違いを直せばずれが小さくなるので、こういった基本的なミスがないか確認してください。上記の項目を確認し、修正しても数値のずれが解消できない場合は、ツールごとの「計測方法の違い」がずれの原因となります。この場合は、残念ながらずれを修正することはできません。ツールごとに定義が異なる指標をいくつか紹介します。
>
> 1. 検索ワードやリファラーの情報をセッションごとに取得するツールと、セッションに関係なく取得するツールがある
> 2. セッションが切れるタイミングはツールごとに異なる。一般的には「(A) ページ間の遷移が30分を超えた場合」だが、ツールによっては「(B) 日をまたいだとき」や「(C) 同一セッションの合計ページビュー数や経過時間が一定の数量を超えたとき」にセッションが切れることもある
> 3. 検索エンジンからの流入は、各ツールが持っている「検索エンジンリスト」に該当する場合のみカウントするのだが、このリストの内容はツールごとに異なるためずれが生じる。また、携帯の端末やキャリア情報なども同様
> 4. セッションの最後のページの滞在時間のカウント方法はツールごとに異なる。一切カウントしないツールもあれば、「10秒」など一定の秒数をカウントするツールもある。そのため平均滞在時間にずれが生じる
> 5. ツールごとに使用するCookieが異なる（P.30）
>
> 　上記のような「ツールの仕様」が原因で数値にずれが生じている場合は、修正することはできません。自分たちのミスによる数値ずれをできる限り修正したあとは、ずれが生じることを理解したうえで、ある程度割り切ってツールを利用することが大切です。

Part 02

サイトの課題発見から改善まで

| Chapter 04 ≫ モニタリングレポートの作成とトレンドの発見方法 |
| Chapter 05 ≫ セグメンテーションによるウェブ分析 |
| Chapter 06 ≫ サイトの課題を発見する10のSTEP |
| Chapter 07 ≫ 課題のリストアップと改善策の実施 |

Chapter 04 モニタリングレポートの作成とトレンドの発見方法

　本章では、アクセス解析ツールで取得したデータを定期的に記録する手法の1つである「モニタリングレポート」の作成方法を解説します。データを記録することで、過去のデータとの比較や今後の予測が行えるようになります。

　また、取得した各種データをもとにウェブ分析を行い、サイトの現状を示す「トレンド」の発見方法を解説します。いよいよウェブ分析の第一歩を踏み出します。

モニタリングレポートとは

　サイトの課題を見つけるためには、まず「サイトの現状」を知る必要があります。現在の状態と過去の状態を比較して、良くなっているのか、悪くなっているのかを判断します。例えば、ページビュー数やコンバージョン率などが上がっていれば「良い状態」、下がっていれば「悪い状態」であるといえます。この「サイトの現状」を把握する際に有効なのが「モニタリングレポート」です。

　モニタリングレポートとは、アクセス解析ツールが取得するデータを定期的に記録し、まとめたレポートです。すべてのデータを記録するのは大変ですし、作業が煩雑になるため、通常は特に重要ないくつかのデータを選定して記録します。

モニタリングレポートの目的

　モニタリングレポートの目的は大きく分けると2つあります。1つ目は「サイトの定期検診」です。定期的にレポートを作成することで過去と比べて大きな変化が起こった際にその箇所を容易に特定できます。2つ目は「サイトの課題を見つけるためのきっかけにする」ことです。モニタリングレポートを作成すれば、サイトに起こっている変化に気づくことができるので、その変化をきっかけにして課題を特定し、また改善策を実施することができます。

　ここでモニタリングレポートの目的が「サイトの課題を見つける」ではなく、「サイトの課題を見つけるためのきっかけにする」である点に注意してください。モニタリングレポートは決してサイトの課題を見つけてくれるわけではありません。ましてや改善策を提示してくれるわけでもありません。あくまでもデータを抽出してサイトの現状を報告するだけです。課題を見つけ、改善策を講じるのはサイト管理者です。

　例えば、今月のコンバージョン率が先月の半分だったとします。この「事実」はモニタリングレポー

トによって知ることができます。しかし、モニタリングレポートでわかるのはここまでです。そのような事態が生じた理由はわかりません。その理由を調べるには、その他の細かいデータを確認したり、分析したりする必要があります。

> **Column** 定常分析とスポット分析
>
> モニタリングレポートをもとに、定期的にサイトを分析する手法を「定常分析」と呼びます。定常分析では、時系列にデータを取得するのでサイトに起こった「変化」を容易に見つけることができます。先週や先月、前年同月と比較して現在がどのような状態であるかを把握したい場合や、長期間継続してサイトを改善したい場合に有効な手法です。
>
> 一方、サイトの立ち上げ時やリニューアル時に一定期間だけデータを収集し、集中的に分析する「スポット分析」と呼ばれる手法もあります。
>
> それぞれの分析手法の違いを理解し、場面に応じて使い分けてください。定常分析については本章で詳しく解説します。スポット分析の例には、キャンペーン分析(P.208)があります。
>
> ● 定常分析とスポット分析

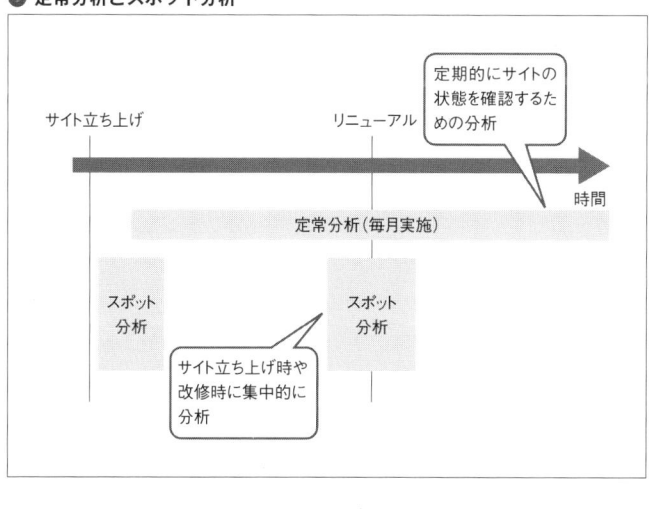

モニタリングレポートの作成方法

モニタリングレポートは「データ」、「グラフ」、「まとめ」の3枚のシートから作成します。アクセス解析ツールで取得したデータをまとめたものを「データ」に、それを図式化したのを「グラフ」に、そしてそれを解釈したものを「まとめ」に記録します。

● モニタリングレポートの例(「まとめ」のシート)

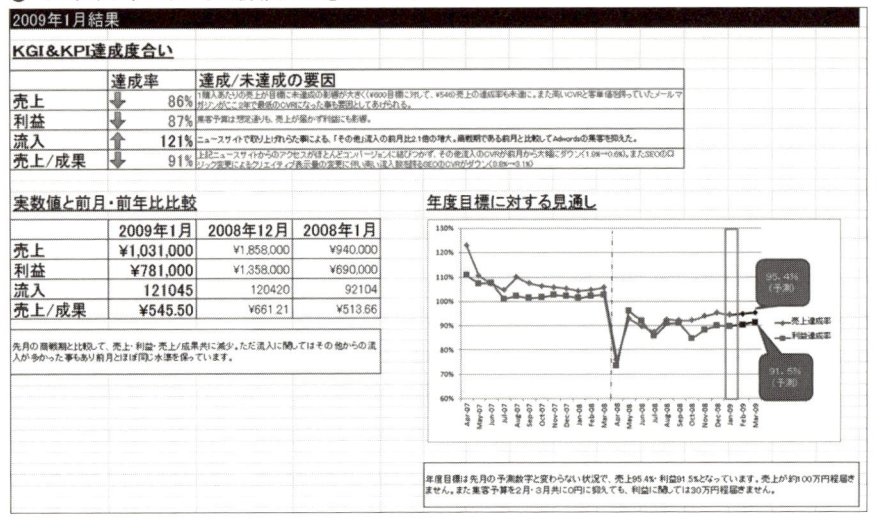

2009年1月結果

KGI&KPI達成度合い

	達成率	達成/未達成の要因
売上	↓ 86%	購入あたりの売上が目標に未達成の影響が大きく(¥600目標に対して、¥546)売上の達成率も未満に。また高いCVRで等単価を狙っていたメールマガジンが2クリックに2回で最適のCVRになった事も要因として利益にも影響。
利益	↓ 87%	集客予算は想定通り。売上が伸びず利益にも影響。
流入	↑ 121%	ニュースサイトで取り上げられた事による「その他」流入の前月比で21%の増大。最戦期である前月と比較してAdwordsの集客を抑えた。
売上/成果	↓ 91%	上記ニュースサイトからのアクセスがほとんどコンバージョンに結びつかず、その他流入のCVRが前月より大幅に下がる(1.9%→0.6%)。またSEOのクリック変更によるクリエイティブ表示量の営業に伴い流入数減ながらSEOのCVRがダウン(0.8%→0.1%)

実数値と前月・前年比比較

	2009年1月	2008年12月	2008年1月
売上	¥1,031,000	¥1,858,000	¥940,000
利益	¥781,000	¥1,358,000	¥690,000
流入	121045	120420	92104
売上/成果	¥545.50	¥661.21	¥513.66

先月の繁忙期と比較して、売上・利益・売上/成果共に減少。ただ流入に関してはその他の流入が多かった事もあり前月とほぼ同じ水準を保っています。

年度目標に対する見通し

年度目標は先月の予測数字と変わらない状況で、売上95.4%・利益91.5%となっています。売上が約100万円程届きません。また集客予算を2月・3月共に0円に抑えても、利益に関しては30万円程届きません。

なお、モニタリングレポートの内容は一律ではありません。会社やサイトごとに記録する項目が異なるため、モニタリングレポートの構成要素やフォーマットも変わります。これから解説する内容をもとにみなさんの環境に合ったものにカスタマイズしてください。

それでは、各シートの役割と具体的な作成方法を見ていきましょう。

Step1 見るべき項目を決める

まずはモニタリングレポートで見るべき項目を決めます。主に以下の項目を対象に選定します。

- ・サイトの売上
- ・費用
- ・利益
- ・販売数
- ・コンバージョン率
- ・コンバージョンあたりの売上
- ・ページビュー数
- ・訪問回数
- ・訪問者数
- ・新規率
- ・直帰率
- ・平均ページビュー数
- ・平均滞在時間
- ・検索エンジンからの流入数
- ・検索エンジン以外からの流入数
- ・ノーリファラーの流入数
- ・会員数(必要な場合のみ)
- ・メールマガジン登録者数(必要な場合のみ)

サイトのKGIとそれに直結する「サイトの売上」、集客やキャンペーンなどの「費用」、「利益」の3項目は必須です。また、サイトの売上は「サイトへの訪問回数」、「コンバージョン率」、「コンバージョンあたりの売上」の3つに分解できるので、これらの数値も取得しておきましょう。

その他にも、「集客の内訳」として「検索エンジンからの流入数」、「検索エンジン以外からの流入数」、「ノーリファラーの流入数」の3項目も取得してください(集客の内訳についての詳細はP.86、P.158で解説します)。

Step2 データを取得する

取得する項目を決めたら、実際に各項目のデータを取得し、「データ」シートに時系列で記録して

いきます。ほとんどのアクセス解析ツールでは取得したデータをCSV形式やXML形式で出力できるので、定期的に出力してデータを更新しましょう。アクセス解析ツールで取得できないデータ（サイトの売上や費用など）は別のソースから取得してください。

● アクセス解析ツールのデータ出力（Google Analytics）

各種データは「週単位」または「月単位」で取得することをお勧めします。「日単位」では作業が大変ですし、データも細かすぎて全体感をつかみにくいためあまりお勧めできません。

シートを作成する際は以下の点に注意してください。

- データを入力するセル、計算で出力されるセル、数値が固定のセルを色分けする。他の人にもわかりやすく、データの精度やソースを確認するときに便利。アクセス解析ツール以外のデータを記録する場合は、それも明記する
- 内容の意味や計算式がわかりにくい項目には注釈を付ける
- 取得する項目が多い場合はシートを分割する
- シートには作成者や更新日などを記入する

● 「データ」シートの記入例（サイトの基本情報）

サイト基本情報						
月	PV	セッション	UU	PV/セッション	セッション/UU	直帰数
2007年4月	1,501,201	102,120	58,392	14.7	1.7	35480
2007年5月	1,426,420	92,010	48,291	15.5	1.9	32010
2007年6月	1,644,320	123,941	62,912	13.3	2.0	43380
2007年7月	1,983,010	154,215	82,729	12.9	1.9	53602
2007年8月	1,820,321	143,402	76,982	12.7	1.9	50392
2007年9月	1,598,493	84,020	45,097	19.0	1.9	29310
2007年10月	1,509,202	92,410	47,509	16.3	1.9	43935
2007年11月	1,391,021	84,980	48,721	16.4	1.7	27485
2007年12月	1,839,201	103,251	54,093	17.8	1.9	35978
2008年1月	1,201,210	92,104	48,722	13.0	1.9	32108
2008年2月	1,109,493	97,837	52,981	11.3	1.8	34090
2008年3月	2,015,431	153,140	81,211	13.2	1.9	48200
2008年4月	1,284,214	99,829	57,832	12.9	1.7	34183
2008年5月	1,530,932	128,310	69,832	11.9	1.8	44944
2008年6月	1,782,109	128,131	67,900	13.9	1.9	44855

Step3 データをグラフ化する

続いて、データをグラフ化します。データの特性や見たい情報に応じて作成するグラフを決めてください。ここでは特に有効な10種類のグラフを紹介します。

「サイトの売上と利益」グラフ

サイト上で売上が発生する場合は、売上と利益の関係は非常に大切です。グラフ化して目標の達成

度合いや利益の増減などを確認しましょう。仮に売上は目標を達成しているのに利益が未達成の場合は、集客やプロモーションの費用を見直す必要があるかもしれません。

● 「サイトの売上と利益」グラフ

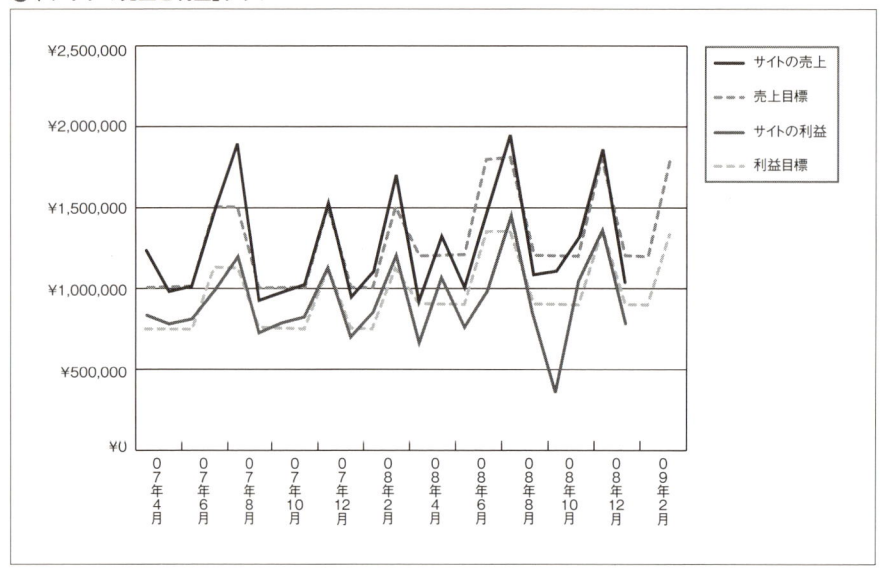

「売上と利益の達成率」グラフ

このグラフを作成すると、設定単位での目標達成率を確認できます。

● 「売上と利益の達成率」グラフ

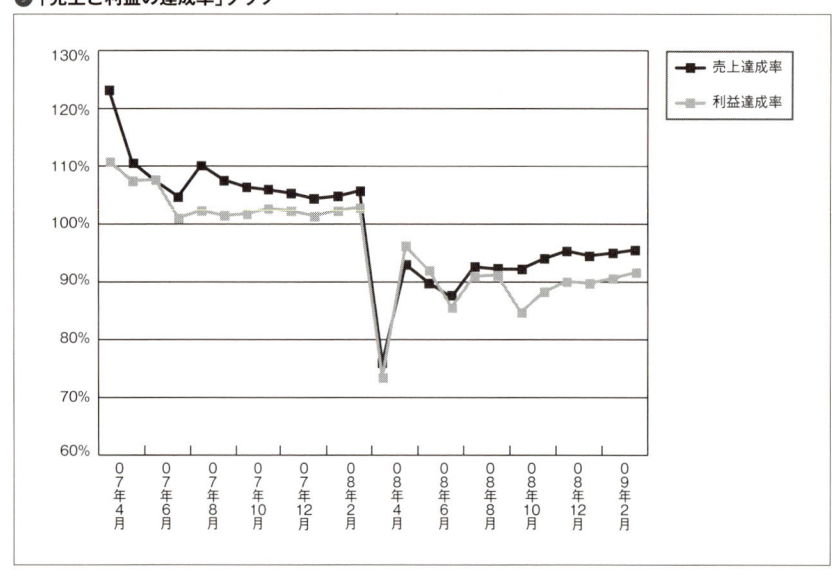

「訪問回数」グラフ

訪問回数を時系列でグラフ化し、祝日が多い月や学校が休みの月などに数値の増減がないか確認するなど、訪問回数の変遷を把握しておきましょう。定期的に確認することで突発的な訪問回数の増減にも気づくことができます。サイトの課題を見つけるときに最初に確認するべきグラフです。

● 「訪問回数」グラフ

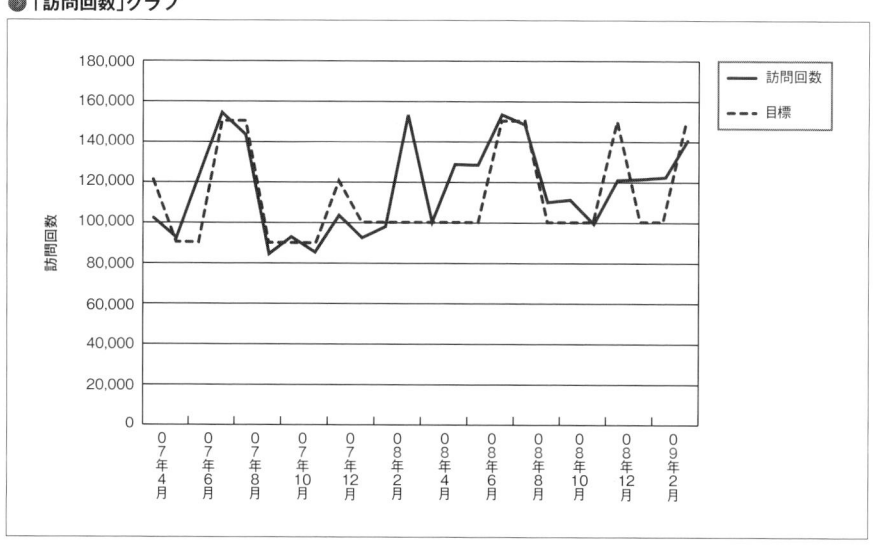

「コンバージョンあたりの売上」グラフ

このグラフはKGIを達成するうえで非常に大切なグラフです。「コンバージョンあたりの売上」とはつまり「平均購入単価」です。通常よりも大きくぶれている場合（±25%程度）は、何らかの課題や新しい気づきが見つかる可能性があります。

● 「コンバージョンあたりの売上」グラフ

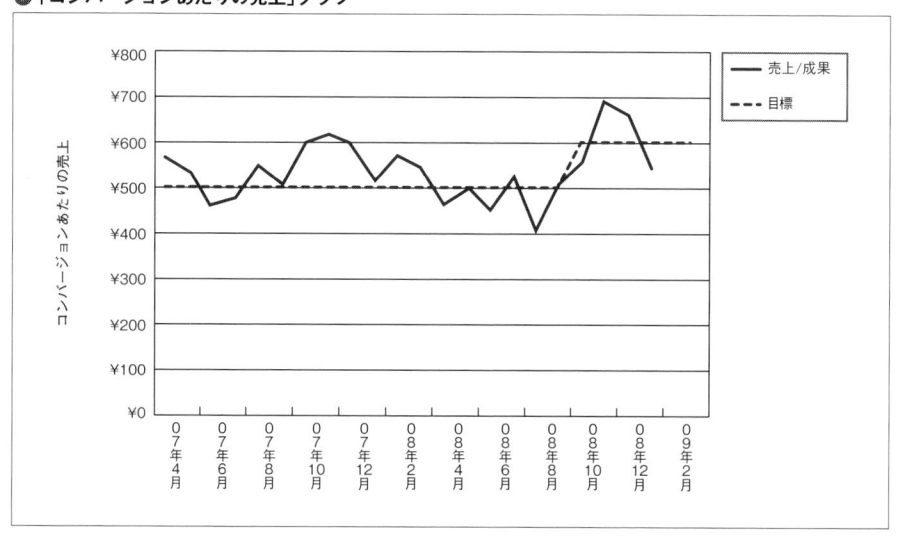

》》》「コンバージョン数とコンバージョン率」グラフ

　コンバージョン数とコンバージョン率はウェブ分析においてもっとも重要な指標の1つです。まずは売上に直結するコンバージョン数の増減を把握しましょう。またコンバージョン数がコンバージョン率と同じトレンドになっているかを確認することも大切です。

● 「コンバージョン数とコンバージョン率」グラフ

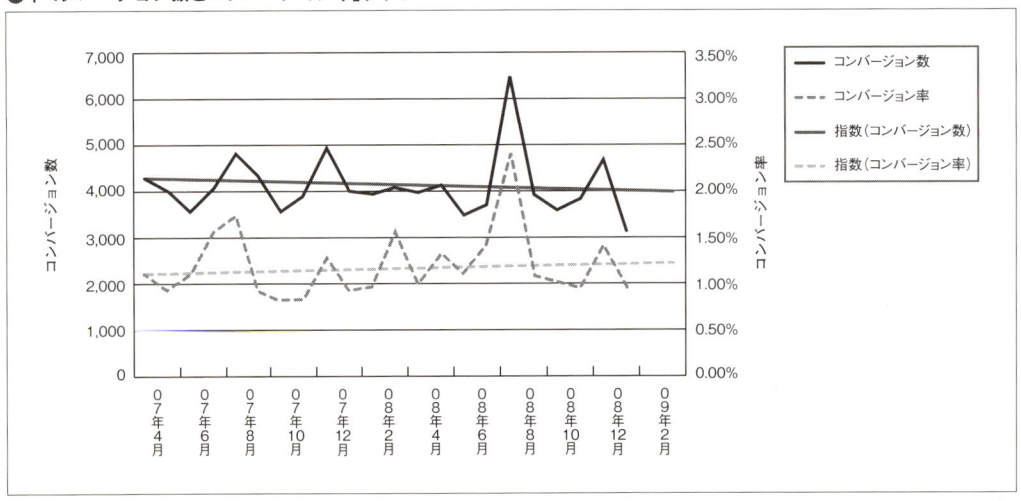

》》》「集客施策ごとの流入内訳」グラフ

　集客施策ごとの流入内訳を把握します。実数とシェアの両方を確認します。特に大切なのは「検索エンジンからの無料流入（SEO流入）」です。サイトにとっては長期的この数を増やしていくことが大切です。

● 「集客施策ごとの流入内訳」グラフ

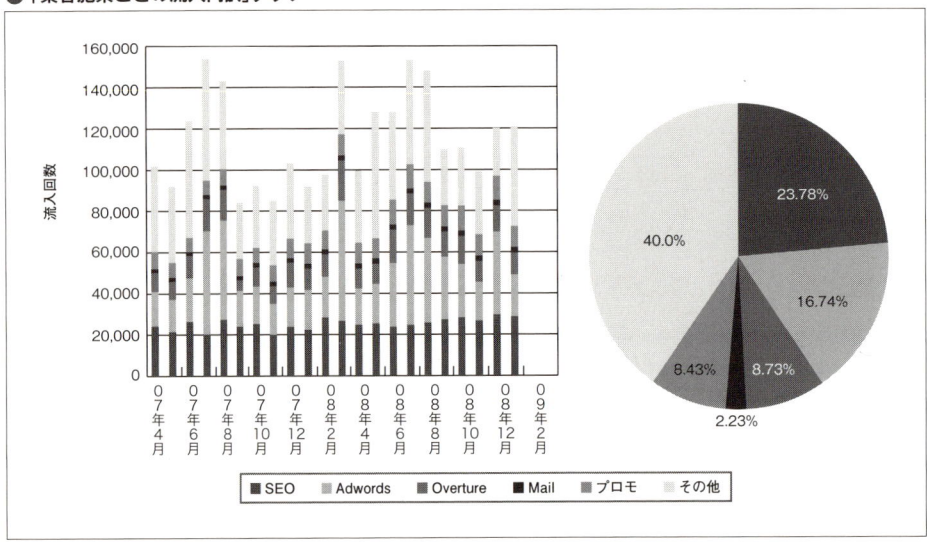

「集客施策ごとのコンバージョン数内訳」グラフ

　上記のグラフと同様に、集客施策ごとのコンバージョン数内訳を把握しておきましょう。実数とシェアの両方を確認します。このグラフを作成することで効率の良い集客施策が一目瞭然になります。

●「集客施策ごとのコンバージョン数内訳」グラフ

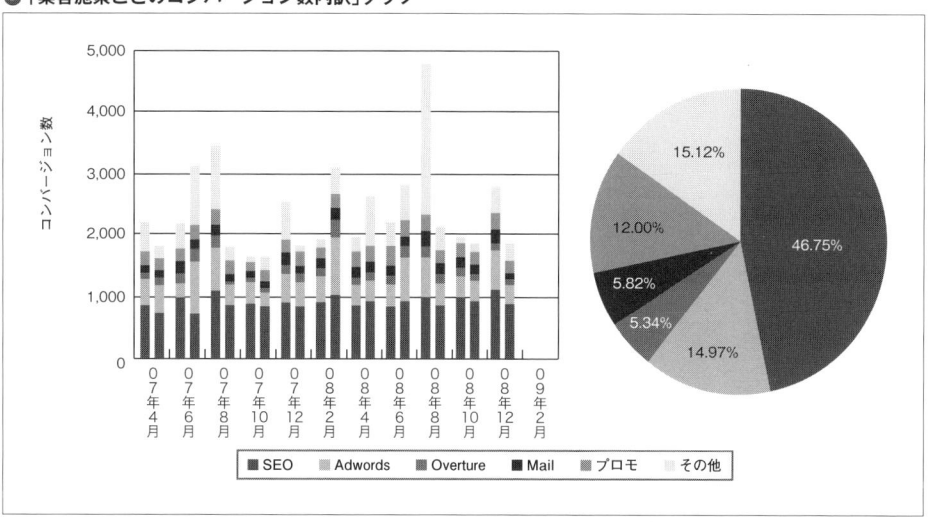

「ページビュー数／訪問回数／訪問者数」グラフ

　ページビュー数、訪問回数、訪問者数はいずれもウェブ分析における基本的な指標です。しっかりと把握しておいてください。

●「ページビュー数／訪問回数／訪問者数」グラフ

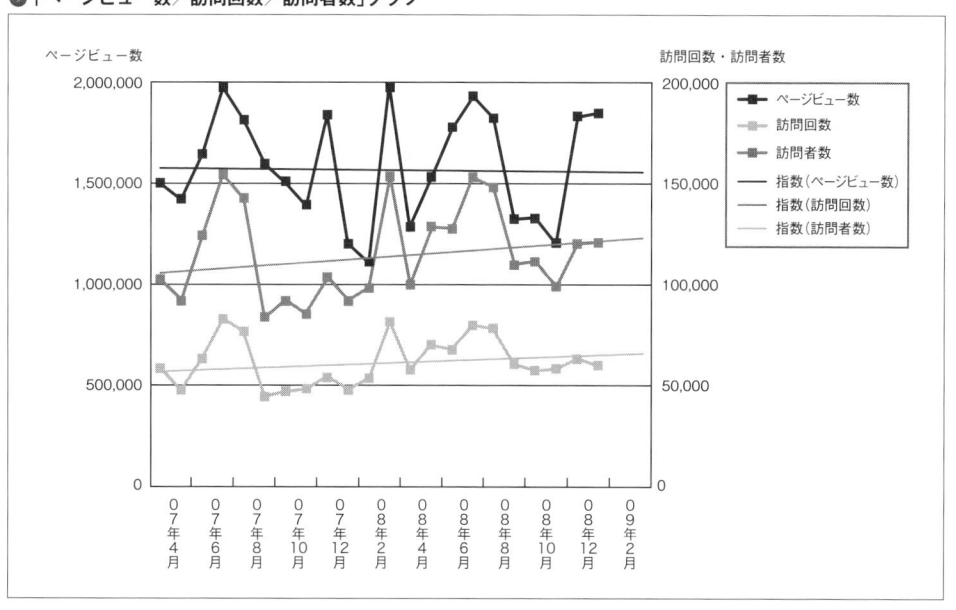

また上記のデータをもとに算出できる「訪問あたりのページビュー数」や「訪問者あたりの訪問回数」（P.33）も併せて確認してください。例えば、訪問あたりのページビュー数の減少は、サイト内のナビゲーションが改善した場合か、またはサイトのコンテンツに興味を持ったユーザーが減少した場合に起こります。このような現象に対する原因の特定はサイトの現状を把握しているからこそ行えます。

「直帰率／新規率」グラフ

直帰率が大きく増加した場合は原因を特定して改善する必要がありますし、リピーターあるいは新規向けの施策の効果を測定する参考にもなります。

● 「直帰率／新規率」グラフ

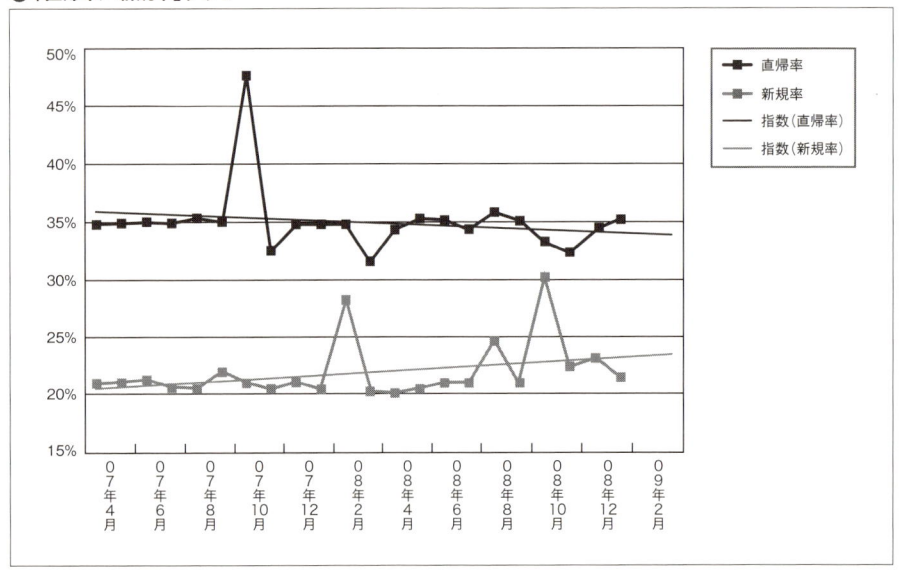

「主要ページのページビュー数」グラフ

主要ページの動向を常にチェックしておきましょう。特定のページへの集客効果を測定したり、コンバージョンまでの減衰率を確認したりすることができます。変化が起きたらその要因を分析しましょう。

● 「主要ページのページビュー数」グラフ

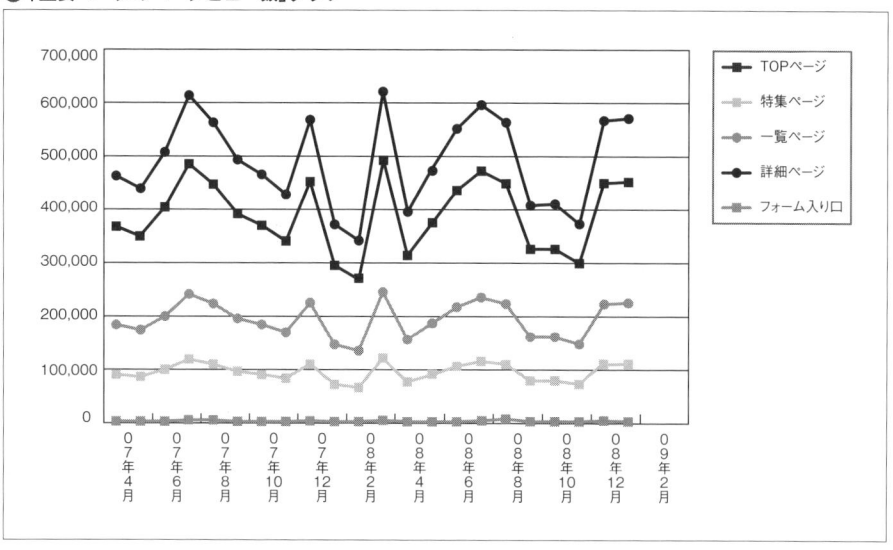

Step 4 「まとめ」シートを作成する

　データを記録し、グラフを作成したら、最後にこれらの内容を「まとめ」シートに要約します。「まとめ」シートを作成する理由は2つあります。1つ目は「毎回グラフを見て変化や課題を発見するのが大変だから」です。課題や目標達成率が「まとめ」シートに書いてあれば、そのシートを見ればすぐに現状を把握できます。2つ目は「他の人と共有しやすいから」です。サイトの現状を同僚や上司と共有する際に「まとめ」シートがあると非常に便利です。

　「まとめ」シートにはKGIやKPIの達成度合いや対象期間の変遷、過去との比較、今後の見通しなどを記載します。データを記述しすぎると読みにくくなるので注意してください。また、私見は入れず、データやグラフをもとに分析した事柄のみ記述してください。

● 「まとめ」シート例

KGI&KPI達成度合い

	達成率		達成/未達成の要因
売上	↓	86%	1購入あたりの売上が目標に未達成の影響が大きく(¥600目標に対して、¥546)売上の達成率も未達に。また高いCVRと客単価を誇っていたメールマガジンがここ2年で最低のCVRになった事も要因としてあげられる。
利益	↓	87%	集客予算は想定通りも、売上が届かず利益にも影響。
流入	↑	121%	ニュースサイトで取り上げられた事による、「その他」流入の前月比2.1倍の増大。商戦期である前月と比較してAdwordsの集客を抑えた。
売上/成果	↓	91%	上記ニュースサイトからのアクセスが「ほとんどコンバージョンに結びつかず、その他流入のCVRが前月より大幅にダウン(1.9%→0.6%)。またSEOのロジック変更によるクリエイティブ表示量の変更に伴い高い流入数を誇るSEOのCVRがダウン(3.8%→3.1%)。

実数値と前月・前年比比較

	2009年1月	2008年12月	2008年1月
売上	¥1,031,000	¥1,858,000	¥940,000
利益	¥781,000	¥1,358,000	¥690,000
流入	121045	120420	92104
売上/成果	¥545.50	¥661.21	¥513.66

先月の商戦期と比較して、売上・利益・売上/成果共に減少。ただ流入に関してはその他の流入が多かった事もあり前月とはほぼ同じ水準を保っています。

モニタリングレポートの更新頻度

モニタリングレポートの更新頻度は、サイトの更新頻度や改善施策の見直し頻度に併せて更新します。毎週火曜日に商品を追加するサイトであれば、火～月曜日を1つの単位として考え、モニタリングレポートを週単位で作成すると良いでしょう。何らかの問題があってもすぐ対策を立てることができます。一方、サイトの更新頻度が低い場合や、頻繁に改善施策を実施しないサイトの場合は月単位で作成すれば十分です。

ただし、サイトを毎日更新しているからといって、毎日モニタリングレポートを作成することはお勧めしません。毎日施策を考えて実行することは困難ですし、モニタリングレポートの機能を損なうことになります。

トレンドの基礎知識

モニタリングレポートをもとに定期的にサイトの状態を分析するには、「トレンド」を理解する必要があります。

トレンドとは

トレンドとは「数値を時系列で見た場合に現れる傾向」です。例えば、いつも週末だけページビュー数が増えている場合は「ページビュー数に関するトレンドがある」といえます。ウェブ分析ではトレンドを把握することがとても大切です。そのうえで、現在の状態がトレンドによるものなのか、トレンド以外の要因によるものなのかを判断します。

1つの例を見てみましょう。あるサイトの1カ月の実績が以下だったとします。

● あるサイトの1カ月の実績

指標	実績
ページビュー数	50,000PV
コンバージョン率	1.5%
売上	100万円

上記は1カ月間の実績ではあるのですが、この数字を見ただけではこの状況が良いのか悪いのか判断できません。トレンドを見るには過去の数値と比較する必要があります。例えば、先月までの3カ月間の平均が、ページビュー数が80,000PV、コンバージョン率が3%、売上が300万円だったとしたら大至急課題を見つける必要があるでしょう。一方で、すべての実績が先月までの平均を上回った場合は、先月行った施策が奏功したと判断できるので、成功要因を分析し、それをさらに強化する方法を考えれば良いでしょう。このようにトレンドを見ることではじめて「現状」を把握できるのです。

● トレンドを見ることで現状を把握する

過去3カ月の数値

月	ページビュー数	コンバージョン率	売上
1	80,000	2.5%	220万円
2	70,000	2.0%	180万円
3	75,000	2.1%	170万円
平均	75,000	2.2%	190万円

4月の数値

月	ページビュー数	コンバージョン率	売上
4	50,000	1.5%	100万円

今月の数値が「良い」か「悪い」かは、過去のデータを見ないと判断できない。

過去3カ月の数値

月	ページビュー数	コンバージョン率	売上
1	35,000	1.3%	75万円
2	40,000	1.5%	80万円
3	30,000	1.1%	55万円
平均	35,000	1.3%	70万円

　もう1つ例を見てみましょう。あるサイトの1月25日（土）の直帰率が、1月24日（金）の2倍になったとします。この場合、昨日よりも大きく上がっているので原因を調査する必要があるでしょう。そこでトレンドを確認します。先週の土曜日にも同様の現象が起きているのか、または前月の同日に同様の現象が起きているのかを確認します。もし定期的に同様の現象が起きていれば、それは「トレンド」であり、突発的な問題ではないと判断できます。逆にトレンドを確認できなかった場合は何らかの外部要因である可能性があるため流入元などを調査します。

トレンドの見つけ方

　時系列で取得できるデータの多くにはトレンドがあります。ページビュー数、訪問回数、訪問者数、平均滞在時間、平均ページビュー数、新規率、直帰率などのウェブ分析における基本指標には必ずトレンドがあるといっても過言ではないでしょう。

　しかし、ただ単にデータを眺めていてもトレンドを見つけることはできません。見つけるにはちょっとしたコツが必要です。ここでは、ページビュー数を対象にトレンドを見つける方法を紹介します。他の指標でも考え方は一緒です。

月単位で季節トレンドを把握する

　1年間の中で特定の月または期間だけ指標値が大きく変わるようなトレンドを「季節トレンド」と呼びます。季節トレンドはさまざまなサイトで見ることができます。例えば、旅行代理店のサイトや宿泊情報サイトでは、4月（GWの前月）、7月（お盆の前月）、11月（冬休みの前月）にページビュー数が増えます。これは、多くの人がこの時期を見据えて、宿を予約するためです。これも季節トレンドの

1つです。このような季節トレンドを把握しておけば、キャンペーン告知や広告を掲載するタイミングを戦略的に調整することができます。

● 宿泊情報サイトの月ごとの日別平均ページビュー数

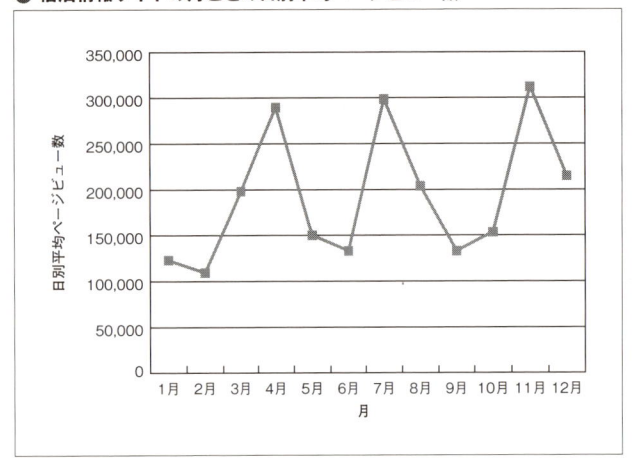

前年同月比で季節トレンドを把握する

　1年分の変遷を見ただけでは季節トレンドであると判断できない場合があります。そのような場合は過去数年分のデータを重ねて同月比を確認します。以下は、上記のグラフに過去3年分のデータを重ねたグラフです。2008年6月を除いてほぼ同じトレンドであることがわかります。

● 宿泊情報サイトの月ごとの日別平均ページビュー数（3年分）

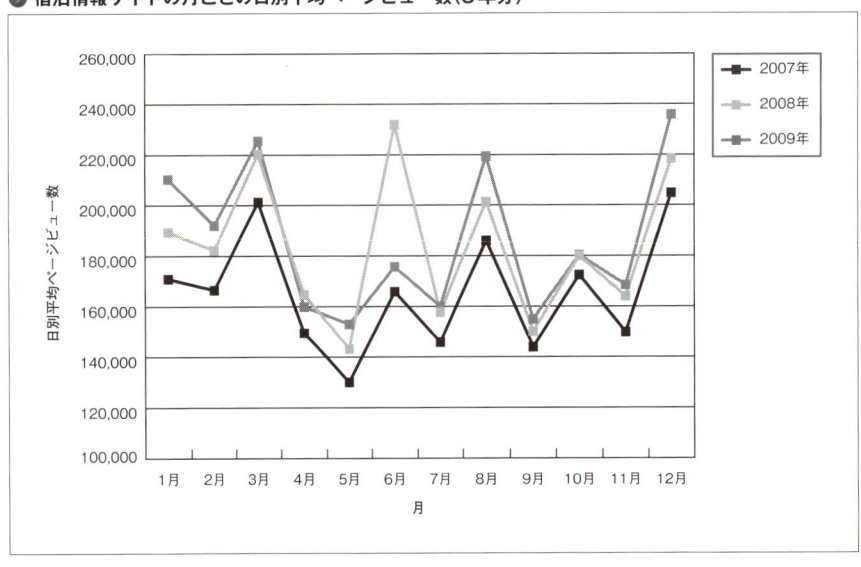

季節トレンドがないサイトのトレンド

　時期や季節に依存しないサイトには季節トレンドはありません。しかし、見方を変えるとそこにあるトレンドがあることがわかります。以下のグラフを見てください。このグラフはある企業サイトの「月別ページビュー数」です。

● 企業サイトの月別ページビュー数

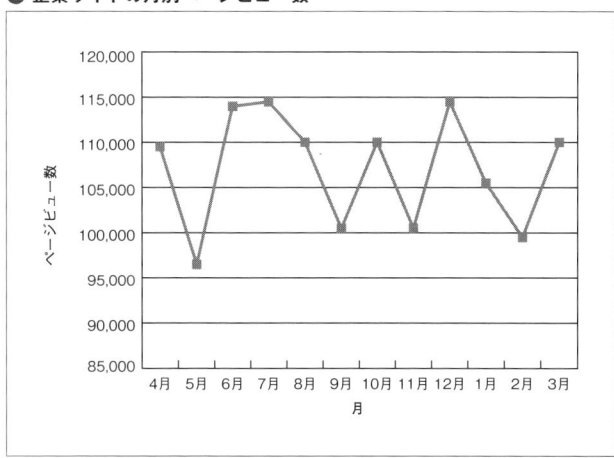

　月によってページビュー数が変動していることがわかります。なぜ季節トレンドがない企業サイトにこのような変動が生じるのでしょうか。その理由は2つあります。1つは「月の日数」、もう1つは「月の平日の数」です。まず月の日数が多ければページビュー数が増えます。28日しかない2月よりも、31日まである月のほうが月別ページビュー数は多くなります。同様に平日の数もページビュー数に影響を与えます。

● ある企業サイトの月別ページビュー数と日数

2009年度	月別ページビュー数	平日	休祝日	日数
4月	109,500	21	9	30
5月	96,500	18	13	31
6月	114,000	22	8	30
7月	114,500	22	9	31
8月	110,000	21	10	31
9月	100,500	19	11	30
10月	110,000	21	10	31
11月	100,500	19	11	30
12月	114,500	22	9	31
1月	105,500	20	11	31
2月	99,500	19	9	28
3月	110,000	21	10	31
平日平均ページビュー数	5,000			
休祝日平均ページビュー数	500			

このように、季節トレンドがないサイトでも1年間の中にトレンドがあることが確認できました。このことを把握しておけば、月間のページビュー数が大きく減少した際にそれがトレンドによるものなのか、別の要因によるものなのか判断できるようになります。

新規率に見る季節トレンド

季節トレンドはページビュー数以外の指標でも見ることができます。以下はサイトの計測を開始してからの新規率の推移です。計測を開始した頃はほとんどのアクセスが新規ユーザーになるため（アクセス解析ツールを導入した時点からの新規ユーザー）、新規率が高くなっています。その後、徐々にリピーターが増え、新規率が全体の50%前後に落ち着いているのがわかります。

しかし、下図を見ると2009年5月に新規率が10%ほど増えています。このデータはトレンドから外れているので、この時期に何か新規ユーザーの流入を増やすような施策を行ったかを確認してみましょう。

● 新規率の遷移

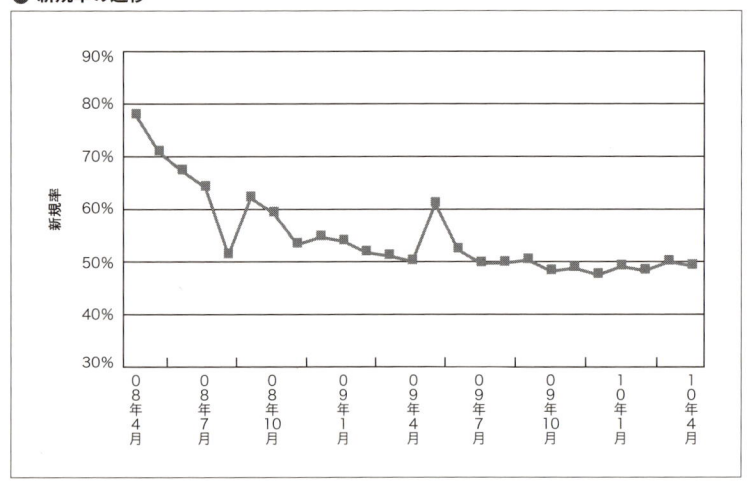

期間ごとのトレンドを確認する

トレンドは季節別、月別、日別にあり、それぞれ示す意味が異なります。そのため、いずれかのトレンドだけを調べるのではなく、各期間のトレンドを調べる必要があります。月別トレンドでは把握できなかったサイトの特徴が、日別トレンドに現れることもあります。

以下はある求人サイトの月別と日別の求人申し込み数（コンバージョン数）です。

● 月別コンバージョン数と日別コンバージョン数

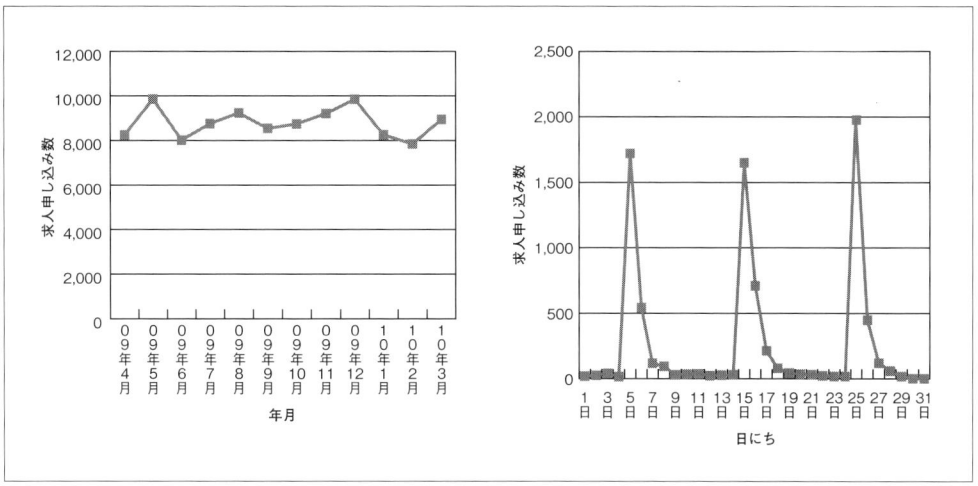

　月別コンバージョン数のグラフからは、目立ったトレンドは見つかりません。しかし、日別コンバージョン数のグラフを見ると5日、15日、25日にコンバージョン数が多いことがわかります。

　このようなトレンドを見せる原因は、この求人サイトが毎月5日、15日、25日に求人情報を更新しているからなのですが、このトレンドは月別データだけでは把握できません。毎週または毎月決まった日にサイトを更新する企業が多いことからも、日別のトレンドを確認する重要さがわかると思います。

時間別トレンド

　通常は、季節別、月別、日別にトレンドを把握しておけば問題ありませんが、サイトの立ち上げ直後やリニューアル直後は時間別のトレンドも見ておきましょう。24時間の中で、アクセス数が多い時間帯を把握しておくことは運営上とても重要です。なお、通常アクセス数が多い時間帯は変わらないので一度確認しておけば大丈夫です。以下はあるサイトの時間別ページビュー数です。

● 時間別のページビュー数

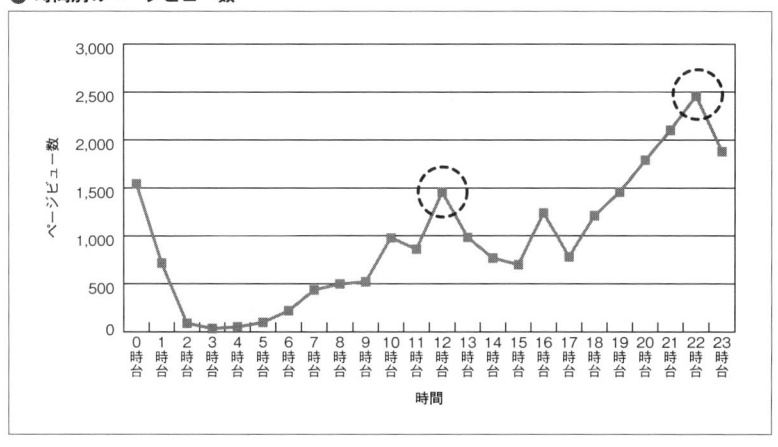

グラフ内の円で囲った部分（22時台と12時台）にピークがあります。コンシューマー向けのサイトでよく見るトレンドですが、家に帰って夜にアクセスするので22～0時台のアクセスが多く、また昼休みにアクセスをするので12時台が多くなります。逆にBtoBのサイトでは、ビジネス時間帯のアクセスが多くなり、夜間は減ります。

さて、上図を見るともう1つのピークが16時台にあることがわかります。実は前月のデータではこのようなアクセスの増加は確認できませんでした。過去のトレンドと異なる場合は、該当月に何か大量の流入を引き起こす出来事があったのか確認してください。例えば、テレビの特集で取り上げられたり、Yahoo!ニュースに掲載されたりすると、数時間で大量の流入が発生します。

条件を揃える

複数の期間を比較してトレンドを見つける場合は、比較する期間の条件を揃えます。複数の条件がある場合は、すべての条件で確認することをお勧めします。例えば、月間のデータを比較する場合、まず思いつくのが月初を揃える方法です。下図を見てください。

● 日別ページビュー数（月初揃え）

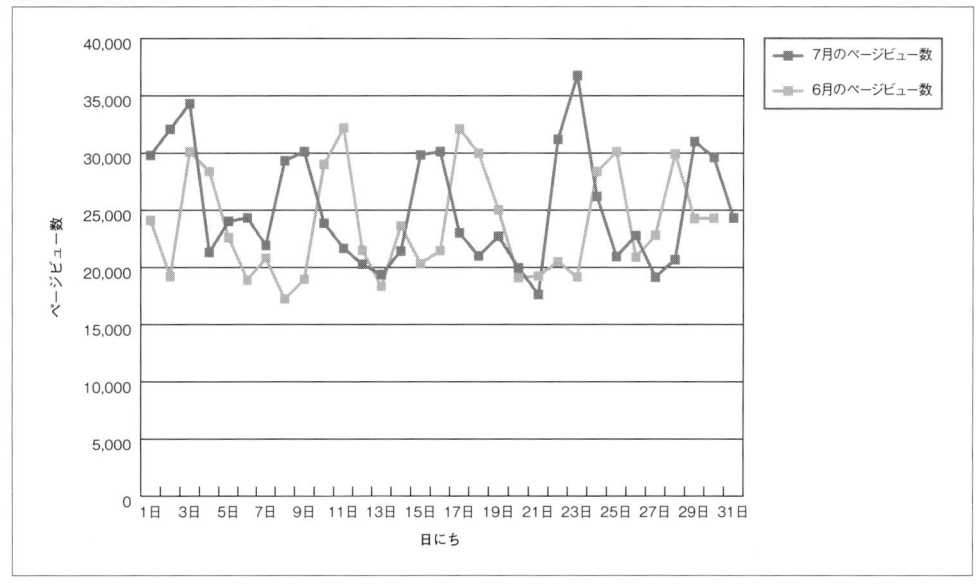

上図では、ECサイトの2010年の6月と7月の日別ページビュー数を比較しています。図を見た感じでは6月と7月に共通のトレンドはありません。

しかし、トレンドを見るうえで、このグラフには大きな誤りが1つあります。このデータはどちらも1日からはじまっていますが、曜日が揃っていないのです。そこで曜日を揃えるために6月のデータを6月4日からに変更してみます。

● 日別ページビュー数（曜日揃え）

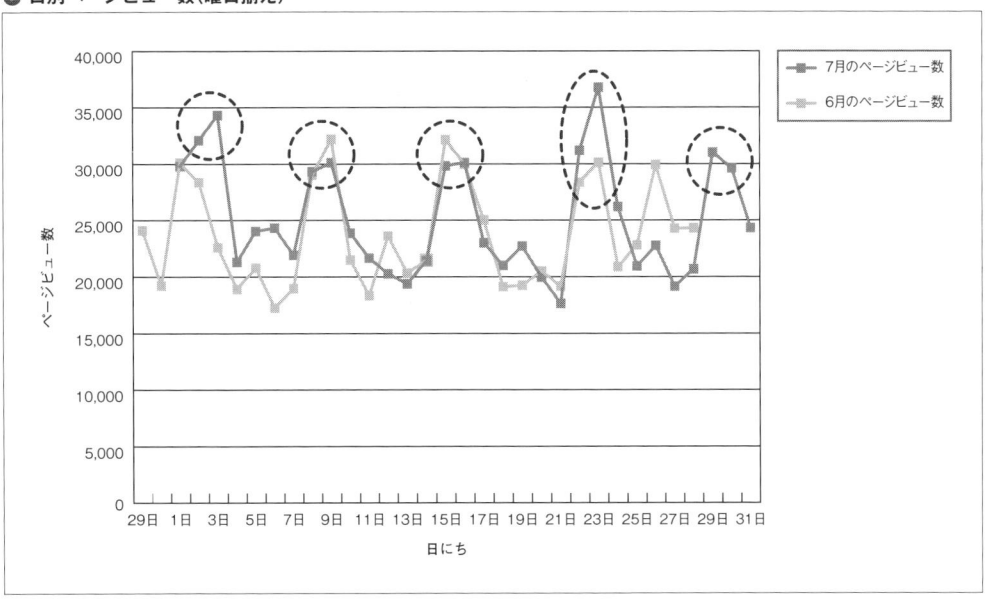

枠線で囲ってある部分が週末を表しています。上図を見ると、平日よりも週末のほうがアクセス数が多いことがわかります。1つ前の図では曜日が合っていなかったため、このことに気づけませんでした。データを比較する際は、このように比較する条件を合わせるように気をつけましょう。

他データと組み合わせる

アクセス解析ツールで取得したデータだけでは把握できないトレンドもあります。下図を見てください。あるECサイトの4月のページビュー数と売上です。

● ECサイトの4月のPV数と売上

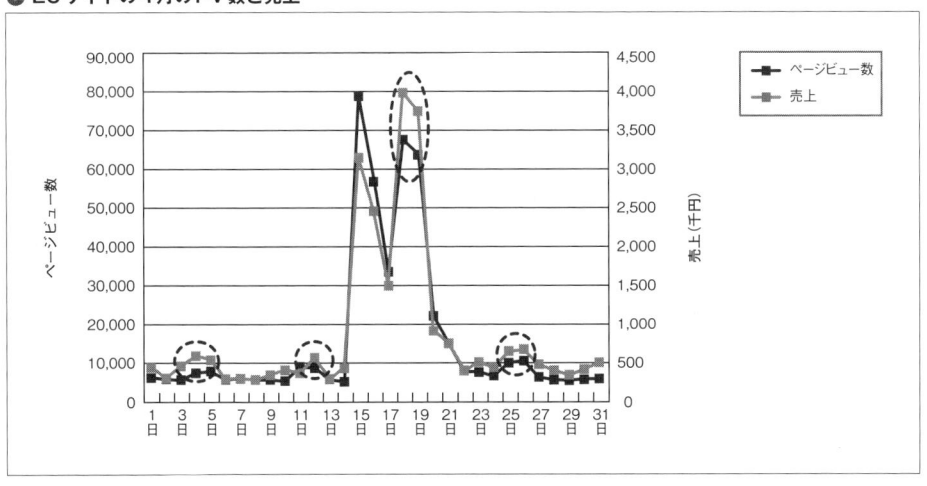

上図を見ると、いくつかのトレンドを見つけることができます。1つずつ分解していきましょう。まず、平日よりも土日のほうがアクセス数と売上が多いことがわかります（円で囲っている部分が土日。15日を除く）。しかし、それだけでは4月15日に発生している現象を解説できません。

そこで、アクセス解析ツールでは取得できないデータを調べてみます。この通販サイトは月刊誌も販売しているのでその雑誌の販売部数のデータを確認してみます。

● 4月号の販売部数

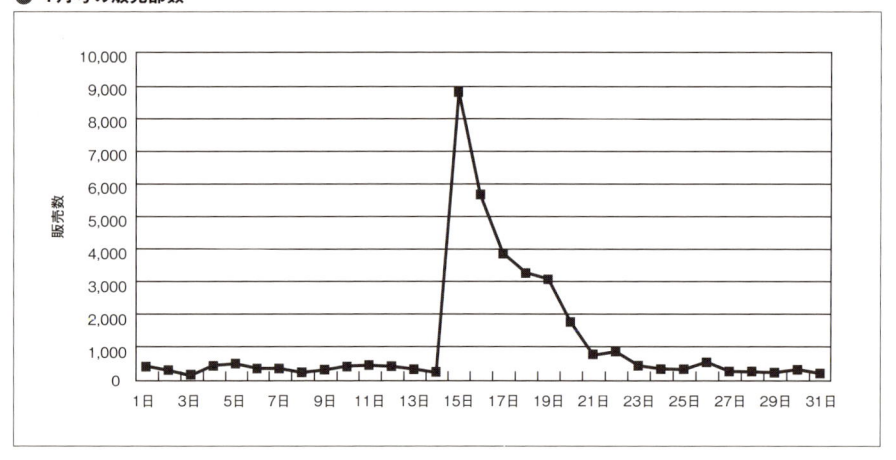

上図を見ると、この雑誌が毎月15日に発売され、それを見た人がサイトにアクセスしていると判断できます。このように外部のデータを調べることでトレンドを説明できることもあります。アクセス解析ツールが取得するデータだけではわからない場合は、それ以外のデータも活用しましょう。

> **Tips** 実は上記の解説だけでは、4月19日の売上が最大であることの理由が不足しています。普通に考えれば、雑誌の販売部数が多い4月15日の売上が最大になるはずです。この現象の原因もアクセス解析ツールのデータからは判断できなかったので、サイトの担当者と利用者にヒアリングしました。すると意外な事実がわかりました。雑誌の購買層である主婦は、雑誌を購入した日にサイトを見るのですが、実際に購入するか否かは週末に夫と相談して決めるそうです。その結果、雑誌の発売日の次の週末に売上が最大になっているのです。

特異なデータを差し引く

トレンドに大きく影響を与える事象が発生すると、正しい判断ができなくなります。特異なデータがある場合はそのデータを差し引いて計算することも必要です。

下図を見てください。あるブログの直近14カ月のページビュー数です。読者数は増えているのでしょうか。

● あるブログの直近14カ月のページビュー数（月別データ）

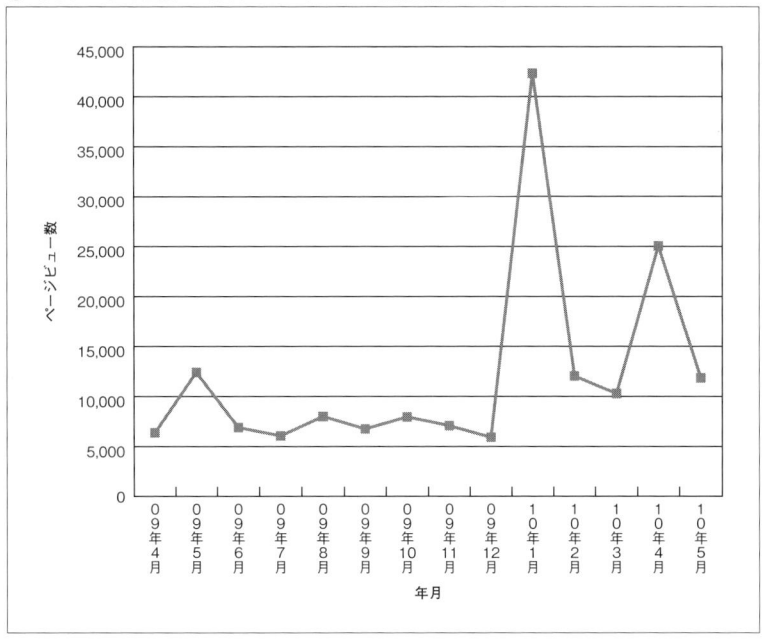

上図の月別データを見ると増えているような感じもありますが、以下の日別データを見ると瞬間的にアクセス数の多い記事がいくつかあるため、継続して読者数が増えているのか判断できません。

● あるブログの直近14カ月のページビュー数（日別データ）

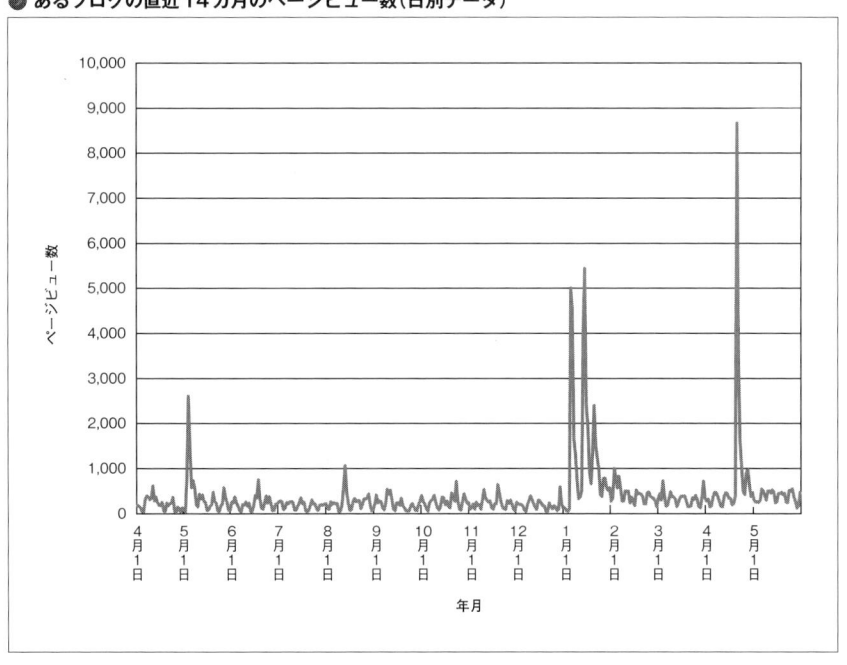

このような場合は、あえてページビュー数が多い日（前日の5倍以上）と、そこから2日分のデータを抜いて集計します。日別の平均ページビュー数を集計すると以下のようになりました。

● 日別平均ページビュー数

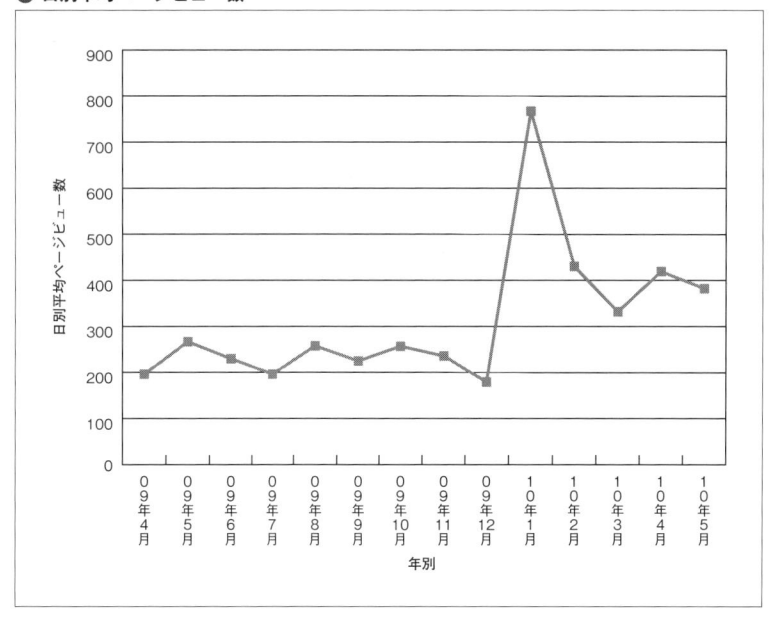

上図を見ると、2010年1月以降でベースのページビュー数が増えていることがわかります。このように、時には特異なデータを差し引いてトレンドを見つけることもあります。なお、この例では「前日の5倍以上のアクセス」を差し引く条件としていますが、特に倍率などに決まりはありません。

多項式近似を使う

　多項式近似を使うと、増減が激しいデータのトレンドを容易に把握することができます。多項式近似についての数学的な解説は割愛しますが、簡単にいうと「時系列のあるグラフに対して、そのトレンドを表す曲線を引く」ということです。近似曲線の次数が2の場合は山が1つの曲線になり、次数が3の場合は山が2つの曲線になります。

　以下はページビュー数の折れ線グラフに次数「3」の多項式近似曲線を追加したグラフです。

● あるサイトのページビュー数と多項式近似曲線

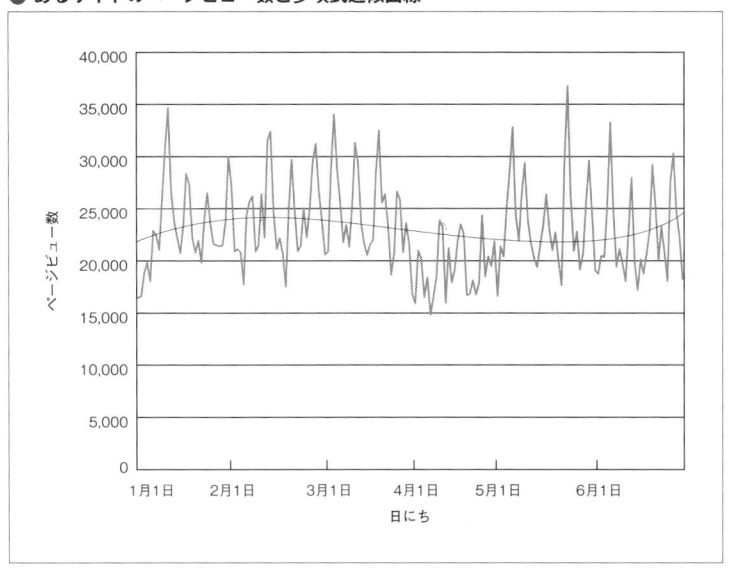

折れ線グラフだけでは見つけにくいトレンドも、多項式近似曲線を追加すると見えてきます。4月からページビュー数が減りはじめ、6月を境に徐々に回復していることがわかります。また、データだけを見ると5月にページビュー数が下がっていますが、トレンドとしては上がっていることがわかります。

>>> 多項式近似線の作り方

MicrosoftのExcelを使用すると、簡単に多項式近似曲線を作成することができます。

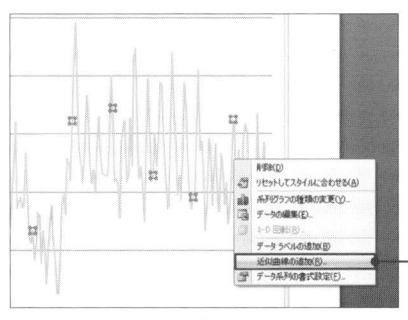

1 データを右クリックして「近似曲線の追加」を選択する

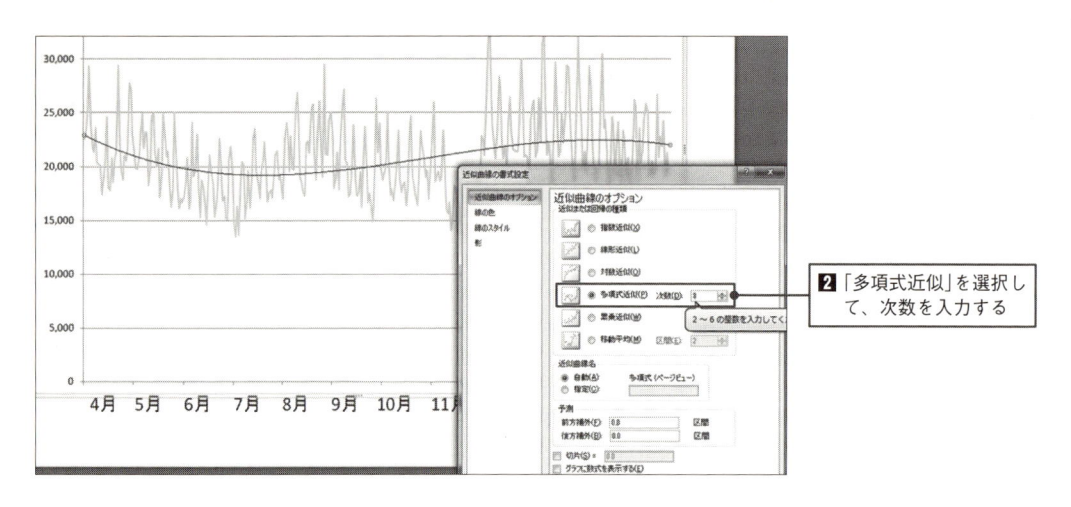

以上の手順で多項式近似曲線を追加できます。なおExcelでは、次数に2～6を選択できますが、3か4をお勧めします。次数が多すぎると曲線が複雑になり、判断が難しくなります。

トレンドから外れたところを分析する

サイトの課題の多くは「トレンドから外れたところ」にあります。トレンドに反して急激にページビュー数が増えたり、コンバージョン率が下がったりした場合は、そこに必ず何らかの原因があります。その原因を調査し、問題があれば改善策を行ってください。

「トレンドから外れた」の定義

一口に「トレンドから外れた」といっても、その度合いは人によって意見が分かれるところでしょう。どの程度トレンドから乖離したらそれを「外れた」といえるのでしょうか。0.1%でもずれたら調査しなければならないのでしょうか。

実は、「何%以上」といった定義はありません。筆者は経験上「25%程度」を1つの目安にしていますが、実際は指標の種類やサイトの特徴によって変わります。業種によっても変わるでしょう。そのため「トレンドから外れた」の定義はケースごとにみなさん自身で行う必要があります。まずは25%程度を目安に、経験を重ねて、精度を上げていってください。本書ではトレンドと25%以上異なる場合を前提に解説を続けます。

> **Tips** 季節トレンドにおける「25%の差」は、前月と比較して判断するのではありません。季節トレンドは年間を通じて現れるトレンドなので、前年同月比で確認する必要があります。同様に月別トレンドの場合は前月、日別トレンドの場合は前週と比較します。その結果、25%以上の差があった場合に原因を調査します。

期間ごとに異なるトレンドの「誤差」

　仮に「トレンドから外れた」の基準を25%以上とすると、トレンドからの乖離が24%以下の数値は「許容できる誤差」と判断することになります。このこと自体は問題ないのですが、このとき「期間ごとのトレンドを確認したうえで判断する」という点に注意してください。月別トレンドでは何も問題がなくても、日別トレンドを確認するとトレンドから大きく乖離しているデータが見つかることもあります。また、日別トレンドでは許容できる誤差しかなくても、月別トレンドでは25%以上乖離する場合もあります。

　例えば、集客キャンペーンを実施したことで、ある2日間のアクセス数が通常の2倍になったとします。これを日別で見ると前後の日よりも大きく数値が増えていることから「トレンドから外れている」と判断できます。しかし、月別で見ると前月比で6%の変化しかないため誤差と判断されます（下図参照）。

● アクセス数の差

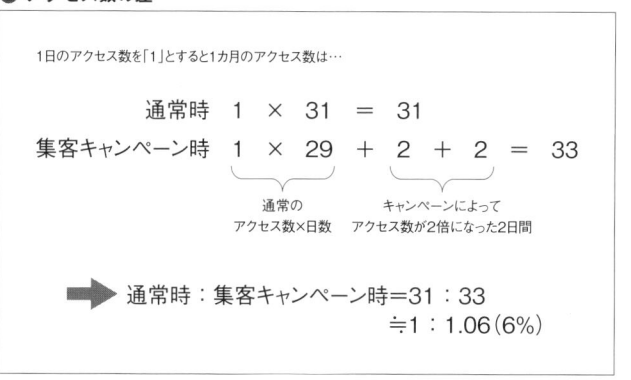

```
1日のアクセス数を「1」とすると1カ月のアクセス数は…

    通常時        1 × 31     =  31
    集客キャンペーン時  1 × 29  +  2  +  2  =  33
                     ─────────    ─────
                     通常の          キャンペーンによって
                     アクセス数×日数   アクセス数が2倍になった2日間

    ⇒ 通常時：集客キャンペーン時＝31：33
              ≒1：1.06（6%）
```

　同様に、日別では毎日5%ずつの変化でも、月別では25%以上の変化になる場合もあります。そのため、確実にサイトの変化を把握するには定期的に季節別、月別、日別のそれぞれのトレンドを確認する必要があります。

　ぜひ、みなさんも自身のサイトのトレンドを把握しておいてください。トレンドを把握しておけば誤った判断を未然に防ぐことができます。

Column 無料で利用できる個性的なウェブ分析サービス

無料で利用できる個性的なサービスをいくつか紹介します。Chapter 11でもいくつか紹介していますが、収まりきらなかったツールをここでピックアップしてみました。

● 無料で利用できるウェブ分析サービス

ツール名	特徴
Arest	Google Analyticsのデータを取り込み、自動で分析してくれるサービス URL http://arest.harmony.ne.jp/
Twitraq	日本生まれのTwitterアカウント分析ツール。豊富なレポートと使いやすさが特徴 URL http://twitraq.userlocal.jp/
Woopra	デスクトップアプリケーションで結果を見られるアクセス解析ツール。ユーザーのグルーピング機能や閲覧者とのチャット機能など特徴的な機能を備える URL http://www.woopra.com/
Mochibot	Flashの計測に特化したツール。Flashアプリの利用計測に活用できる URL http://www.mochibot.com/
WebAnalyst	売上アップに焦点を絞った分析ツール。3種類のレポートでサイトのトレンドと課題を確認できる URL http://www.web-analyst.jp/
WASP	Firefoxのプラグイン。アクセスしたサイトが導入しているアクセス解析ツールの種類や取得しているデータを調べることができる URL http://webanalyticssolutionprofiler.com/
ClickHeat	サイト内のクリックされた位置をヒートマップ形式で表示するプログラム URL http://www.labsmedia.com/clickheat/index.html
FeedBurner	RSSを分析するためのツール。購読者数などを調査できる URL http://www.feedburner.jp/
忍者アクセス解析	日本で人気の無料アクセス解析ツール。豊富なレポートとモバイル解析対応が特徴 URL http://www.ninja.co.jp/analyze/
うごくひと2	モバイル用の解析ツール。年齢・性別・地域などの「ユーザー属性情報」や「検索キーワードチャート」などの機能を備えている URL http://ugo2.jp/

● Arest(左)とTwitraq(右)

Chapter 05 セグメンテーションによるウェブ分析

　本章では、アクセス解析ツールで取得したデータをある条件のもとに分類して(セグメントに分けて)、分析する方法を説明します。前章で説明した「トレンドを使った分析」と同様に、ウェブ分析におけるもっとも重要な分析方法の1つです。

セグメンテーションの基礎知識

　ユーザーはさまざまな目的や想いを持ってサイトに訪れます。例えば、飲食店情報サイト1つとってみても、以下のような目的を持ったユーザーが訪れると考えられます。

● 飲食店情報サイトに訪れるユーザーの目的

　前章で解説した「トレンド」を使った分析では、サイト全体の変化をもとにサイトの現状分析を行うため、上図のようなユーザーの特徴を洗い出し、改善することはできませんでした。ユーザーごとに何らかの特徴を見つけ、その特徴に合わせてより良いサイトに改善していくには「セグメンテーション」を行う必要があります。なお、本章で解説する方法はすべてGoogle Analyticsで実行できます。

セグメンテーションとは

　セグメンテーションとは、サイトに来訪したユーザーをある条件で分類し(セグメントに分けて)、セグメントごとに分析する手法です。ウェブ分析では主に以下の6つの軸でユーザーを分類します。

1. 流入元で分類する
2. 検索ワードで分類する
3. 入口ページで分類する
4. 新規ユーザー／リピーターで分類する
5. コンテンツごとに分類する
6. コンバージョンの有無で分類する

そして、各セグメントのデータを以下の5つの指標で比較します。

● **セグメントのデータを比較する際に使用する指標**

指標	説明
ページビュー数または訪問回数や訪問者数	各セグメントのボリューム感をつかむ際に比較する。例えば「新規が50,000PV、リピーターが20,000PV」のように比較する
滞在時間	どのセグメントのユーザーがより長くサイトに滞在しているのかを測る。訪問あたりの平均ページビュー数でも代替可能。例えば「コンバージョンした人は平均10分間、しなかった人は平均3分間滞在した」のように比較する
直帰率	優良なユーザーやコンテンツを把握する。例えば「入口ページがTOPページの場合は30%、キャンペーンページの場合は60%が直帰した」のように比較する
新規率	各セグメントの新規率を測る。例えば「コンバージョンした人の新規率は35%、していない人の新規率は52%」のように比較する
コンバージョン数(率)	各セグメントのコンバージョン数(率)を測る。コンバージョン率が高いセグメントを把握できれば、KGIを達成する際に役立つ。例えば「アフィリエイトからの流入の場合は2.5%、検索エンジンからの流入の場合は4.2%のユーザーがコンバージョンした」のように比較する

● **ユーザーの分類と比較**

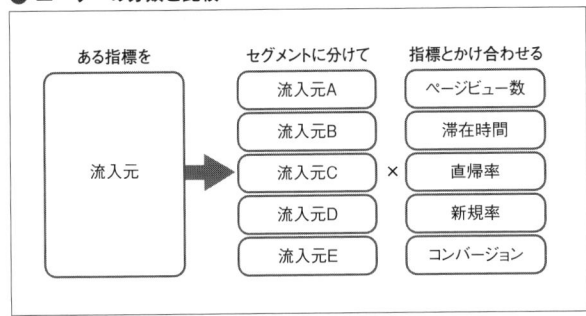

ある指標を　→　セグメントに分けて（流入元A／流入元B／流入元C／流入元D／流入元E）　×　指標とかけ合わせる（ページビュー数／滞在時間／直帰率／新規率／コンバージョン）

流入元

それでは、セグメントごとに比較・分析する方法を詳しく解説していきます。

1. 流入元で分類する

ユーザーはさまざまな経路でサイトに訪れます。検索エンジンから来訪するユーザーもいれば、どこかのブログからリンクをたどって来訪するユーザーもいます。

セグメンテーションでは、サイトへの流入元を以下の6種類のいずれかに分類します。

流入元の分類

流入元	有料	無料
検索エンジン	①リスティング流入	②オーガニック流入
検索エンジン以外のリファラー	③外部キャンペーン・コンテンツマッチなどの有料集客	④ニュースサイトやブログなどへのリンク
リファラーなし(ノーリファラー)	⑤メールマガジン・QRコードなど	⑥ブックマークやURL直打ちなど

検索エンジンからの流入

検索エンジン(GoogleやYahoo!など)からの流入は「①リスティング流入」、もしくは「②オーガニック流入」のいずれかに分類されます。有料エリアからの流入はリスティング流入、無料エリアからの流入はオーガニック流入になります。

検索エンジンの有料エリアと無料エリア(Googleの場合)

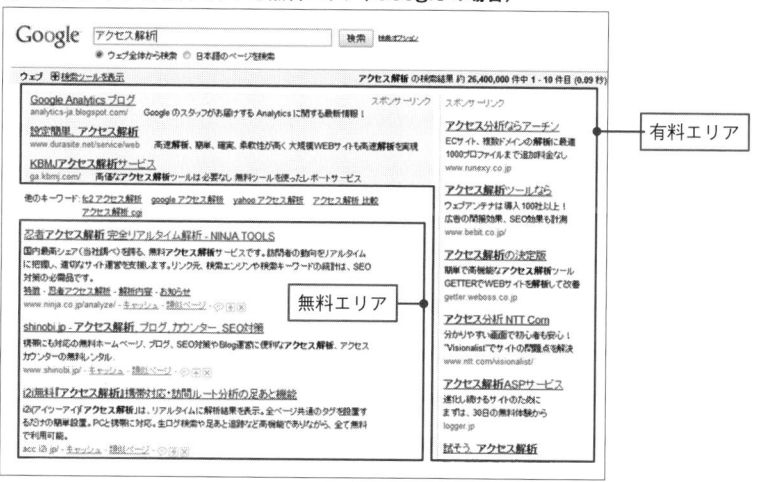

> **Tips** アクセス解析ツールは、検索エンジンとしてあらかじめ登録されているURLリストと流入元のリファラー(サイトに来訪する1つ前のURL)を照合して、検索エンジンからの流入か否かを判断します。そのため検索エンジンからの流入であっても、その検索エンジンがアクセス解析ツールに登録されていなければ(通常はそのようなことはあまりありませんが)、「検索エンジン以外のリファラー」と判断されます。

有料エリアと無料エリアの区別

検索エンジンからの流入か否かは、流入元のリファラーを確認すれば判別できますが、上図のとおり有料エリアと無料エリアは同一ページ内に表示されるためリファラーによる区別ができません。

そこでこれらを区別するために、リスティング広告の入稿時に「有料エリアからの流入であることを示す専用のURL」を作成し、指定します※。Google Analyticsにはリスティング広告用の「URL生成ツール」が用意されています。その他のアクセス解析ツールにも同様の機能が用意されています※※。

※ 無料エリアの検索結果は検索エンジンが自動的に生成するため、独自のURLに変更することはできません。
※※ URLの末尾に付けるパラメータはアクセス解析ツールごとに異なります。

● URL生成ツール（Google Analytics）

URL http://www.google.com/support/analytics/bin/answer.py?answer=55578

　必要な情報を入力するとURLが生成されるので、そのURLをリスティング広告のURLに指定します。このようにしてアクセス解析ツールは有料エリアからの流入か、無料エリアからの流入かを区別しています。なお、検索エンジンからの流入に限らず、流入元が有料か無料かはこれと同様の仕組みで判断しています。つまり、流入元のURLに有料であることを示すパラメータが付いているのか、いないのかで有料・無料は分類されます。

検索エンジン以外のリファラーやノーリファラーからの流入

　検索エンジン以外のリファラー（ニュース系サイトやブログ、SNSなど）からの流入は「③外部キャンペーン・コンテンツマッチなどの有料集客」、もしくは「④ニュースサイトやブログなどへのリンク」のいずれかに分類されます。有料・無料の区別は「検索エンジンからの流入」と同様に、流入元のURLが「有料とみなすためのURL」になっているかどうかで判断されます。

　流入元がわからない、リファラーなし（ノーリファラー）からの流入は「⑤メールマガジン・QRコードなど」、もしくは「⑥ブックマークやURL直打ちなど」のいずれかに分類されます。有料・無料の区別は「検索エンジンからの流入」と同様に、流入元のURLが「有料とみなすためのURL」になっているかどうかで判断されます。ただし、「⑥ブックマークやURL直打ちなど」の流入のうち、それがブックマークからの流入なのか、URL直打ちからの流入なのかを区別する方法はありません。これはどのアクセス解析ツールでも計測できません。

● ノーリファラーになる流入元

流入元	説明
メーラーからの流入 QRコードからの流入	メーラーやQRコードからの流入は、URLにパラメータを付けておくことでリファラーを取得できる。URLにパラメータが付いていない場合は取得できない
流入時のリダイレクト	ステータス300番台を使ったリダイレクトの場合はリファラーを取得できるが、META REFRESHなどを使った場合は取得できない
URL直打ち・ブックマークからの流入	ブックマークされているURLにパラメータが付いていればリファラーを取得できるが、パラメータのないURLがブックマークされている場合やURLを直打ちされた場合は取得できない
クライアントアプリからの流入	WordやExcel、Twitterクライアントなどのアプリ内にあるリンクをクリックして流入した場合、リファラーは取得できない
リファラーの送信が拒否されているブラウザからの流入	通常の流入経路からの流入であっても、ユーザーがブラウザの設定でリファラーの送信を拒否している場合はノーリファラーになる
ローカルでHTMLファイルなどを開いて流入した場合	ローカルに保存されているHTMLファイルなどを開いて、アクセスしてきた場合はノーリファラーになる
docomoの古い端末からの流入	docomo端末の仕様上、2009年夏モデル以前の端末からの流入はリファラーを取得できない

各セグメントと5つの指標

ここからは、流入元で分類した各セグメントを、先述した5つの指標、「訪問回数」、「滞在時間」、「直帰率」、「新規率」、「コンバージョン数」の値で比較し、サイトの状況を確認していきます。ここではあるECサイトのデータを例に解説します。

なお、これまでは流入元を6つのセグメントに分類してきましたが、ここからは解説の簡素化のために有料・無料を分けず、3つのセグメントとして解説します。

5つの指標の確認

まずは、5つの指標を確認しましょう。Google Analyticsでは「トラフィック」→「全ての参照元」を選択して以下の手順を行います。その他のアクセス解析ツールを使用している場合は、それぞれのマニュアルを確認してください。

● 流入元による分類時の5つの指標の確認方法

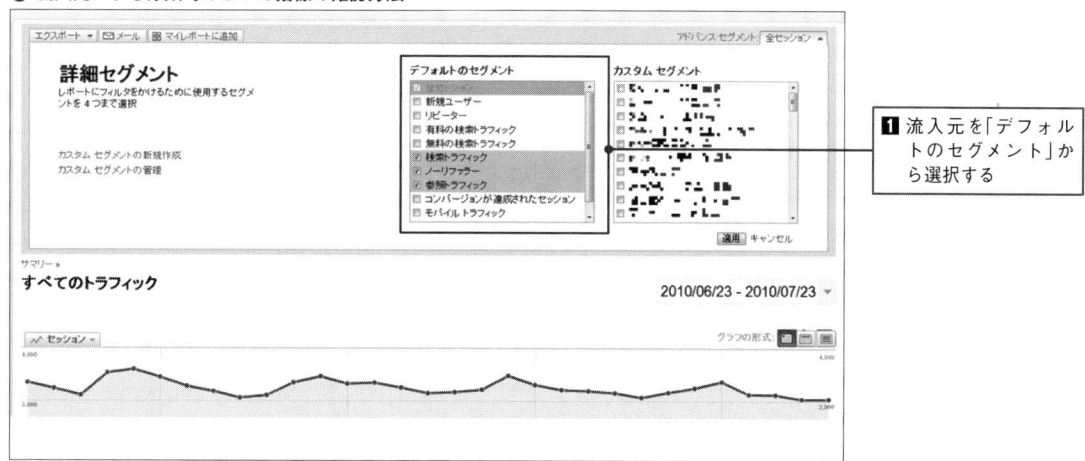

① 流入元を「デフォルトのセグメント」から選択する

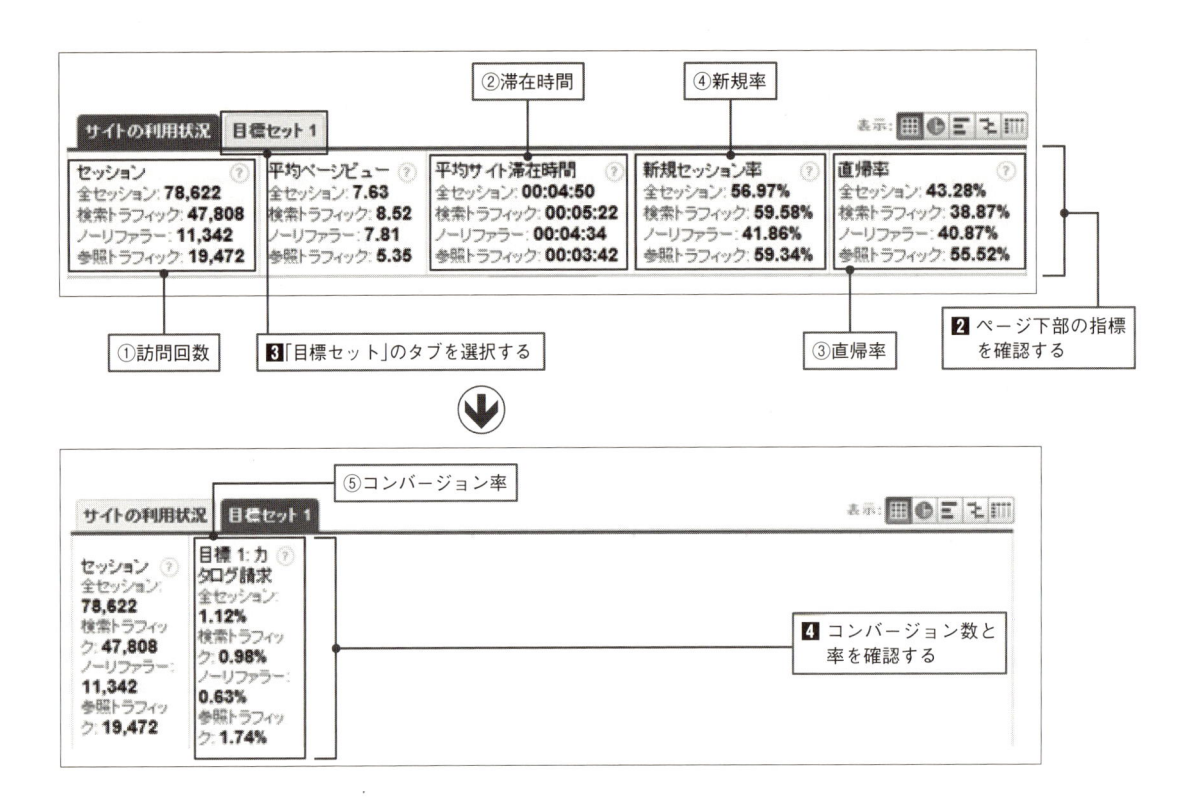

画面上部（サイトの利用状況 / 目標セット1）

- ②滞在時間
- ④新規率

サイトの利用状況 / 目標セット1

セッション	全セッション: 78,622 / 検索トラフィック: 47,808 / ノーリファラー: 11,342 / 参照トラフィック: 19,472
平均ページビュー	全セッション: 7.63 / 検索トラフィック: 8.52 / ノーリファラー: 7.81 / 参照トラフィック: 5.35
平均サイト滞在時間	全セッション: 00:04:50 / 検索トラフィック: 00:05:22 / ノーリファラー: 00:04:34 / 参照トラフィック: 00:03:42
新規セッション率	全セッション: 56.97% / 検索トラフィック: 59.58% / ノーリファラー: 41.86% / 参照トラフィック: 59.34%
直帰率	全セッション: 43.28% / 検索トラフィック: 38.87% / ノーリファラー: 40.87% / 参照トラフィック: 55.52%

- ①訪問回数
- **3**「目標セット」のタブを選択する
- ③直帰率
- **2** ページ下部の指標を確認する

画面下部

- ⑤コンバージョン率

セッション	目標1: カタログ請求
全セッション: 78,622	全セッション: 1.12%
検索トラフィック: 47,808	検索トラフィック: 0.98%
ノーリファラー: 11,342	ノーリファラー: 0.63%
参照トラフィック: 19,472	参照トラフィック: 1.74%

4 コンバージョン数と率を確認する

≫ 訪問回数とコンバージョン率

まずは「訪問回数」と「コンバージョン率」を確認して、全体のボリューム感をつかみます。このサイトの例では以下の値になっています。

● 流入元別の訪問回数とコンバージョン率

流入元	訪問回数（比率）	コンバージョン率（数）
全体	78,622回（100%）	1.12%（880件）
検索エンジン	47,808回（60.8%）	0.98%（468件）
検索エンジン以外のリファラー	19,472回（24.8%）	1.75%（340件）
リファラーなし	11,342回（14.4%）	0.63%（72件）

流入元の6割以上が「検索エンジン」であることがわかります。コンバージョン率は「0.98%」と平均よりも少なめですが、コンバージョン数は全体の半分以上を占めており、このサイトが検索エンジンからの流入に大きく依存していることがわかります。また、流入元が「検索エンジン以外のリファラー」のコンバージョン率が高いこともわかります。

≫ 滞在時間と直帰率、新規率

続いて、「滞在時間」と「直帰率」、「新規率」を確認してみます。このサイトの例では以下の値になっています。

● 流入元別の滞在時間と直帰率

流入元	平均滞在時間	直帰率	新規率
全体	00:04:50	43.28%	56.97%
検索エンジン	00:05:22	38.87%	59.58%
検索エンジン以外のリファラー	00:03:42	55.52%	59.34%
リファラーなし	00:04:34	40.87%	41.86%

　流入元が「検索エンジン」の来訪者は、サイトの滞在時間が長く、また直帰率も低いことがわかります。また「検索エンジン以外のリファラー」の来訪者は滞在時間が短く、直帰率が高いことがわかります。また、ともに新規率が全体よりも高いことがわかります。

　ここで気になる点が1つあります。「検索エンジン以外のリファラー」から来訪した人は、滞在時間が短く、また直帰率も高いため、コンバージョン率が低くなりそうです。しかし、1つ前の表にあるとおり、実際は平均値(1.12%)を超えるコンバージョン率(1.75%)になっています。この理由を探っていきたいと思います。

流入元が「検索エンジン以外のリファラー」の内訳

　全体感をつかんだら、次は流入元別に詳細な数値を見ていきます。ここでは滞在時間が短く、直帰率が高いにもかかわらず、コンバージョン率が高い「検索エンジン以外のリファラー」からの流入の内訳を細かく調べていきます。Google Analyticsでは「トラフィック」→「参照トラフィック」で確認できます。

● 「検索エンジン以外のリファラー」の内訳

順位	参照元	訪問回数	平均ページビュー数	平均滞在時間	新規率	直帰率	CV率[※]
1	present.yahoo.co.jp	18,640回	3.14	0:04:21	75.12%	62.04%	11.21%
2	headlines.yahoo.co.jp	6,812回	3.81	0:01:42	93.69%	58.00%	0.44%
3	dailynews.yahoo.co.jp	6,684回	2.41	0:00:58	96.11%	75.00%	0.00%
4	detail.chiebukuro.yahoo.co.jp	6,653回	4.65	0:02:19	84.68%	60.75%	0.75%
5	allabout.jp	6,064回	7.55	0:04:23	79.21%	42.08%	1.98%
6	match.seesaa.jp	6,012回	1.41	0:01:24	74.88%	79.87%	0.00%
7	e-shops.jp	5,329回	6.91	0:03:53	61.24%	47.93%	1.32%
8	axad.shinobi.jp	4,233回	1.04	0:00:04	99.53%	98.35%	0.00%
9	websearch.rakuten.co.jp	3,899回	6.21	0:03:35	56.64%	50.14%	1.08%
10	ka101w.kaw101.mail.live.com	3,107回	11.04	0:06:34	11.61%	25.16%	1.29%

※CV率は、コンバージョン率を意味します。

　流入元(参照元)ごとに各指標を見ると、滞在時間が短く、直帰率が高いにもかかわらず、「検索エンジン以外のリファラー」からの流入のコンバージョン率が高い理由が見えてきます。

　訪問回数(セッション数)がもっとも多い「present.yahoo.co.jp」からの来訪者は、平均ページビュー数こそ少ないものの、滞在時間が長く、コンバージョン率がサイト平均(1.12%)よりも約10倍も高いことがわかります。これが「検索エンジン以外のリファラー」からの流入のコンバージョン率が高い理由です。もう少し掘り下げて、なぜ「present.yahoo.co.jp」からの来訪者のコンバージョン率が高いのかを調べてみます。

流入元のサイト（present.yahoo.co.jp）とそのサイトからの入り口ページを確認します。すると「present.yahoo.co.jp」がYahoo!のプレゼント告知ページであることがわかります。このECサイトはカタログ請求（コンバージョン）をしてくれた人に抽選でプレゼントを贈っています。そのことから以下の仮説を立てることができます。

1. プレゼント目当てのカタログ請求が多い
2. 入り口ページがカタログ請求開始ページになるため、平均ページビュー数が少ない
3. 個人情報（名前や住所など）を入力するのに時間がかかるので、サイト滞在時間が長くなる

他の流入元もいくつか確認してみましょう。訪問回数（セッション数）が3位の「dailynews.yahoo.co.jp」と6位の「match.seesaa.jp」は、直帰率が75％を超え、コンバージョン率はなんと0％です。これは「流入元にあるサイトの説明」と「入り口ページの内容」が合っていないことが原因である可能性が非常に高いです。実際にこれらの内容を確認する必要があります。5位の「allabout.jp」と7位の「e-shops.jp」は、サイトの平均滞在時間よりも長く、直帰率が50％を切っており、コンバージョン率が1％を超えている良い流入元です。これら2つの流入元の特徴は「リンク元のページにこのECショップの概要や特徴が書いてある」ことです。ユーザーはこれらの説明を先に読んでからサイトに訪れるためニーズのミスマッチ（思っていた内容とサイトの内容が異なる）が起こる可能性が低く、また興味を持って来訪しているのでコンバージョン（資料請求）を達成しやすいと判断できます。

最後に10位の「ka101w.kaw101.mail.live.com」はMicrosoft社が提供している無料メールサービス「Windows Live Hotmail」からの流入になります。つまり、ほとんどの場合はメールマガジン経由の流入となります。これらのユーザーも先にメールマガジンの内容を読んでサイトに訪れているため、「allabout.jp」や「e-shops.jp」と同様の特徴を持っています。

流入元が「検索エンジン」の内訳

もう1つ、興味深いデータを紹介します。流入元が「検索エンジン」の内訳も見てみましょう。多くのサイトでは検索エンジン経由の流入の9割以上はYahoo!およびGoogleになります。この2つ、各指標の値はあまり変わらないように思えますが、実は以下のように結構異なるのです。

● 検索エンジンごとの指標値

種類	訪問回数	平均滞在時間	直帰率	平均ページビュー数	新規率	コンバージョン率	コンバージョン数
Yahoo	31,956回	00:04:50	40.50%	8.1	62.80%	0.90%	288
Google	15,886回	00:06:13	35.18%	9.1	52.19%	1.06%	168

流入数はYahooのほうが圧倒的に多いのですが、滞在時間や直帰率はGoogleのほうが良い数値になっていることがわかります。このことから、このサイトにとってより優良なユーザーを増やすにはGoogle経由の流入を増やす施策を考えるほうが良いと判断できます。

このように流入元を子細に確認すると、サイト全体のデータを眺めているだけではわからない、大切な情報をいくつも得ることができます。何がコンバージョン率に影響するのかわかれば、より効果的な施策を講じることができます。また非効率な参照元を特定できれば今後の改善に役立つでしょう。

2. 検索ワードで分類する

検索ワードには、来訪者の「目的」や「期待」が表れます。例えば、検索ワード欄に「賃貸　マンション」と入力する人は賃貸マンションに関する情報を求めているといえます。そのため、サイトに来訪したユーザーを検索ワードで分類し、その訪問回数や直帰率、コンバージョン数などを調べることは、サイトの改善において非常に有効です。

ユーザーは求める内容がサイトにないと直帰します。コンバージョンを達成することもありません。そのため、サイトの滞在時間が長く、コンバージョン数が多い場合は、サイトやページの内容がその検索ワードで来訪したユーザーの目的を満たしていると判断できます。一方、滞在時間が短く、直帰率が高い場合は、ユーザーの目的を満たしていないと判断できます。この場合はユーザーの目的を満たすコンテンツを用意したり、コンバージョン率が高い検索ワードを増やしたりするなど、サイトを改善する必要があります。

検索ワードによるセグメンテーションの基本

検索ワードによるセグメンテーションでは、最初に分析対象とする検索ワードを絞り込みます。まずアクセス数の多い上位10ワードの現状をしっかり把握し、次に対象範囲を上位100ワードまで広げて分析を続けます。

すべての検索ワードを分析できれば良いのですが、検索ワードの数は中規模のサイトでも数万件、大規模なサイトでは数十万〜数百万件にもなるため、そのすべてを分析するのは現実的ではありません。いつまで経っても分析が終わりません。

なお、ここでは基本的な分析方法を解説するために一般的に広く利用されている「上位10ワード」、「上位100ワード」としていますが、情報が多すぎたり、少なすぎたりする場合はサイトの特性に合わせて「上位25ワード」や「上位50ワード」を見る場合もあります。経験を積みながら、最適な検索ワード数を見つけてください。

上位10ワードの分析

まずはアクセス数の多い上位10ワードの現状を把握します。ECサイトやリード獲得型サイトでは、上位10ワードが全体のアクセス数やコンバージョン数の3〜5割前後を占めることが多いので、上位10ワードを分析すれば、来訪者の約半数に対する改善策を立てることができます。

以下はある宿予約サイトの検索ワードの流入比率とコンバージョン比率です。このサイトの場合は上位10ワードが全流入の4割以上、コンバージョン数の5割以上を占めていることがわかります。

● 宿予約サイトの検索ワードの流入比率とコンバージョン比率

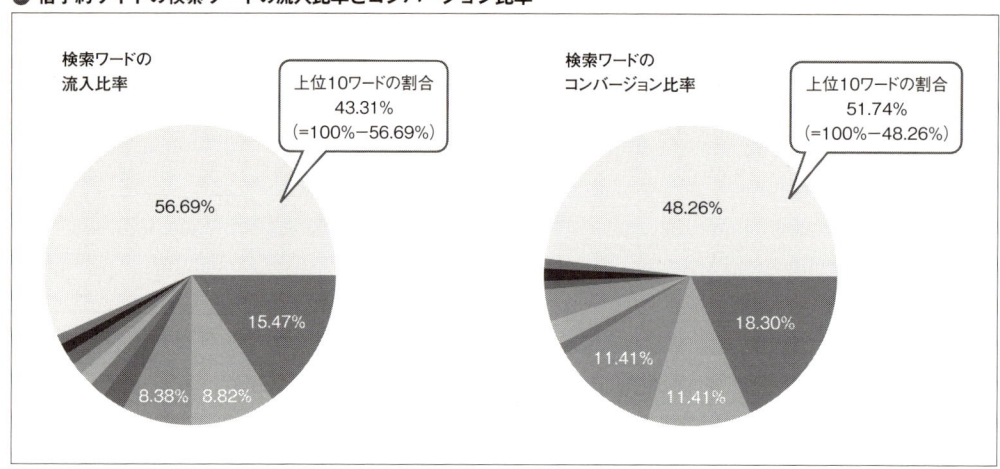

検索ワードの流入比率
上位10ワードの割合 43.31%（=100%−56.69%）
56.69%
15.47%
8.38% 8.82%

検索ワードのコンバージョン比率
上位10ワードの割合 51.74%（=100%−48.26%）
48.26%
18.30%
11.41%
11.41%

続いて、具体的な検索ワードと、検索ワードごとの指標値を見てみましょう。上位10ワードは、Google Analyticsでは「トラフィック」→「キーワード」を選択すると確認できます。指標値の算出方法は前項「流入元による分類」と同じです。

● ある宿予約サイトの上位10ワードと各指標

順位	検索ワード	訪問回数	平均ページビュー数	平均滞在時間	新規率	直帰率	宿予約率
1	宿	7,312回	9.24	0:06:09	55.66%	27.57%	0.94%
2	やどやど	4,170回	14.43	0:08:38	22.49%	17.05%	1.03%
3	宿泊	3,961回	7.43	0:04:42	68.34%	32.85%	1.09%
4	旅館	1,162回	3.96	0:02:41	71.34%	49.23%	0.09%
5	温泉	831回	4.43	0:02:38	83.87%	48.13%	0.48%
6	ビジネスホテル	752回	6.91	0:04:47	59.04%	44.28%	1.33%
7	やどやど　予約	621回	15.72	0:09:43	25.76%	13.53%	2.09%
8	ツアー	605回	3.51	0:01:32	79.17%	64.13%	0.50%
9	ホテル	565回	6.21	0:04:09	60.00%	41.95%	0.88%
10	ビジネスホテル	491回	5.2	0:03:36	66.80%	48.47%	0.81%
平均	—	—	7.36	0:04:50	54.73%	42.59%	0.75%

※「やどやど」はサイト名です（実在しません）。

上表を見ると、検索ワードの特徴や各指標から「良いワード」、「悪いワード」が見えてきます。

≫ 良いワードの代表格「ブランドワード」

良いワードの代表格は「ブランドワード」（会社名・サイト名・商品名・サービス名）です。この例でも第2位の「やどやど」や第7位の「やどやど　予約」などブランドワードを含むものは平均ページビュー数、平均滞在時間、宿予約率（コンバージョン率）のすべてが平均を上回っています。これは多くのサイトで共通して見られる傾向です。

これは当然の結果といえます。なぜなら、ブランドワードで検索する人の多くは、検索前からその会社やサイトの商品・サービスを知っているため、サイトに来訪した後で「こんなものを求めていな

い」となるケースが少ないからです。明確な目的を持ってサイトに来訪する人が多いのです。

　ブランドワードによる流入の増加は、コンバージョン数の増加に直結します。そのため、時間はかかりますが、少しでも多くの人にブランドワードを認知してもらえるように努力する必要があります。正攻法としては以下のような施策が効果的です。

- わかりやすく、覚えやすいブランドワードにする
- 印象に残るロゴを作る
- サイトのTITLEタグにブランドワードを入れる
- URLにブランドワードを含める

　また、お金はかかりますが雑誌やテレビなどのメディアを使って、ブランド名を広める方法も有効です。なお、ブランドワードによる流入をどこまで増やせば良いのかについての正解はありません。サイトの目的や会社の戦略によって変わってきます。予算が十分にあるのであれば、メディアを使う方法が効果的ですが、そのようなケースはまれだと思います。

　また、ブランドワード以外からの流入も大切です。全体のバランスを見ながら個々に決めてください。あくまでも1つの目安ですが、筆者の経験上、ブランドワードによる流入が全体の3割を超えると「ブランドワードが十分に認知されている」と判断できます。

ブランドワード以外の上位ワード

　ブランドワードによる流入を増やすには時間とお金がかかります。そのため、並行して「ブランドワード以外の上位ワード」を分析し、全体のコンバージョン数が増えるようにサイトを改善する必要があります。

　ブランドワード以外の上位ワードには「良いワード」と「悪いワード」の2種類があります。各指標を見て、コンバージョン率が低く、直帰率が高い検索ワードは「悪いワード」といえます。その原因を調べ、改善します。この宿予約サイトでは「旅館」や「温泉」、「ツアー」が悪いワードといえます。

　ある特定の検索ワードが「悪いワード」になる原因の大半は「ユーザーの目的とサイトのコンテンツがマッチしていない」ことです。例えば、ユーザーは「日本各地の温泉名所」を知りたいと思っているのに、サイトには「温泉宿の宿泊情報」しか掲載されていなければ、そのユーザーはコンバージョンを達成せずに、サイトから離脱するでしょう。このような場合は、サイト内に「日本各地の温泉名所マップ」のようなコンテンツを作成すれば、ユーザーの目的を満たすことができます。このコンテンツ自体はサイトのコンバージョンに直結しませんが、ユーザーに気に入ってもらえれば、次回以降ユーザーが宿を予約するときにサイトに再訪してくれるかもしれません。

　ただし、すべての「悪いワード」に対して対策を行う必要はありません。現実的に困難な場合もあります。例えば、ユーザーが「海外旅行のツアー」を知りたいと思っていても、この会社が「国内旅行のツアー」しか取り扱っていないのであれば、そのユーザーの目的を満たすことはできないでしょう。新たに海外旅行のツアーの取り扱いをはじめれば対応できるかもしれませんが、会社の業務内容の変更はここで議論される内容ではありません。

上位100ワードの分析

　上位100ワードの分析では「現状の課題発見」ではなく、将来的に伸ばせそうな「有望な検索ワードの発掘作業」を行います。有望な検索ワードとは、現時点では流入件数やコンバージョン数は少ないけれど、コンバージョン率が高い検索ワードです。平均ページビュー数が多い検索ワードも有望といえます。これらの検索ワードからの流入数を増やせば、コンバージョン数の増加につながります。その検索ワードの出現頻度を上げたり（SEO対策）、メールマガジンやキャンペーンのキャッチフレーズに含めたりするなどの対策を行いましょう。

　上位100ワードの分析方法は、基本的には前項で解説した「上位10ワードの分析」と同じです。検索ワードごとに5つの指標を確認し、平均値よりも良い値になっている検索ワードを洗い出します。ユーザーが求めるコンテンツを少しずつでも追加していくことができれば、結果としてコンバージョン数の増加につながります。ただし、上位100ワードであっても流入数が200件以下の検索ワードは分析対象から外してください（大数の定理：P.46）。全体的に流入数が少ない場合は、集計期間を延ばして精度を上げましょう。

　なお、100位以下のワードの中にも優良なワードが隠れている可能性があります。こちらについては「ロングテール分析」（P.261）という分析手法で洗い出していきます。

キーワードマトリックス

　最後にもう1つ、お勧めの「検索ワードによるセグメンテーション」での分析方法を紹介します。「キーワードマトリックス」と呼ばれる分析方法です。

　キーワードマトリックスでは、検索ワードを「散布図」（P.55）や「バブルチャート」（P.56）を使います。X軸が「直帰率」、Y軸が「コンバージョン率」です。右図のように、検索エンジンからの流入における「平均直帰率」（縦線）と「平均コンバージョン率」（横線）の交点を軸に4象限に分けてそれぞれの特徴を洗い出し、改善策を考えます。1つの点が1つの検索ワードを表しています。

● キーワードマトリックス（上位50ワード）

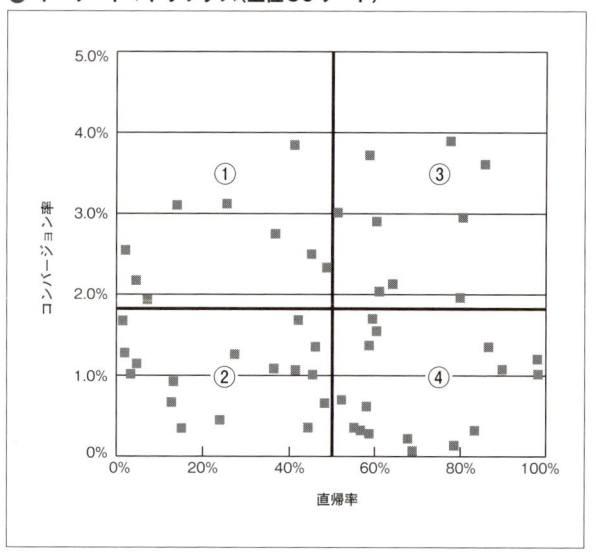

①優良ワード

　上図①の象限に分類される検索ワードは「優良ワード」です。コンバージョン率が高く、一方で直帰率が低い検索ワードであり、サイトのコンバージョンに貢献しているといえます。通常、先述したブランドワード(P.94)はここにプロットされます。

　この象限に、ブランドワード以外の検索ワードがあれば、その検索ワードを有効活用しましょう。サイト内での出現数を増やすなどのSEO対策はもちろん、キャンペーンのキャッチコピーやメールマガジンのタイトルなどに使用することも有効です。

②誘導ワード

　上図②の象限に分類される検索ワードは「誘導ワード」と呼ばれます。直帰率は低いものの、コンバージョンにつながっていないことから、ここに分類される検索ワードから流入した人の多くは、サイト内の情報を見るだけで満足している可能性が高いといえます。

　そのため、この検索ワードから流入した人をすぐにコンバージョンにつなげることは難しいですが、改善の余地はあります。例えば、人気のあるコンテンツの最後に次ページへの遷移につながるコンテンツを追加し、ユーザーを誘導することで、コンバージョン数を増やせるかもしれません。

　誘導ワードから流入したユーザーはサイト内を回遊してくれています。そのため、入り口ページ以降のページを改善することが重要になります。ユーザーの立場に立って、どのようにサイトを遷移するのか想像しながら、コンバージョンページに誘導できるようにサイトを改善してください。

③入り口ページ見直しワード

　上図③の象限に分類される検索ワードは「入り口ページ見直しワード」と呼ばれます。直帰率が高い半面、コンバージョン率が高いことから、「ユーザーの目的とコンテンツがマッチする場合としない場合がはっきり分かれている」といえます。全体的にコンバージョンする割合は高いので、入り口ページの内容を見直すことで直帰率を改善できれば、さらにコンバージョン率を上げることができます。以下の点に注意して、入り口ページを見直してください。

◉ ユーザーの目的を満たすコンテンツを用意する

　直帰しているユーザーの多くは、入り口ページに目的のコンテンツがないと判断しています。そのため、ユーザーの目的を満たすコンテンツを用意すれば直帰率を改善できる可能性があります。可能な範囲でコンテンツを追加してください。

◉ 遷移方法をわかりやすくする

　直帰しているユーザーの中には、「次にどこに遷移すればよいのかわからない」ことが原因でサイトから離脱している場合もあります。これは非常にもったいないことです。直帰していないユーザーの多くがコンバージョンを達成していることからも、こういったユーザーを取りこぼさないようにす

るべきです。入り口ページのコンテンツやレイアウトに問題がないか、見直してください。入り口ページの分析方法については次頁(P.99)で詳しく説明します。

サイトに来訪する人にとっては、入り口ページがサイトのTOPページになります。そのため、入り口ページのナビゲーションをサイト本来のTOPページと同様にわかりやすく作る必要があります。また、読み物ページの最下部に「ページの先頭に戻る」リンクを配置したり、ナビゲーションの下にパンくずリストを用意したりするだけで効果が出るかもしれません。

④クリエイティブ見直しワード

上図④の象限に分類される検索ワードは「クリエイティブ見直しワード」と呼ばれます。直帰率が高く、またコンバージョン率も低いワードです。成果が出ていないので、すぐに改善策を考えましょう。特にAdwordsやOvertureなどの有料広告の掲載文にこれらの検索ワードを使っている場合は必ず内容かリンク先を見直してください。お金をかけて広告を出し、流入を増やしてもコンバージョンにつながらなければ意味がありません。

● **Adwordsのクリエイティブ**

Google Analytics ブログ
Google のスタッフがお届けする
Analytics に関する最新情報！
analytics-ja.blogspot.com/

→ タイトルとその下の2行の内容を見直す

アクセス解析の決定版
簡単で高機能なアクセス解析ツール
GETTERでWEBサイトを解析して改善
getter.weboss.co.jp

なお、「クリエイティブ見直しワード」に関連するコンテンツの改善にはコストと時間がかかります。そのため、すべての検索ワードを改善の対象にするのではなく、改善効果の大きい(流入数の多い)検索ワードのみ対象にしましょう。筆者の経験上、この象限にあって流入数が200件以下の検索ワードは改善の対象にせず、掲載をやめることをお勧めします。

> **Tips** 本書では、X軸に「直帰率」、Y軸に「コンバージョン率」を設定して、キーワードマトリックスを作成していますが、他の指標を設定することも可能です。筆者の経験上、「直帰率×コンバージョン率」、「直帰率×新規率」、「滞在時間×コンバージョン率」の3つは特に有用な組み合わせといえます。
> なお、キーワードマトリックス上で「ページビュー数」や「訪問回数」を確認したい場合は、散布図ではなく、バブルチャートを使って、円の大きさでこれらの指標を表すと良いでしょう。

3. 入り口ページで分類する

入り口ページ(ランディングページ、エントリーページ)は、サイトの第一印象を決めるとても重要

なページです。第一印象が悪ければ、その先のコンテンツが良くてもユーザーは直帰してしまいます。

そのため、サイトに来訪したユーザーを入り口ページで分類し、流入数の多いページや、そのページの直帰率を把握することは、サイトの改善において非常に有効です。もし、流入数が多く、直帰率が高い入り口ページがあった場合は早急に改善策を考えなければなりません。

入り口ページによるセグメンテーションの基本

入り口ページによるセグメンテーションでは、「検索ワードによるセグメンテーション」と同様に、最初に上位10ページの現状をしっかり把握します。通常、多くのサイトでは上位10ページが全体の半数を占めるため、入り口ページの上位10ページを改善できれば大きな効果が望めます。

以下は家具を販売しているあるECサイトの入り口ページごとの流入比率です。

● 入り口ページごとの流入比率

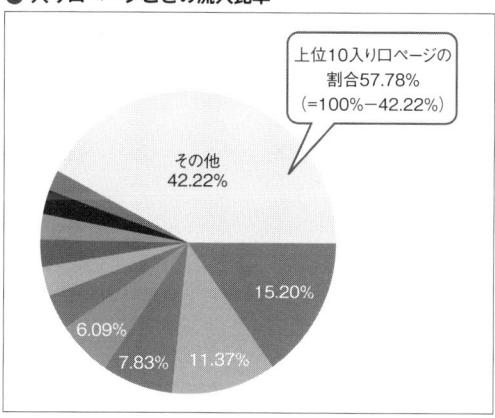

上位10入り口ページの
割合57.78%
(=100%−42.22%)

その他
42.22%

15.20%
6.09%
7.83%
11.37%

上図を見ると、上位10ページで全流入数の60%近くを占めていることがわかります。上位10ページの各指標の値は以下のようになっています※。

● 入り口ページの上位10ページ

順位	入り口ページ名	流入数	直帰率
1	詳細ページ	11,943	33.47%
2	TOPページ	8,937	21.35%
3	キャンペーン告知ページ	6,150	61.97%
4	一覧ページ	4,781	31.44%
5	プレゼントページ	2,928	66.02%
6	椅子特集	2,557	75.48%
7	オススメ商品	2,231	18.65%
8	長椅子	2,156	30.71%
9	タイアップ用ページ	2,073	31.21%
10	戸棚	1,644	47.69%
平均	−	−	41.58%

※ Gooogle Analyticsでは、「コンテンツ」→「閲覧開始ページ」を選択すると確認できます。

上表を見ると、入り口ページが「椅子特集」の場合の直帰率がもっとも高いことがわかります。流入数が第6位と多いにもかかわらず、その多く（7割以上）が直帰しています。早急に改善するべきと判断できるでしょう。繰り返しになりますが、入り口ページのセグメンテーションにおいて、もっとも重要な指標は「直帰率」です。流入数が多く、かつ直帰率が高いページはすぐに改善策を考えて実行してください。

上位10ページの遷移先

続いて「流入数の多い入り口ページからの遷移先」を確認します※。なお、この際はデータを見る前に「ユーザーは次にどのページに遷移するだろうか」と仮説を立てることが大切です。自身が意図したとおりにユーザーが遷移しているのかを把握することが重要なのです。

● 「おすすめ商品ページ」からの遷移先

入り口ページ	遷移先	遷移数	割合
おすすめ商品ページ	おすすめの椅子A	225	12.40%
	おすすめの椅子B	129	7.11%
	おすすめの机C	125	6.89%
	ジャンル「椅子」	110	6.06%
	お得商品ページ	109	6.01%
	家具一覧ページ	82	4.52%
	ジャンル「机」	82	4.52%
	ジャンル「長椅子」	77	4.24%
	ショールームのご案内	70	3.86%
	おすすめの机D	63	3.47%

ここでもし意図した結果と大きく異なる結果が出た場合は、入り口ページの内容やレイアウトを見直しましょう。

入り口ページの新規率

入り口ページによるセグメンテーションではもう1つ確認すべき指標があります。それは「新規率」です※※。入り口ページごとに新規率を確認し、特に新規率の高い入り口ページに対しては「新規の人が見てもわかりやすいページになっているか」を念頭に、ナビゲーションやレイアウトを確認します。

下表では、第3位の「/group/catalog6.html」の新規率が高いことがわかります。なお、新規ユーザーの直帰率が全体の直帰率よりも高い場合は「新規の人にとってわかりにくいページ」であると判断できるので、早急に改善策を考えてください。

※ Google Analyticsでは「コンテンツ」→「閲覧開始ページ」を選択して、遷移を確認したいURLをクリックし、「コンテンツの詳細」メニューから「ページ遷移」をクリックすると確認できます。
※※ Google Analyticsでは「コンテンツ」→「閲覧開始ページ」を選択して、アドバンスセグメントから「新規ユーザー」を選択すると確認できます。

● 入り口ページごとの新規率（Google Analyticsの場合）

ページ		閲覧開始数	直帰数	直帰率
1. /index.html	全セッション	11,943	3,997	33.47%
	新規ユーザー	4,841	1,299	26.83%
	全体に対する割合	40.53%	32.50%	-19.82%
2. /index3.html	全セッション	8,937	1,908	21.35%
	新規ユーザー	3,696	693	18.75%
	全体に対する割合	41.36%	36.32%	-12.18%
3. /group/catalog6.html	全セッション	6,150	3,811	61.97%
	新規ユーザー	4,877	3,114	63.85%
	全体に対する割合	79.30%	81.71%	3.04%

閲覧開始数 全セッション: 78,568 / 新規ユーザー: 41,822
直帰数 全セッション: 32,667 / 新規ユーザー: 19,811
直帰率 全セッション: 41.58% / 新規ユーザー: 47.37%

（/index.htmlの新規率）
（全体vs新規の直帰率）

4. 新規ユーザー／リピーターで分類する

　新規ユーザーとリピーターとでは、サイトに対する前提知識や目的が違うため、サイト内での行動やコンバージョンする箇所が大きく異なります。例えば、ECサイトの場合、新規ユーザーの多くは「クレジットカード情報の登録ページ」や「送料に関するページ」を閲覧しますが、リピーターはこれらのページを毎回確認するわけではありません。リピーターは「購入履歴ページ」や「配送状況の確認ページ」を閲覧することが多いでしょう。

　そのため、サイトに来訪したユーザーを「新規ユーザー」と「リピーター」に分類し、それぞれのユーザーの特徴を把握することは、サイトの改善において非常に有効です。

新規ユーザー／リピーターによるセグメンテーションの基本

　新規ユーザー／リピーターによるセグメンテーションでは、流入元を必ず「新規ユーザー」か「リピーター」のいずれかに分類し、各指標を分析します。

　以下はあるECサイトの新規ユーザーとリピーターの指標値です。

● 新規ユーザー／リピーターによるセグメンテーション

分類	ページビュー数	流入数	平均滞在時間	直帰率	平均ページビュー数	CV率	CV数
新規ユーザー	207,024	40,165	00:03:00	49.42%	5.15	0.81%	327
リピーター	325,232	32,481	00:07:05	34.46%	10.01	0.69%	223

上表を見ると、新規ユーザーとリピーターで特性が大きく異なることがわかります。新規ユーザーは「滞在時間」、「直帰率」、「平均ページビュー数」などはあまり良くない結果になっていますが、「コンバージョン率」だけはリピーターよりも良い結果になっています。

これは、このサイトのコンバージョンである「カタログ請求」との親和性が、リピーターよりも新規ユーザーのほうが高いためです。一度カタログを請求した人が何度も同じカタログを請求することは少ないでしょう。一方、「高額な商品の購入」がコンバージョンに設定されている場合は新規ユーザーのコンバージョン率よりも、リピーターのそれのほうが良い結果になるでしょう。

リファラーによる分析

新規ユーザー／リピートによるセグメンテーションでは、上記の7つの指標に加えて、「リファラー」（流入元のサイト）も確認します※。

例えば、リファラーを確認した結果、リピーターを多く連れてくるリファラーに「新規ユーザー獲得キャンペーン」が掲載されていることがわかれば、早急に改善するべきです。

以下を見てください。これはあるECサイトのリファラー一覧です。新規ユーザー／リピーター別にそれぞれ上位5つのリファラーをリストアップしました。

● 新規率が高いリファラー

リファラー	訪問者数	平均ページビュー数	平均滞在時間	新規率	直帰率	CV率
dailynews.yahoo.co.jp	381	5	00:02:20	83.7%	52.0%	1.6%
match.seesaa.jp	216	3	00:00:43	83.3%	91.7%	0.0%
headlines.yahoo.co.jp	517	6	00:02:59	80.5%	49.3%	0.6%
kakaku.com	403	5	00:02:38	79.7%	56.1%	1.0%
okwave.jp	243	7	00:03:40	72.0%	17.3%	0.4%

● リピート率が高いリファラー

リファラー	訪問者数	平均ページビュー数	平均滞在時間	新規率	直帰率	CV率
mail.google.com	663	4	00:02:37	3.2%	74.1%	0.0%
jp.f43.mail.yahoo.co.jp	266	5	00:02:36	5.3%	36.8%	0.4%
スタッフブログ1	1855	7	00:07:14	8.0%	43.2%	0.3%
スタッフブログ2	452	19	00:17:48	8.4%	16.2%	0.7%
ご案内ブログ	213	12	00:06:15	9.4%	14.1%	0.0%

上表を見ると、（この例では）新規率が高いリファラーの多くが広告を出稿しているサイトであることがわかりました。広告は新しい潜在顧客を集める方法としては効果的ですが、ただ単に出稿すれば良いというものではありません。直帰率が高い場合はあまり意味がないといえます。広告を出稿するときは、より直帰率が低いリファラーに予算を割いたほうが良いでしょう。一方、リピート率が高いリファラーはメルマガ（1位と2位）とスタッフのブログ（3位～5位）であることがわかります。

※ Google Analyticsの場合は、「トラフィック」→「全ての参照元」と、「トラフィック」→「キーワード」、「コンテンツ」→「閲覧開始ページ」の3つのレポートを参照して作成します。

新規ユーザー／リピーターの最適な比率

セミナーなどで講演をすると、出席されている方からよく「新規ユーザー／リピーターの最適な比率はどれくらいですか」と聞かれます。講師としては「何対何です」と明確にお答えできれば良いのですが、実は「サイトによって異なります」というのが答えになってしまいます。

理想は新規ユーザーがサイトに訪れて必ずコンバージョンを達成することです（会員登録や資料請求、商品購入など）。そのような状況であれば新規ユーザーを増やすことだけに集中すれば良いでしょう。しかし、現実にはそのような状況にはなかなかなりません。通常はサイトに何回か訪れてから商品を購入する人のほうが多いでしょう。そのため、リピーターを増やす作業も必要です。

大切なのは必要なときに必要なユーザーを連れてくる方法を把握しておくことです。新規ユーザーを増やす方法、またリピーターを増やす方法を把握しておき、適宜活用できる状況を作っておくことが求められます。

5. コンテンツごとに分類する

サイト内にはさまざまなコンテンツが存在します。例えば、ECサイトには「TOPページ」、「カテゴリごとのTOPページ」、「特集ページ」、「一覧ページ」、「商品詳細ページ」、「カートに関連するページ群」、「購入プロセスに関するページ群」などがあるでしょう。

ここでは、これらをコンテンツごとにセグメンテーションし、先述の5つの指標と離脱率、閲覧開始数（入り口ページとなった数）を確認します。各指標を確認することでKGIに貢献しているコンテンツや、逆にKGIの達成を阻害しているコンテンツを把握することができます。

● コンテンツごとに確認する各指標

コンテンツ	訪問回数	閲覧開始	平均滞在時間	直帰率	離脱率	新規率	CV率※
TOPページ	84,250	42,179	00:01:46	29.4%	8.2%	42.5%	1.8%
各カテゴリTOPページ	59,425	10,132	00:02:18	25.2%	13.7%	39.8%	2.4%
特集ページ	28,420	1,489	00:03:15	18.9%	24.2%	48.6%	4.5%
ランキングページ	13,309	1,413	00:02:49	23.5%	45.8%	29.6%	2.2%
一覧ページ	78,495	4,457	00:02:42	14.9%	27.1%	45.6%	8.9%
商品詳細ページ	92,758	58,489	00:0211	58.6%	69.5%	57.2%	14.5%
決裁開始ページ	2,451	12	00:00:48	0.4%	12.9%	22.6%	56.9%
決裁完了ページ	1,356	2	00:00:59	0.1%	49.6%	22.5%	100%

※CV率とは、ページ経由のコンバージョン率を意味します。

上表のように、コンテンツごとにセグメンテーションして各指標を確認すると、流入数が多いコンテンツや流入時に最初に見られるコンテンツ、そして各指標の良いコンテンツや悪いコンテンツが一目瞭然です。最初に見直すべきコンテンツを見つけることができるでしょう。

なお、1つのコンテンツが複数のページにまたがる場合があります。その場合はコンテンツを構成する複数ページの指標の合計か、あるいは平均をもとに指標値を算出してください。ただし、平均を

計算する場合は注意が必要です。以下の2つのページの滞在時間の平均は「1分30秒」ではありません。なぜなら、ページビュー数が異なるからです。

● あるコンテンツを構成する2つのページ

ページ名	ページビュー数	平均滞在時間
A	5,000	1分
B	2,500	2分

上記2つのページの平均滞在時間は以下のように加重平均を行って計算します。

((5000×1分)+(2500×2分)÷(5000+2500)) ＝ 1分20秒

> **Tips**　「TOPページ」と「決裁完了ページ」のようにタイプの異なるコンテンツを比較しても意味がありません。コンテンツを比較する場合は、目的が同じようなページ同士(例：詳細ページに遷移させることが目的である「ランキングページ」と「特集ページ」)を比較してください。また、同じ種類のコンテンツをまとめずに、別々に比較することも有効です(例：関東・関西・東海向けのTOPページをそれぞれ比較する)。

6. コンバージョンの有無で分類する

　セグメンテーションによるウェブ分析の最後は「コンバージョンの有無」による分類です。訪問者をコンバージョンの有無で分類し、比較することで、コンバージョンを分析の1つの軸として扱う他のセグメンテーションよりも直接的にコンバージョンに貢献する訪問者の特徴を洗い出すことができます。

コンバージョンの有無によるセグメンテーションの基本

　コンバージョンの有無によるセグメンテーションでは、主にコンバージョンに貢献したページや検索ワードを把握します。流入数が200件以上あるページや検索ワードの中から、コンバージョンに貢献したものを探します。なお、ここで「200件」としたのは、母数(流入数)が少ないと1件の影響力が大きくなり、正しい評価が行えなくなるからです(大数の定理：P.46)。

≫ コンバージョンに貢献したページ

　ここでいう「コンバージョンに貢献したページ」とは、コンバージョンを達成したユーザーの多くが閲覧しているページです。つまり、例えば「特集ページAを見たユーザーの25%がコンバージョンを達成している」ことがわかれば、サイトの改善に役立てることができます。これをページごとに確認し、よりコンバージョンに貢献したページを洗い出します。

● コンバージョンに貢献したページ（Google Analyticsの場合）

ページ	なし	ページビュー	ページ別セッション ↓
1. ■■ ■			
	全セッション	18,813	12,355
	カタログ請求完了	285	145
	全体に対する割合	1.51%	1.17%
2. ■ ■			
	全セッション	21,317	12,345
	カタログ請求完了	547	204
	全体に対する割合	2.57%	1.65%
3. ■			
	全セッション	13,324	8,558
	カタログ請求完了	202	94
	全体に対する割合	1.52%	1.10%

　上位のページの「ページ別セッション」ごとの「全体に対する割合」を確認します。これは、あるページに対して「コンバージョンした訪問者数÷そのページ全体の訪問者数」で求められています。この数値が高ければ高いほど、コンバージョンに貢献したページといえます。

　このように、コンバージョンに貢献しているページを把握できれば、具体的な改善策を行っていけます。例えば、コンバージョンに貢献しているページに誘導するリンクをサイト内外に増やし、逆にコンバージョンに貢献していないページに対しては、コンテンツやレイアウトを改善するなどの施策が考えられます。

> **Tips** Google Analyticsでは、以下の手順で「コンバージョンに貢献したページ」のリストを確認できます。
>
> 1. アドバンスドセグメントで「コンバージョンした訪問」というセグメントを作成する
> 2. 「コンテンツ」→「上位のコンテンツ」のレポートで、作成したセグメントを選択する
> 3. 表示された表の「ページ別セッション」をクリックして、訪問数の降順にソートする
>
> 「全体に対する割合」のパーセンテージが高いページがコンバージョンに貢献したページです。上図でリストの並べ替えに「ページ別セッション」を選択しているのは、1つのセッションで複数回見られたページの影響を除外するためです。

≫ コンバージョンに貢献した検索ワード

　「コンバージョンに貢献した検索ワード」とは、コンバージョンを達成した来訪者がサイトに流入したときに指定した検索ワードです。例えば、検索ワードAと検索ワードBによる流入がともに1,000件であった場合に、Aによる流入のコンバージョン数が15件、Bによる流入のコンバージョン数が80件であれば、Bのほうがコンバージョンに貢献したと判断できます。

　コンバージョンに貢献した検索ワードが把握できれば、具体的な改善策を行っていきます。例えば、貢献度の高い検索ワードをサイトに追加したり、リスティング広告のコピーに指定したりするなどの

施策が考えられます。また他のセグメンテーション方法で計算したコンバージョン率を見直すことも大切です。

> **Tips** Google Analyticsでは、「コンバージョンに貢献した検索ワード」のリストを表示する方法は、基本的には「コンバージョンに貢献したページ」の場合と同じです。異なるのは「コンテンツ」→「上位のコンテンツ」ではなく、「トラフィック」→「キーワード」を選択するところだけです。

Column　アドバンスドセグメント機能の使い方

Google Analyticsには、指定された条件でセグメンテーションを行う「アドバンスドセグメント」と呼ばれる機能が用意されています。この機能を利用すれば本章で解説したセグメンテーションのレポートを簡単に確認することができます。

▶ アドバンスドセグメントの作成と確認

アドバンスドセグメント機能を利用するには以下の手順を実行します。

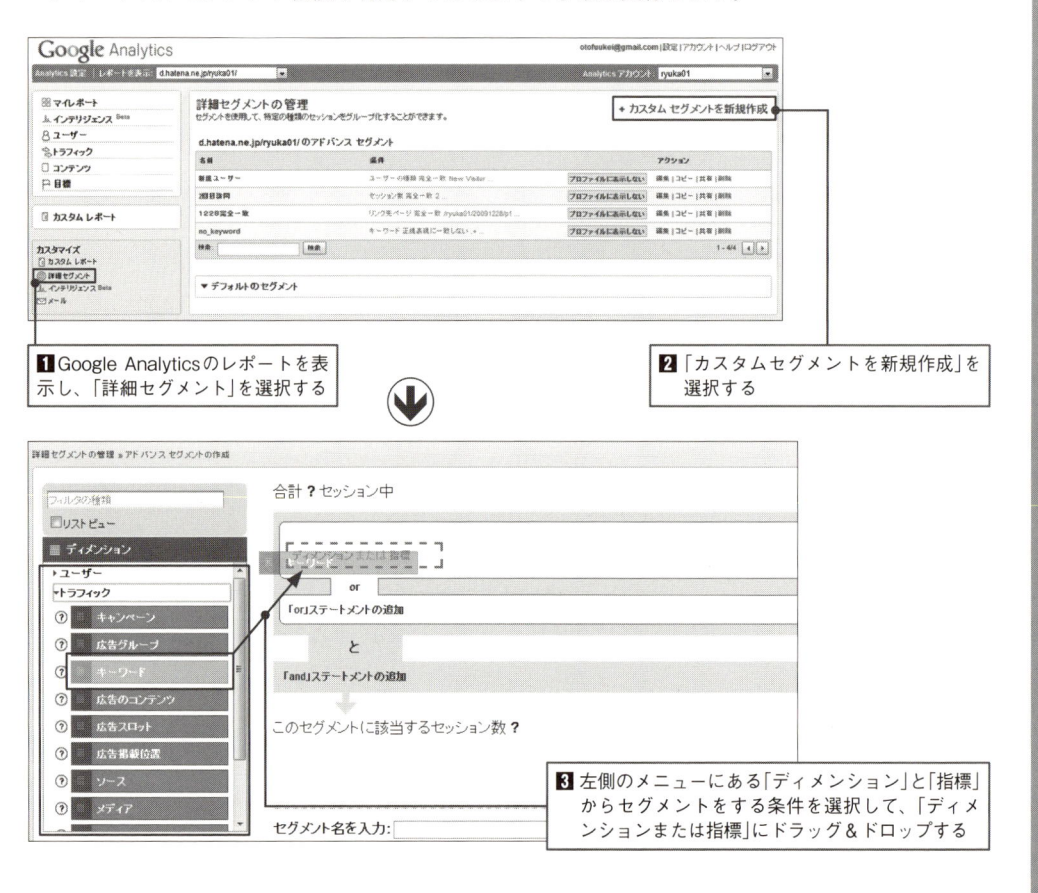

1 Google Analyticsのレポートを表示し、「詳細セグメント」を選択する

2 「カスタムセグメントを新規作成」を選択する

3 左側のメニューにある「ディメンション」と「指標」からセグメントをする条件を選択して、「ディメンションまたは指標」にドラッグ＆ドロップする

Chapter 05　セグメンテーションによるウェブ分析

> **Tips** ここでは「Twitter 分析」という検索ワードで流入し、サイトに「2分以上」滞在したアクセスに絞り込む条件を設定しています。そのため上図では「キーワード」を選択してドラッグ＆ドロップしています。

● ディメンションの選択項目

ディメンション	説明
ユーザー	時間帯、セッション数、言語、カスタム変数（任意にユーザーが取得できる変数枠）など
トラフィック	キーワード、参照URL、広告関連の変数など
コンテンツ	ページやサイト内検索ワード、離脱ページなど
eコマース	商品IDやカテゴリ、購入までの訪問回数など。ECサイト系の変数を設定している場合に利用可能
システム	ブラウザ、OS、画面の色、画面の解像度など

● 指標の選択項目

指標	説明
利用状況	直帰数、訪問回数、離脱数、滞在時間、ページビュー数、訪問者数など
eコマース	数量、収益、購入回数など。ECサイト系の変数を設定している場合に利用可能
コンテンツ	ページ別訪問者数、サイト内検索の利用数、検索結果の離脱など
目標	サイト内で設定した目標プロセスの開始、目標の完了、目標の値など

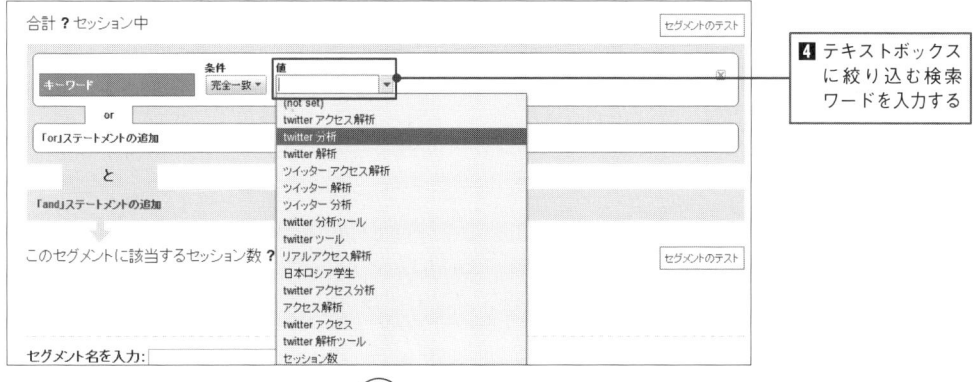

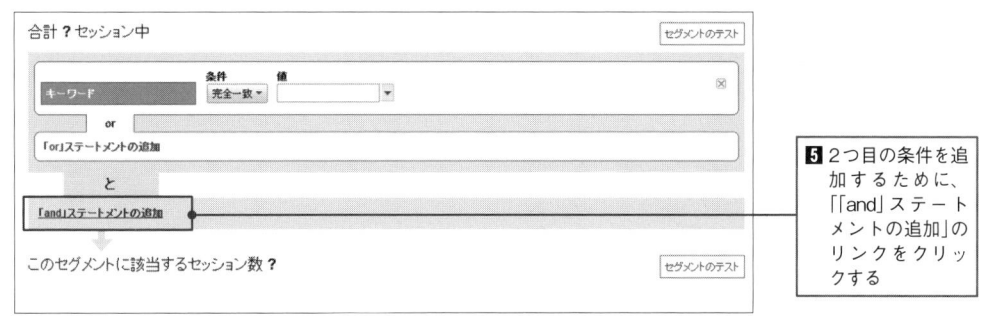

4 テキストボックスに絞り込む検索ワードを入力する

5 2つ目の条件を追加するために、「「and」ステートメントの追加」のリンクをクリックする

107

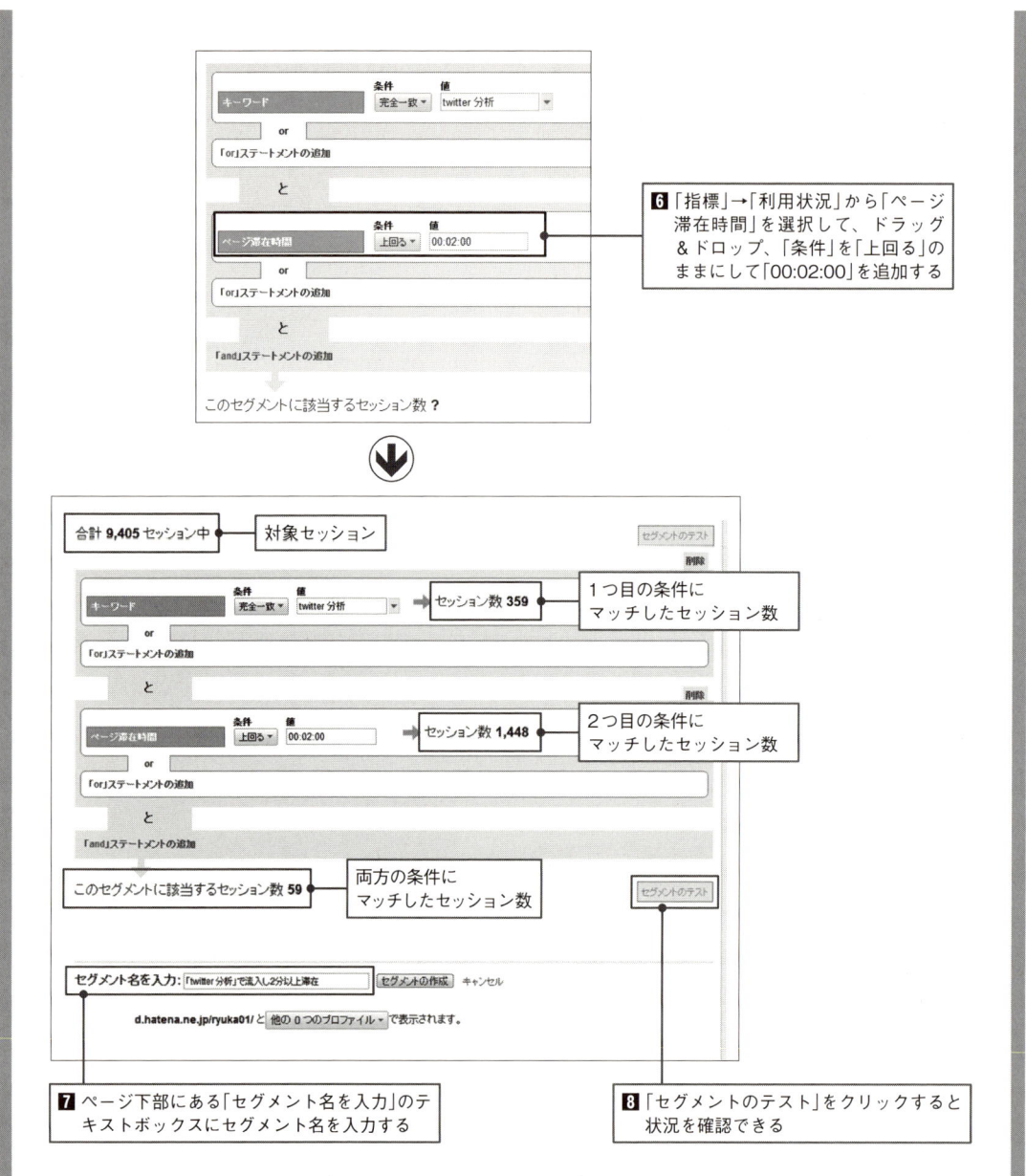

6「指標」→「利用状況」から「ページ滞在時間」を選択して、ドラッグ＆ドロップ、「条件」を「上回る」のままにして「00:02:00」を追加する

7 ページ下部にある「セグメント名を入力」のテキストボックスにセグメント名を入力する

8「セグメントのテスト」をクリックすると状況を確認できる

▶ Google Analyticsのレポートでアドバンスドセグメントを確認する

　Google Analyticsのレポートで作成したアドバンスドセグメントの状況を確認するには、まずセグメントを選択してレポートを開き（ここでは「ユーザー」→「新規ユーザーとリピーター」を選択して）以下の手順を実行します。

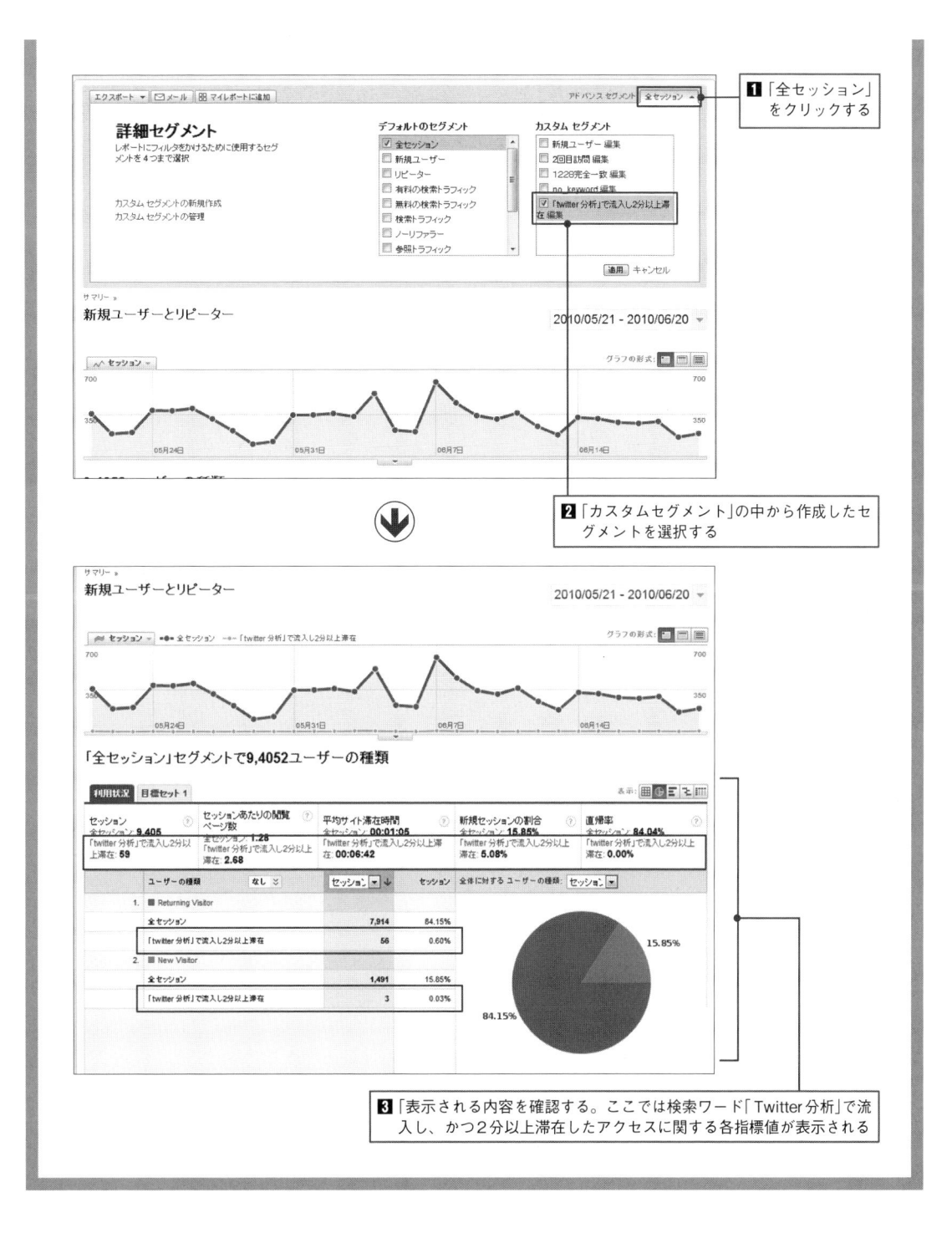

Chapter 05　セグメンテーションによるウェブ分析

❶ 「全セッション」をクリックする

❷ 「カスタムセグメント」の中から作成したセグメントを選択する

❸ 「表示される内容を確認する。ここでは検索ワード「Twitter分析」で流入し、かつ2分以上滞在したアクセスに関する各指標値が表示される

Chapter 06 サイトの課題を発見する10のSTEP

　ここまで課題の発見方法や改善方法など、さまざまなことを解説してきたので、実際にウェブ分析を行う際にどの順序で行えばよいかわからなくなってきた人もいると思います。そこで、本章では実際にウェブ分析を行う際の手順を、Google Analyticsを使って具体的に詳しく紹介します。他のアクセス解析ツールを使用している人も、一度Google Analyticsを使って実際に手順を追い、自身のサイトを分析することをお勧めします。本章を読み解くキーワードは「気づき」です。実際にサイトを分析すると、これまでは見えてなかったサイトのさまざまな特徴が見えてきます。

ウェブ分析をはじめる前に

　ウェブ分析では、以下の10のSTEPを順番に行ってサイトの課題を洗い出し、また課題に対する改善方法を考えていきます。

STEP1 ：主なトレンドの把握
STEP2 ：サイトの流入内訳の確認
STEP3 ：検索エンジンからの流入の分析
STEP4 ：リファラーの分析
STEP5 ：入り口ページの分析
STEP6 ：出口ページの分析
STEP7 ：来訪者の地理情報の分析
STEP8 ：特定ページの分析
STEP9 ：コンバージョン直前ページの分析
STEP10：コンバージョンページの分析

　しかし、上記の各STEPをただ単にこなしていけば良いというわけではありません。必ず以下の5つのルールを守っているか確認しながら、各STEPを進めてください。

ルール1 ● 分析結果を保存する

　各STEPの分析結果は必ず保存してください。STEPごとにExcelのタブに分けて保存すると後からでも確認しやすいのでお勧めです。また、必要に応じて画面キャプチャやグラフなども作成し、まとめてください。分析結果を保存しておかないと、次のSTEP以降で参考にする際の出所がわからなくなります。

● STEPごとにシートを分けて分析結果を保存する

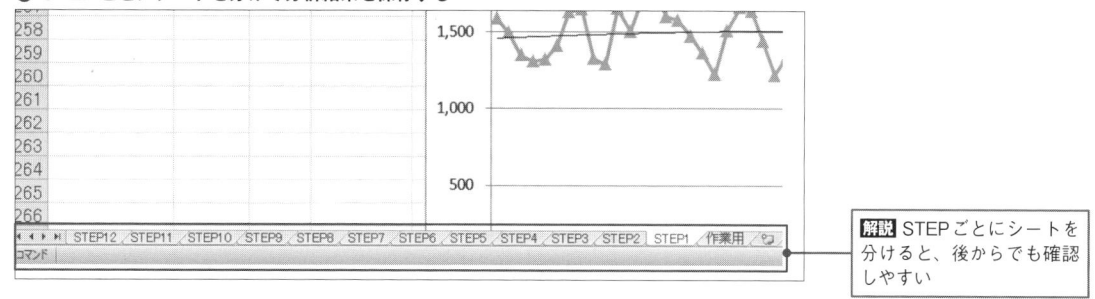

解説 STEPごとにシートを分けると、後からでも確認しやすい

ルール2 ● 数字の正誤を確認する

分析結果の数字が正しいか、随時確認してください。計算ミスや入力ミスがあると正しい分析が行えなくなります。STEPが完了するごとにチェックし、その正誤を確認しておきましょう。

ルール3 ● 一気に進める

可能であれば、頭が「ウェブ分析モード」になっているときにすべてのSTEPを一気に進めることをお勧めします。ウェブ分析では、分析を進めていく中で新たな気づきや発想が生まれます。このプロセスが途切れてしまうと「見たかったレポートや計算してみたいデータがあったのに何だっけ？」と忘れてしまいます。

ただし、10個あるSTEPをすべて行うには、最低でも8時間ほどかかります。一気に進めるのであれば、丸一日ウェブ分析だけを行う日を作るか、週末を利用してみてはいかがでしょうか。

ルール4 ● STEP1から順番に作業する

STEPは1から10まで順を追って作業してください。場合によっては他のSTEPのデータを確認したいと思うこともあると思います。その場合は横道にそれても良いので、すぐに戻ってきて作業を進めてください。どのSTEPにいるのか見失うと、収拾がつかなくなります。

ルール5 ● データを見て気づいたことをメモ書きして残しておく

アクセス解析ツールで各指標値を確認したり、そのデータをもとに表やグラフを作成したりします。それらのデータを見て気づいたことがあれば、きちんとメモ書きしておきましょう。これらの気づきが、課題を発見したり、改善策を考えたりするときに重要なヒントになります。

上記5つのルールを念頭に置いて以降の各STEPを読み進めてください。なお、ここでは以下のサイトを想定して分析を進めていきます。

● 本項で例示するサイトの概要

項目	説明
サイト名	ソファ屋
サイトの目的	自社ソファの紹介
コンバージョン	資料請求

STEP 1 主なトレンドの把握

まず、サイト内の主なトレンドを調査します。ここでは主に「ページビュー数」、「訪問あたりのページビュー数」、「サイトの滞在時間」、「直帰率」、「新規率」、「コンバージョン率」の6つの指標を確認し、「季節トレンド」、「日別トレンド」、「時間別トレンド」を探っていきます。

また、ここではGoogle Analyticsに用意されている、サイトに大きな変化があった際にその内容を分析・記録する「インテリジェンス」と呼ばれる機能も利用しています。

季節トレンドの把握

季節トレンドを把握するために、直近1～3年間のデータを確認し、1年間での増減の傾向や変化が激しい月を探します。

1 「ユーザー」→「サマリー」を選択する

2 集計対象期間に「計測を開始した翌月の1日」(例：4月22日より計測を開始したら、5月1日)と、「現在日の前の月末まで」(例：8月2日なら、7月30日まで)を選択する

3 「グラフの形式」を「月」に変更する(左から日、週、月)

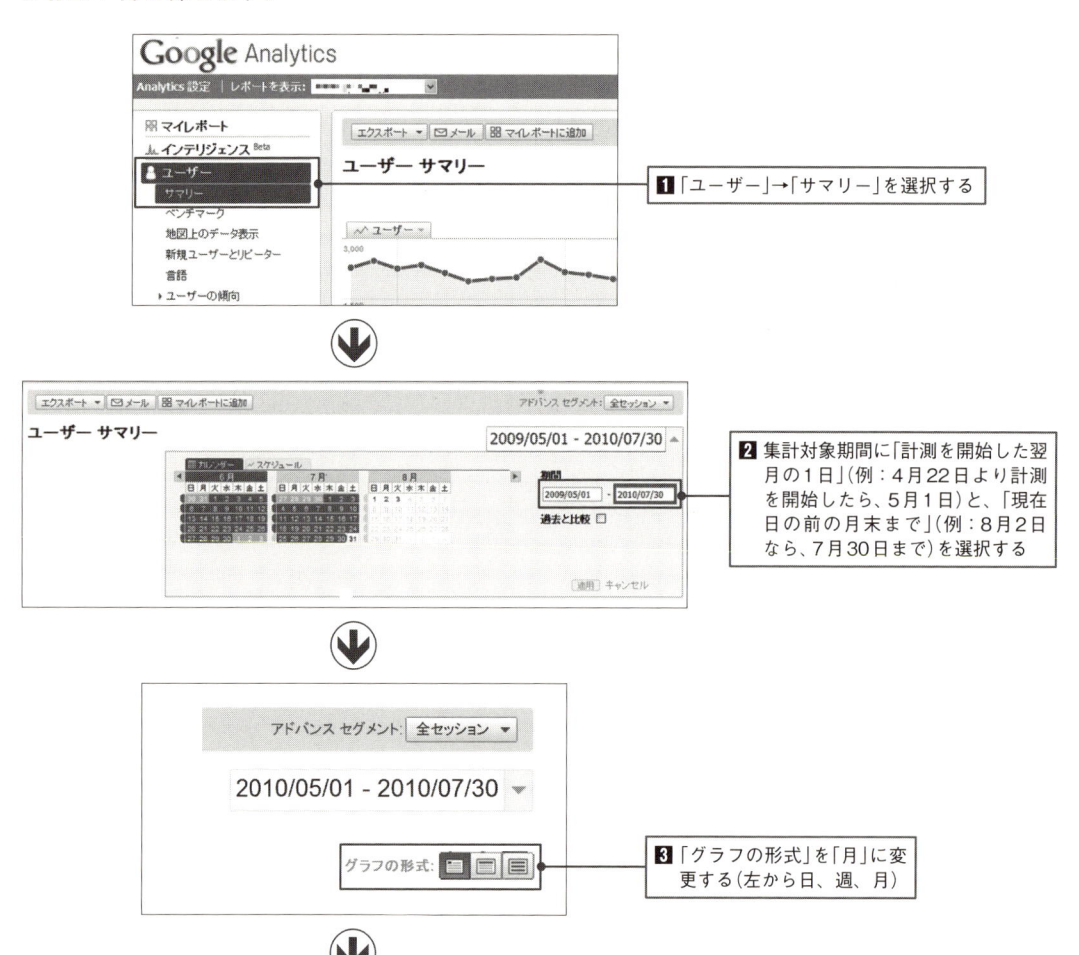

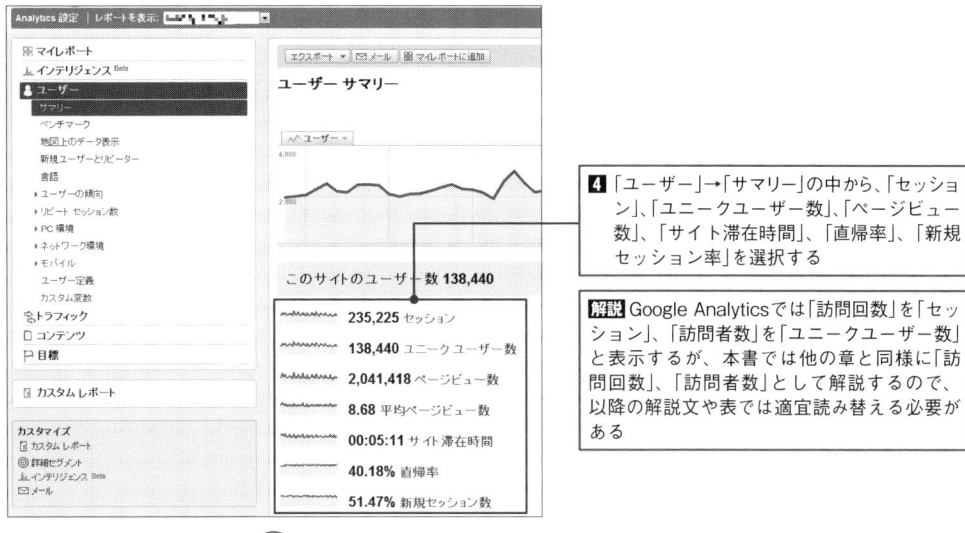

Chapter 06 サイトの課題を発見する10のSTEP

4 「ユーザー」→「サマリー」の中から、「セッション」、「ユニークユーザー数」、「ページビュー数」、「サイト滞在時間」、「直帰率」、「新規セッション率」を選択する

解説 Google Analyticsでは「訪問回数」を「セッション」、「訪問者数」を「ユニークユーザー数」と表示するが、本書では他の章と同様に「訪問回数」、「訪問者数」として解説するので、以降の解説文や表では適宜読み替える必要がある

5 「CSV形式（Excel）」を選択して、それぞれのデータをダウンロードする

● 月別の合計数値

月	ページビュー数	訪問回数（セッション）	訪問者数（ユニークユーザー数）	日数
2009年5月	645,512	72,046	45,727	31
2009年6月	641,984	74,859	47,505	30
2009年7月	562,162	67,431	41,497	31
2009年8月	581,220	69,278	44,089	31
2009年9月	650,846	72,613	46,353	30
2009年10月	624,631	73,891	47,955	31
2009年11月	600,034	78,622	53,044	30
2009年12月	546,008	74,189	49,282	31
2010年1月	711,598	84,181	56,823	31
2010年2月	668,244	78,568	51,436	28
2010年3月	713,133	85,605	56,615	31
2010年4月	649,281	78,820	51,126	30
2010年5月	746,268	83,889	53,788	31
2010年6月	670,312	78,299	50,264	30

Part 02　サイトの課題発見から改善まで

● 日別の数値

月	日別ページビュー数	日別訪問回数	日別訪問者数	日数
2009年5月	20,823	2,324	1,475	31
2009年6月	21,399	2,495	1,584	30
2009年7月	18,134	2,175	1,339	31
2009年8月	18,749	2,235	1,422	31
2009年9月	21,695	2,420	1,545	30
2009年10月	20,149	2,384	1,547	31
2009年11月	20,001	2,621	1,768	30
2009年12月	17,613	2,393	1,590	31
2010年1月	22,955	2,716	1,833	31
2010年2月	23,866	2,806	1,837	28
2010年3月	23,004	2,761	1,826	31
2010年4月	21,643	2,627	1,704	30
2010年5月	24,073	2,706	1,735	31
2010年6月	22,344	2,610	1,675	30

6 「日別ページビュー数」、「日別訪問回数」、「日別訪問者数（ユーザー数）」の3つのデータをまとめて、月の日数で割る

7 日別のデータを折れ線グラフにする。「日別ページビュー数」を第1軸、「日別訪問回数（セッション数）」と「日別訪問者数（ユニークユーザー数）」を第2軸に設定する。また、それぞれのグラフに多項式近似曲線（P.80）も追加し、グラフを見て気づいたことをメモとして残す。

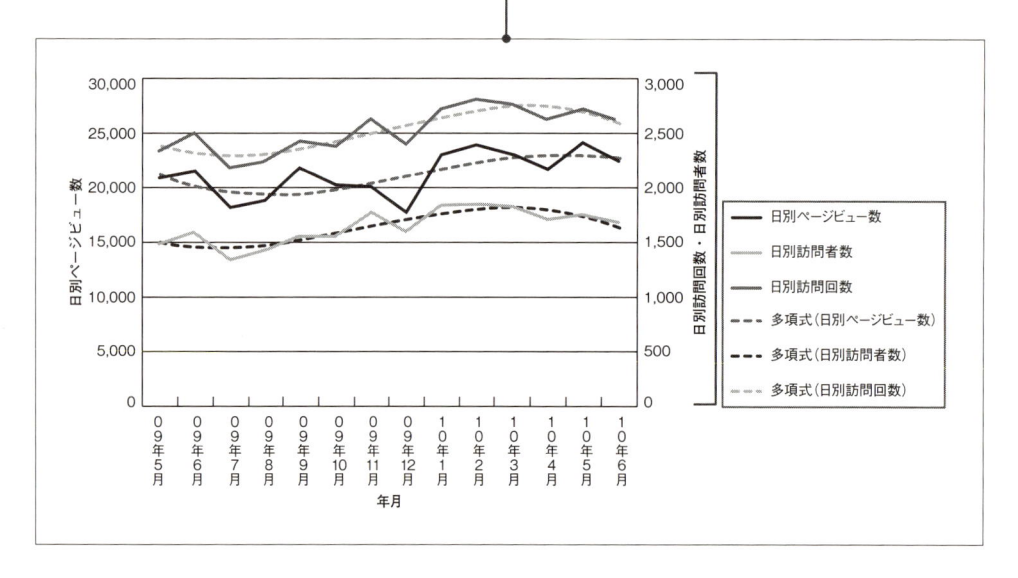

● ページビュー数、訪問回数、訪問者数に関する気づき

レポート名	気づき例
ページビュー数・訪問回数・訪問者数	日別ページビュー数は、12月がもっとも少ない（前月比15％減）。ページビュー数と訪問回数は翌年2月がもっとも多い（前月比30％増）。細かい増減はあるが、全体的には若干ながらアクセス数が増えている

Chapter 06　サイトの課題を発見する10のSTEP

8 「日別ページビュー数÷日別訪問回数」、「日別ページビュー数÷日別訪問者数」、「日別訪問回数÷日別訪問者数」を計算してグラフを作成する

9 「滞在時間」、「直帰率」、「新規率（新規セッション率）」を折れ線グラフにする。また、グラフを見て気づいたことをメモに残す

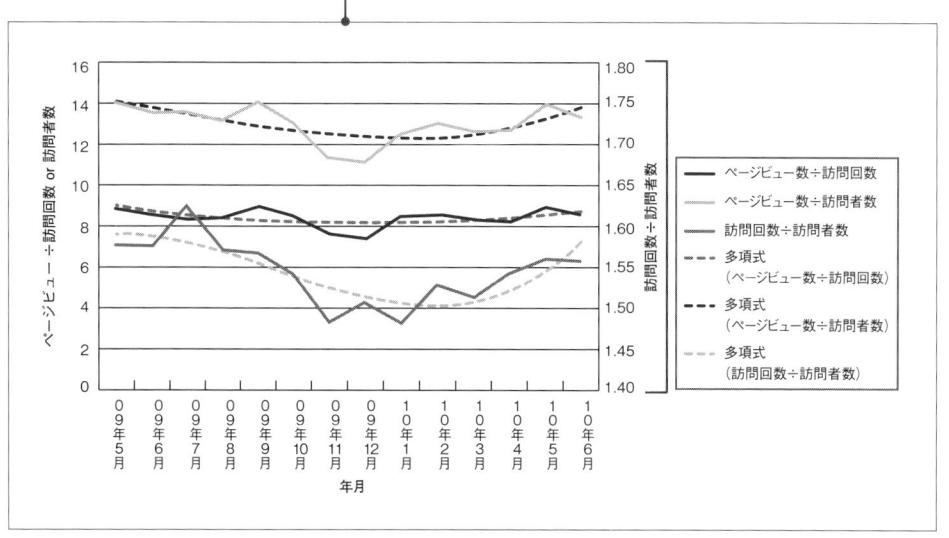

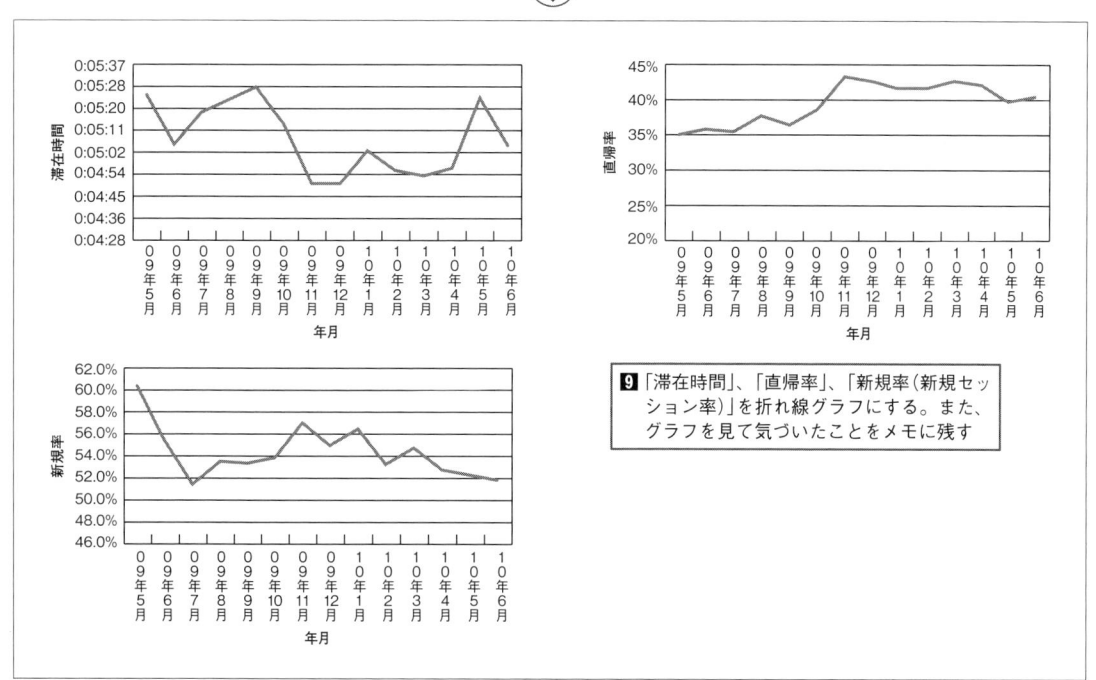

● 直帰率や「ページビュー数÷訪問回数」に関する気づき

レポート	気づき
直帰率	2009年5月～9月までは36％前後だが、2009年10～11月に5％ほど増え、それ以降は常に40％を超えている
ページビュー数÷訪問回数	1訪問あたり平均8～9ページ内に収まっており、明確なトレンドは確認できない

コンバージョンの季節トレンドを確認する

コンバージョンに季節トレンドがないか確認します。

1 「目標」→「サマリー」を選択する

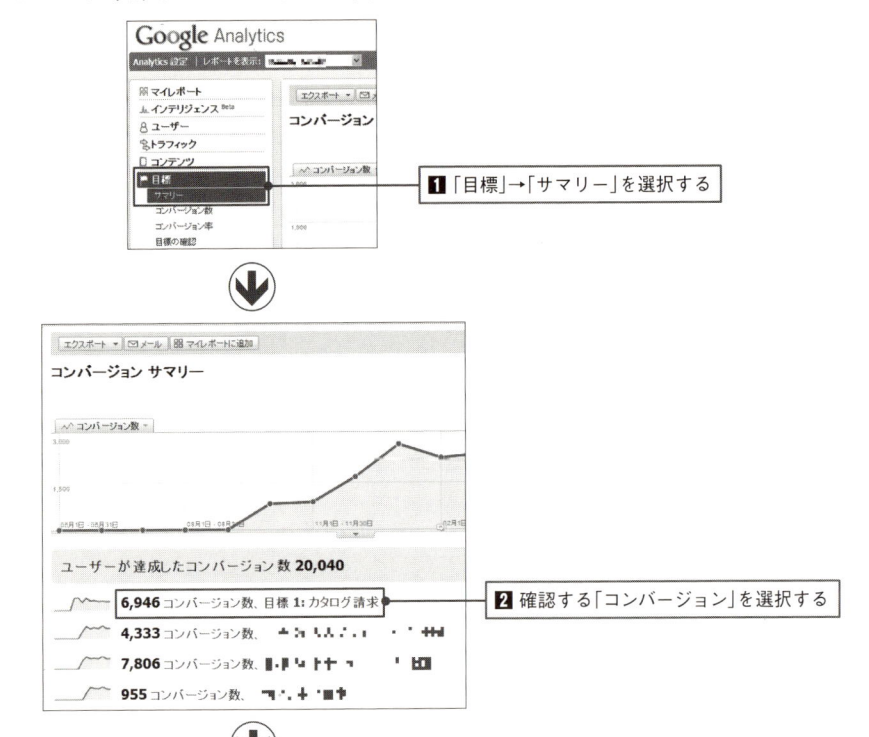

2 確認する「コンバージョン」を選択する

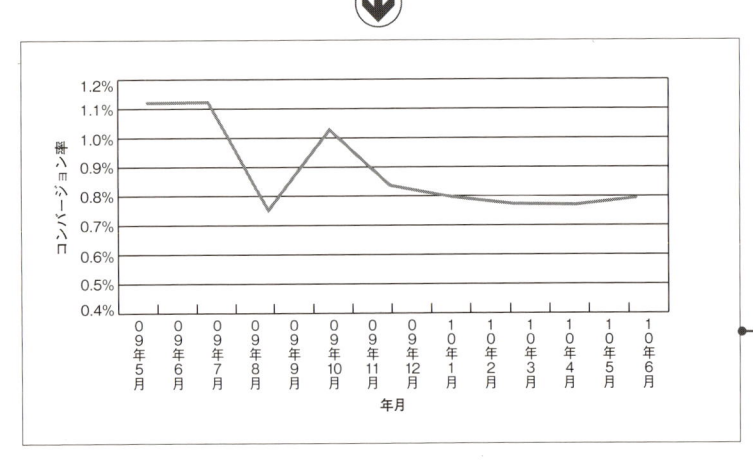

3 選択したコンバージョンのデータを「CSV形式(Excel)」でダウンロードして(P.113)、「コンバージョン数」と「コンバージョン率」(コンバージョン数÷訪問回数)のグラフを作成する。また、グラフを見て気づいたことをメモに残す

● コンバージョン率に関する気づき

レポート	気づき
コンバージョン率	2009年9月にコンバージョン率が1%を切り、その後2009年10月に回復するが、それ以降は0.8%に減少

日別トレンド

　日別トレンドを確認するために、4カ月前から先月までの日ごとの推移と、平日・休日の違い、上旬・中旬・下旬のトレンドを探ります。今回分析するサイトでは、2010年2月1日～2010年4月30日を使います。

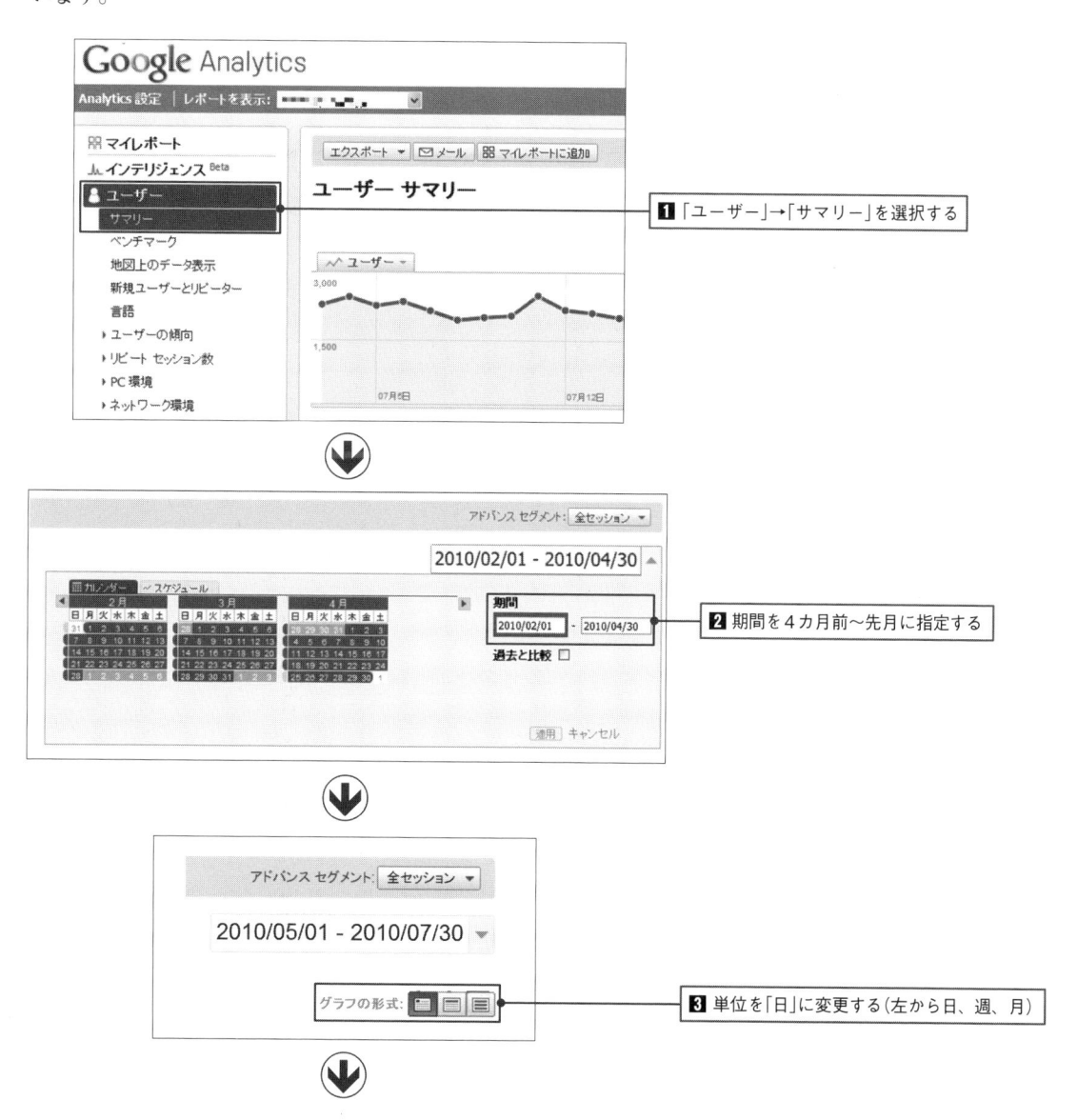

1「ユーザー」→「サマリー」を選択する

2 期間を4カ月前～先月に指定する

3 単位を「日」に変更する（左から日、週、月）

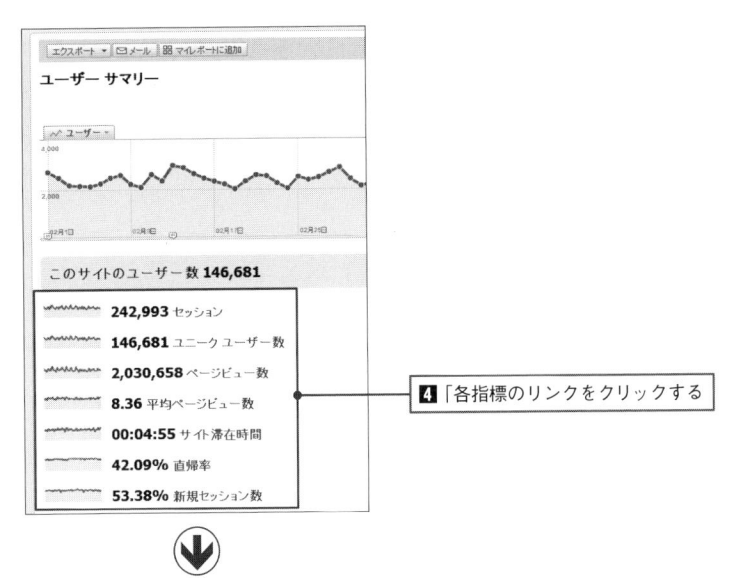

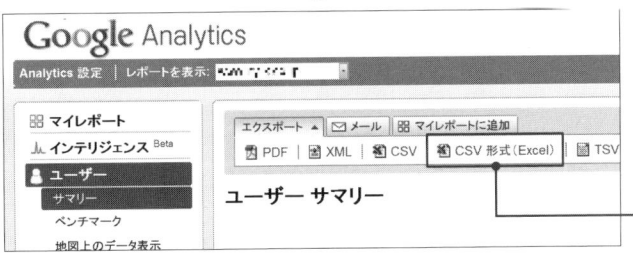

Part 02　サイトの課題発見から改善まで

4「各指標のリンクをクリックする

5 各指標値を「CSV形式(Excel)」でダウンロードする

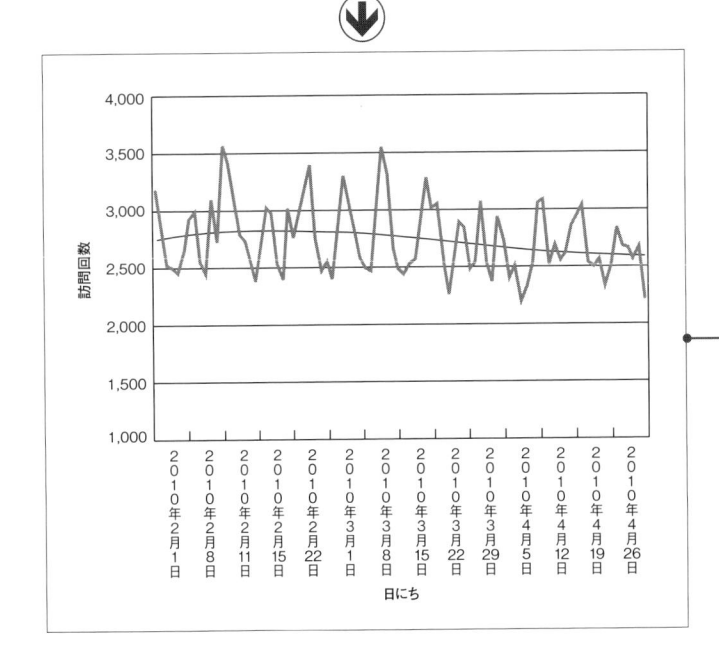

6 ダウンロードしたデータもとを、季節トレンドの際と同様に折れ線グラフにする。この図は「訪問回数」の推移。また、グラフを見て気づいたことをメモに残す

Chapter 06 サイトの課題を発見する10のSTEP

● 訪問回数と平均ページビュー数(セッションあたりの閲覧ページ数)に関する気づき

レポート	気づき
訪問回数	2,500〜3,000の間の訪問回数が多い。緩やかな減少傾向にある
平均ページビュー数	7.27(2月5日金曜日)〜9.81(2月21日 日曜日)まで幅がある

↓

● 日別の訪問回数

対象日	訪問回数	平日/休日
2010/2/1	3,171	平日
2010/2/2	2,789	平日
2010/2/3	2,516	平日
2010/2/4	2,488	平日
2010/2/5	2,442	平日
2010/2/6	2,621	休日
2010/2/7	2,919	休日
2010/2/8	2,983	平日
2010/2/9	2,537	平日
2010/2/10	2,432	平日
2010/2/11	3,096	休日
2010/2/12	2,707	平日
2010/2/13	3,557	休日
2010/2/14	3,395	休日

平日平均	2,628
休日平均	3,040

7 該当期間の平日と休日(祝日含む)を記録し、気づいたことをメモに残す

● 平日と休日に関する気づき

レポート	気づき
平日/休日	休日のほうが平日よりも訪問回数が約2割多い

時間別トレンド

時間別トレンドを確認するために、直近1週間の時間帯別のアクセス数のトレンドを探ります。

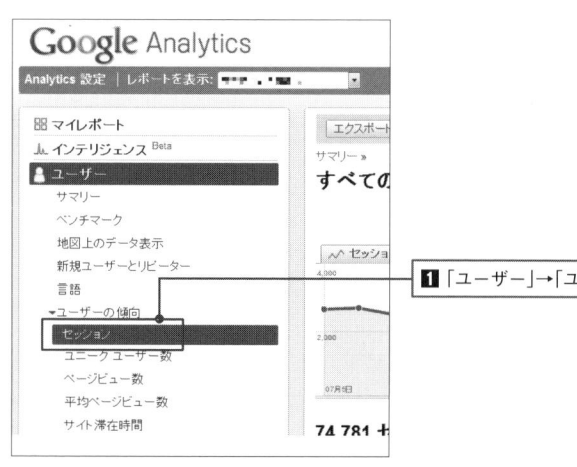

1 「ユーザー」→「ユーザーの傾向」→「セッション」のデータを表示する

↓

2 期間を直近1週間にして、下部にある「過去と比較」のチェックボックスにチェックを入れる

↓

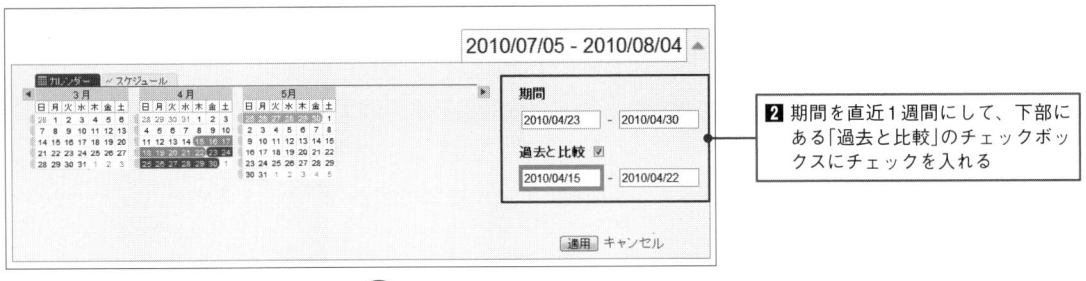

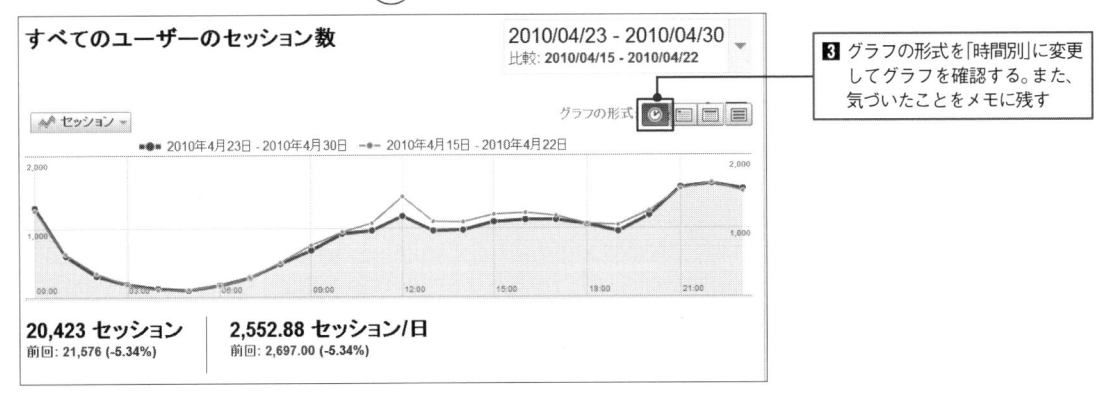

3 グラフの形式を「時間別」に変更してグラフを確認する。また、気づいたことをメモに残す

● 時間別訪問回数に関する気づき

レポート	気づき
時間別訪問回数	訪問回数のピークは22時台。またその前後の時間帯もアクセス数が多い。他には12時台にアクセス数が若干多くなる

Tips 訪問回数や新規率の時間別データは取得できません。また、コンバージョン率は取得できますが、時間別では母数が少なく参考にならないため、通常は利用しません。

インテリジェンス機能の利用

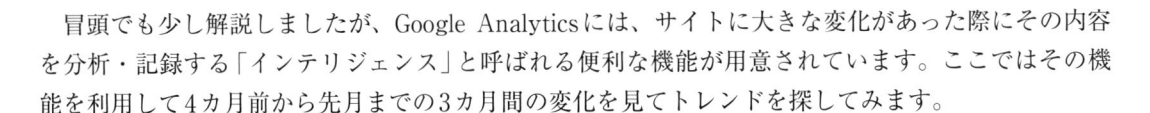

　冒頭でも少し解説しましたが、Google Analyticsには、サイトに大きな変化があった際にその内容を分析・記録する「インテリジェンス」と呼ばれる便利な機能が用意されています。ここではその機能を利用して4カ月前から先月までの3カ月間の変化を見てトレンドを探してみます。

Chapter 06 サイトの課題を発見する10のSTEP

1 期間を直近3カ月間に戻した後で「インテリジェンス」→「週別のアラート」を選択する

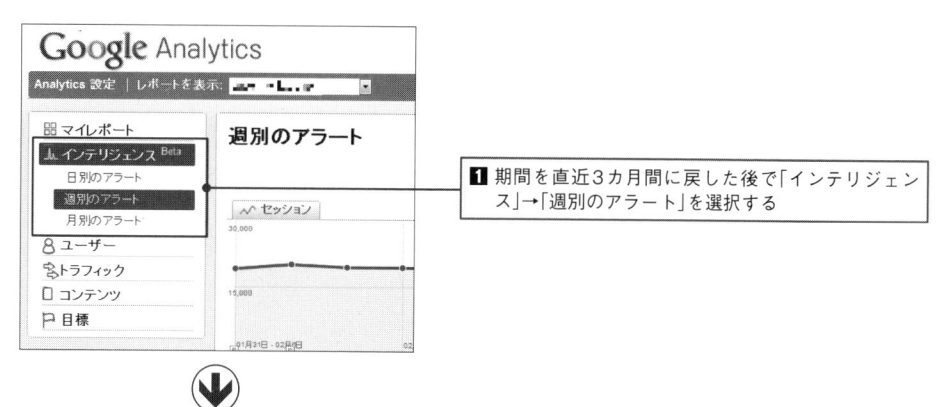

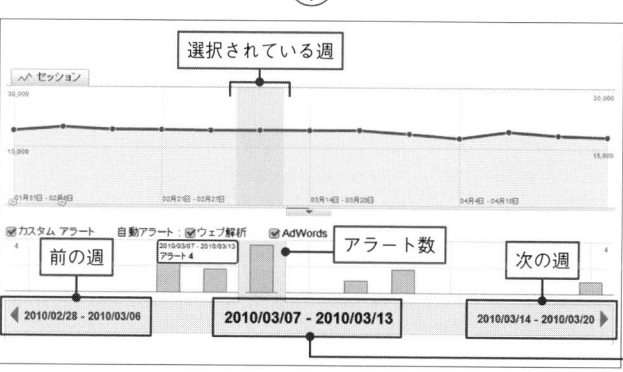

2 期間を選択して、アラートが表示される週を選択する

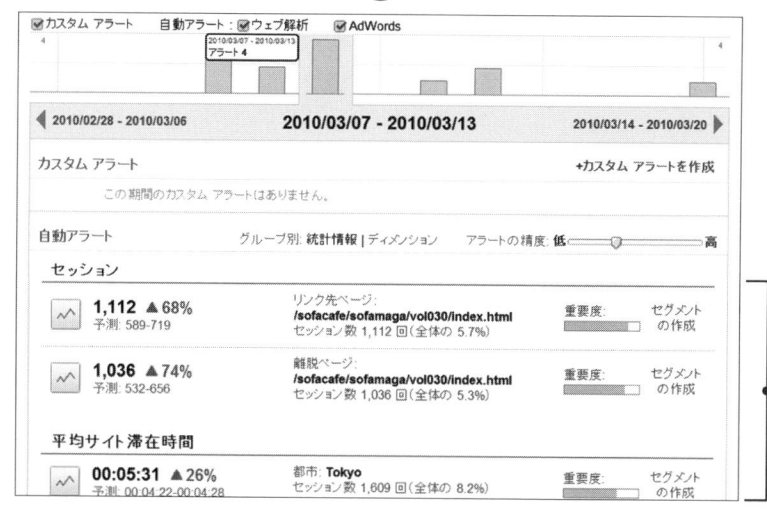

3 自動アラートの内容を確認する。また、内容を一覧表にまとめておく

● 自動アラートの一覧表例

期間	指標	数（増減率）	対象
02/21～02/27	ページビュー数	5,174（88%増）	/shopping/feature/newsugar-standard/index.html
03/07～03/13	訪問回数	1,112（68%減）	/sofacafe/sofamaga/vol030/index.html
03/07～03/13	平均滞在時間	00:05:31（26%増）	都市：Tokyo

> **Tips** インテリジェンス機能を利用したウェブ分析は、定常分析(モニタリングレポート作成時)にも有効です。Google Analyticsを使用している人は普段から利用しましょう。

STEP 2 サイトの流入内訳の確認

続いて、4カ月前〜先月までの3カ月間の「サイトの流入内訳」を確認します。流入を「検索エンジン」、「検索エンジン以外のリファラー(参照ドメイン)」、「ノーリファラー」のいずれかに分類し、特徴を洗い出します。

> **Tips** Google Analyticsでは検索エンジンの有料エリア(リスティング広告)からの流入を「cpc」、無料エリアからの流入を「検索エンジン」として分類します。そのため、ここではGoogle Analyticsの表記を参考にして、検索エンジンからの流入を「cpc」と「無料」に分類します。

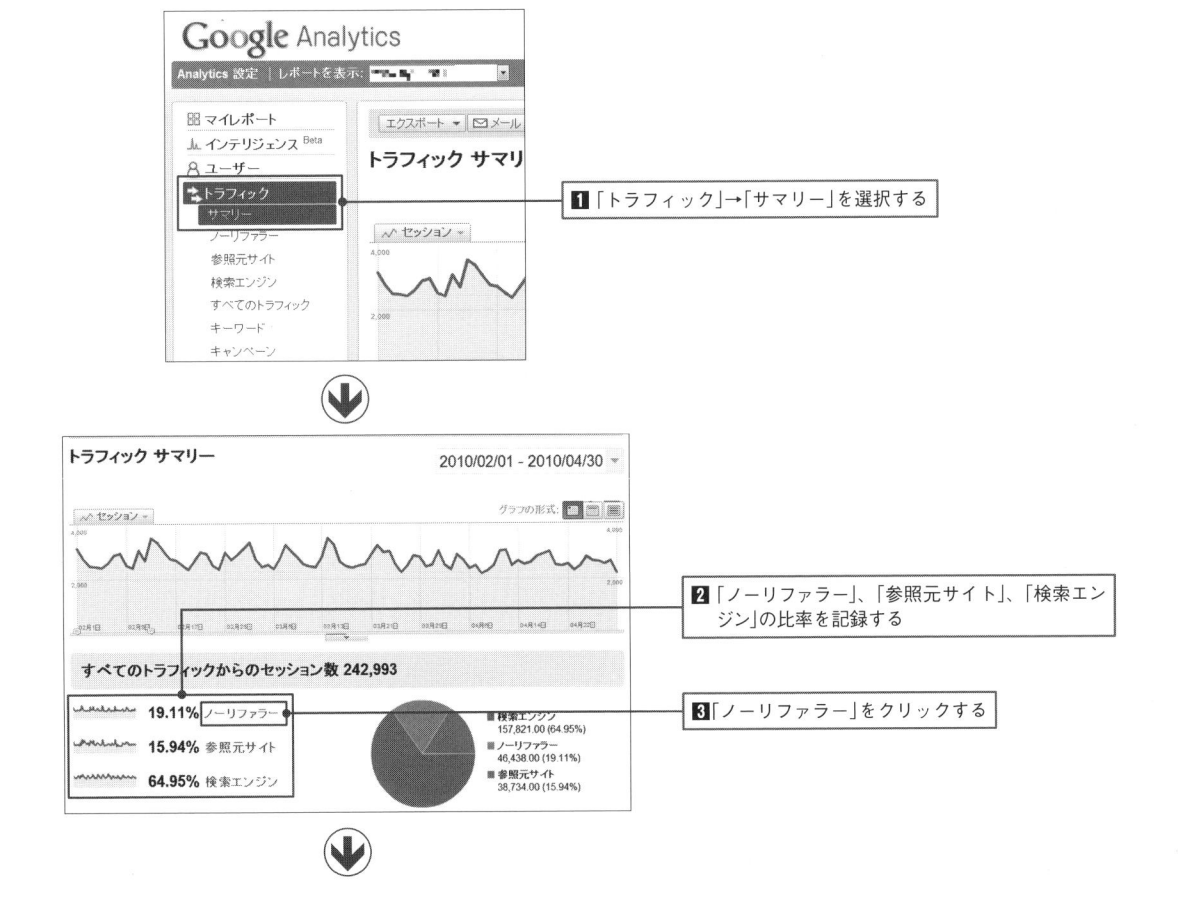

1 「トラフィック」→「サマリー」を選択する

↓

2 「ノーリファラー」、「参照元サイト」、「検索エンジン」の比率を記録する

3 「ノーリファラー」をクリックする

すべてのトラフィックからのセッション数 242,993

- 19.11% ノーリファラー
- 15.94% 参照元サイト
- 64.95% 検索エンジン

検索エンジン 157,821.00 (64.95%)
ノーリファラー 46,438.00 (19.11%)
参照元サイト 38,734.00 (15.94%)

↓

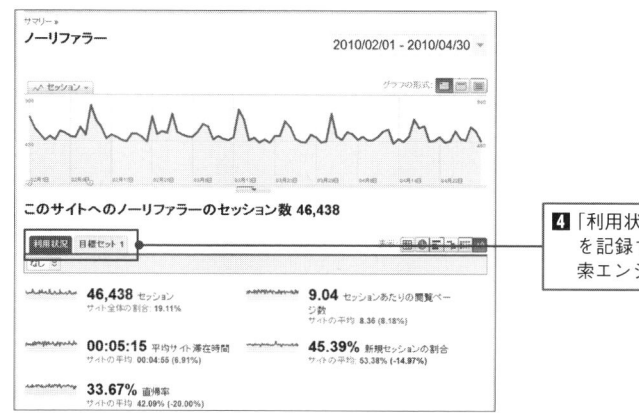

Chapter 06 サイトの課題を発見する10のSTEP

4 「利用状況」と「目標セット」をクリックして、表示される数値を記録する。また、気づいたことをメモに残す。同様に「検索エンジン」と「参照ドメイン」のデータも記録する

● 各流入元の指標値

流入元	訪問回数	平均サイト滞在時間	直帰率	平均ページビュー数	新規率	コンバージョン率
ノーリファラー	46,438	00:05:15	33.67%	9.04	45.39%	0.81%
参照元サイト	38,374	00:04:57	44.33%	7.91	42.32%	0.90%
検索エンジン	157,821	00:04:48	44.02%	9.27	58.76%	0.76%

● 流入元別に関する気づき

レポート	気づき
ノーリファラー	直帰率が「参照元サイト」や「検索エンジン」と比較して実数で11%、比率で25%ほど低い。また滞在時間も長い。それ以外の数値は平均値
参照元サイト	流入元の割合としてはもっとも少ないが、コンバージョン率は最大。また、平均ページビュー数が他の流入よりも1ページも少ない。目的が明確なユーザーが訪れている可能性がある
検索エンジン	全流入元の65%と最大。コンバージョン率は一番少ないが、平均ページビュー数および新規率は他の流入元と比べて高い

STEP 3 検索エンジンからの流入の分析

検索エンジンからの流入を細かく分析していきます。まずは、2大検索エンジンである「Yahoo!」と「Google」からの流入を分析しましょう。

1 「トラフィック」→「検索エンジン」を選択する

Part 02 サイトの課題発見から改善まで

2 「エクスポート」から「CSV形式(Excel)」を選択して、データをダウンロードし、Yahoo!とGoogleのデータのみ指標をまとめる（別の検索エンジンからの流入数が全体の10%以上ある場合は、その検索エンジンも分析対象にする）。また、気づいたことをメモに残す

● 検索エンジン別の指標値

ソース	訪問回数	平均ページビュー数	平均サイト滞在時間	新規率	直帰率	コンバージョン率
yahoo	107,038	7.7	00:04:29	61.7%	46.1%	0.7%
google	43,682	9.5	00:05:35	51.3%	38.9%	0.9%

● 検索エンジン別の指標値に関する気づき

レポート	気づき
Yahoo!	検索エンジンからの流入の約7割を占める。Googleからの流入よりも新規率が高い
Google	検索エンジンからの流入の約3割を占める。平均ページビュー数、平均サイト滞在時間、コンバージョン率などはYahoo!よりも良い結果となっている

上位50ワードを取得する

続いて、Yahoo!とGoogleからの流入のうち、上位50ワードを取得します。

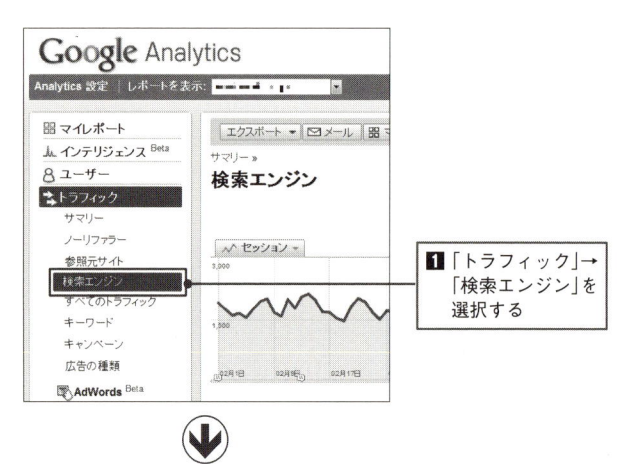

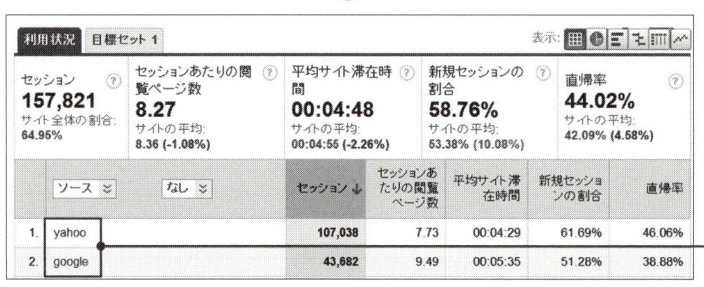

1 「トラフィック」→「検索エンジン」を選択する

2 「Yahoo!」または「Google」をクリックする

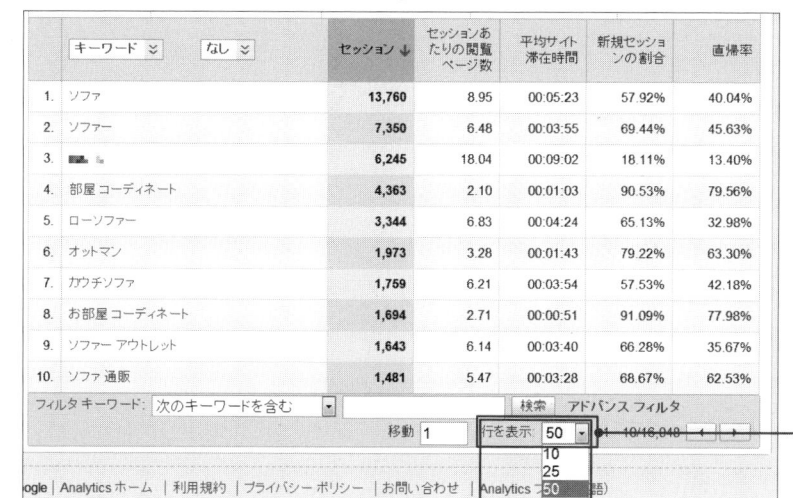

Chapter 06　サイトの課題を発見する10のSTEP

3 「行を表示」を「50」に変更する

4 「エクスポート」から「CSV形式(Excel)」を選択してデータをダウンロードし、検索エンジンごとに表にまとめる(流入数が300件未満のデータは削除する)。また、気づいたことがあればメモに残す

● Yahoo!の上位50ワードの指標値(一部抜粋)

キーワード	訪問回数	平均ページビュー数	平均サイト滞在時間	新規率	直帰率	コンバージョン率
ソファ	13,760	9.0	00:05:23	57.9%	40.0%	0.7%
ソファー	7,350	6.5	00:03:55	69.4%	45.6%	0.7%
ソファ屋	6,245	18.0	00:09:02	18.1%	13.4%	1.4%
部屋 コーディネート	4,363	2.1	00:01:03	90.5%	79.6%	0.1%
ローソファー	3,344	6.8	00:04:24	65.1%	33.0%	0.6%
オットマン	1,973	3.3	00:01:43	79.2%	63.3%	0.2%
カウチソファ	1,759	6.2	00:03:54	57.5%	42.2%	1.7%
お部屋 コーディネート	1,694	2.7	00:00:51	91.1%	78.0%	0.0%

※各指標のベスト5とワースト5をハイライトにすると特徴が見えてきます。

● 上位50ワードに関する気づき

レポート	気づき
Yahoo!のキーワード	サイト名の「ソファ屋」での来訪者は非常に優秀。逆に「お部屋　コーディネート」は流入数では上位に入っているがその他の指標値は悪い結果になっている。「カウチソファ」がコンバージョン数に貢献している

Part 02 サイトの課題発見から改善まで

> **Tips** ここではベスト5とワースト5に注目していますが、実際に分析する際はデータを見ながら注目する範囲を決定してください。例えば、「コンバージョン率が1%以下のものがベスト5に入っている場合はハイライトしない」や「Yahoo!のベスト5の数値が、Googleベスト5の数値よりも低い場合は、Yahoo!の数値をハイライトしない」などの対応が考えられます。

キーワードマトリックスを作成する

次に、改善対象とする検索ワードを明確にするために、キーワードマトリックス(P.96)を作成します。

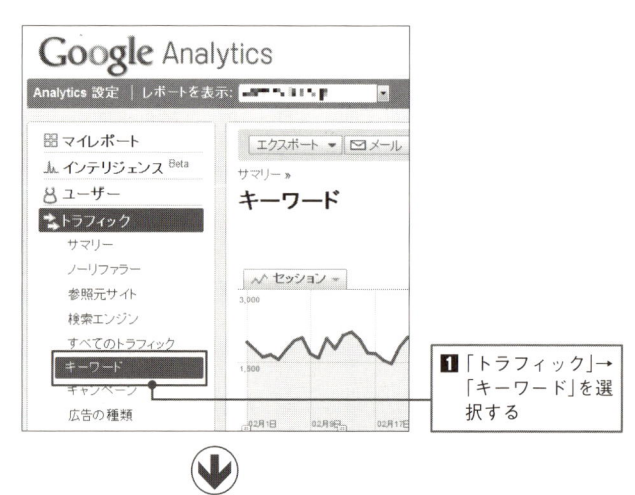

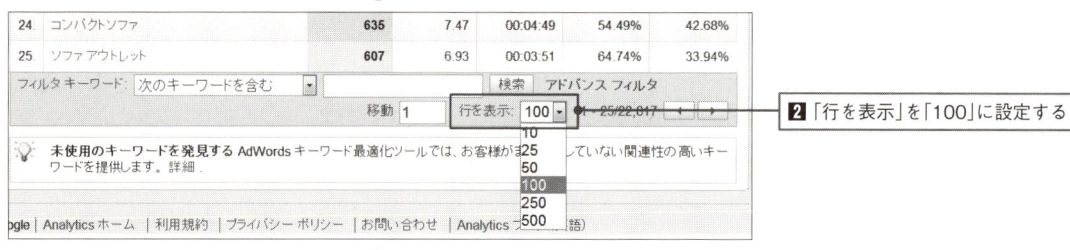

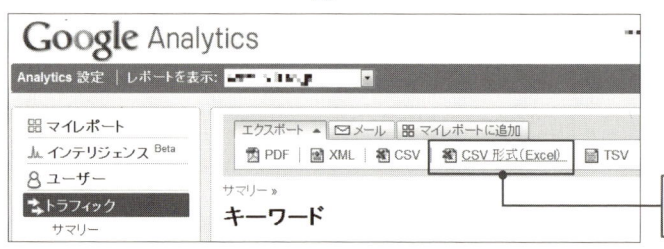

1「トラフィック」→「キーワード」を選択する

2「行を表示」を「100」に設定する

3「エクスポート」→「CSV形式(Excel)」を選択して、データをダウンロードする

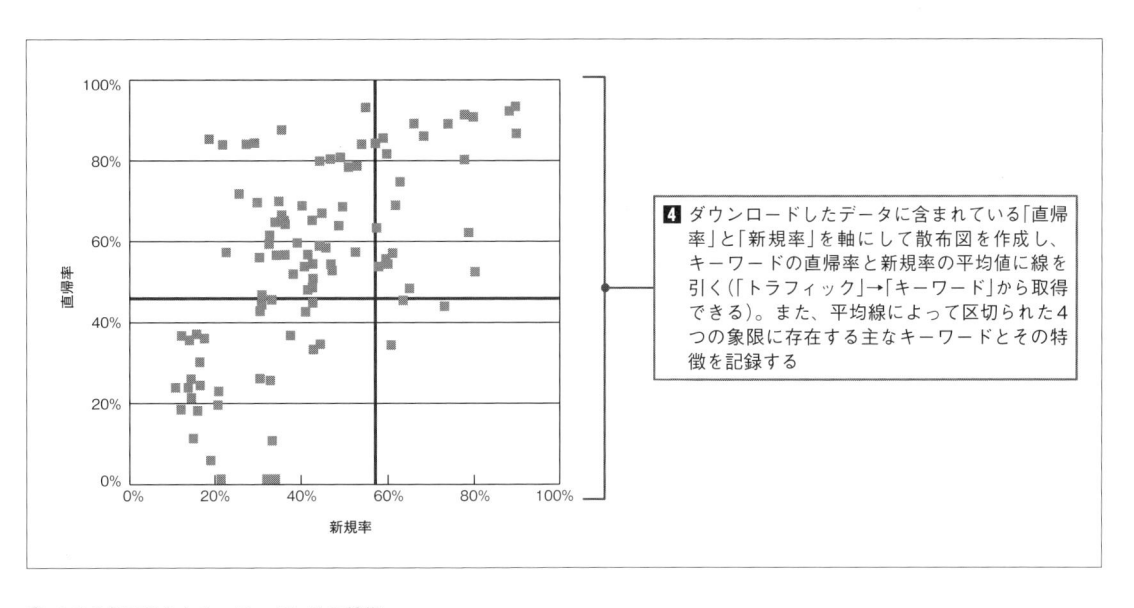

4 ダウンロードしたデータに含まれている「直帰率」と「新規率」を軸にして散布図を作成し、キーワードの直帰率と新規率の平均値に線を引く(「トラフィック」→「キーワード」から取得できる)。また、平均線によって区切られた4つの象限に存在する主なキーワードとその特徴を記録する

● 4つの象限の主なキーワードとその特徴

レポート	気づき
第1象限(左上)	「家具」、「ソファカバー」、「ソファー　通販」、「オットマン」、「部屋　配置」など
第2象限(右上)	「生地」、「コーディネート」、「レイアウト」などのキーワードが含まれているものが多い
第3象限(左下)	サイト名(ソファ屋)などのブランドワードとの組み合わせが多い。また「ソファ　専門(店)」、「ソファ選び」、「ソファー　色」、「ソファ　すわり心地」などもある
第4象限(右下)	数は少ないが「ソファ　修理」、「ソファ　張替え」、「ローソファ＋キーワード」、「ソファ　アウトレット」などがある

STEP 4　リファラーの分析

「検索エンジン以外のリファラー」からの流入を細かく分析して、流入数の多いサイトや、その中でも特にコンバージョン数が多い流入元を探します。

1 「トラフィック」→「参照元サイト」を選択する

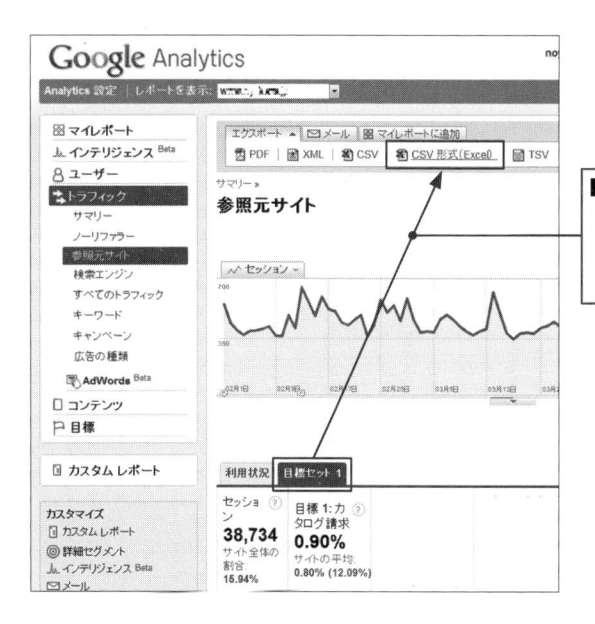

2 「目標セット1」のタブをクリックしてから、「エクスポート」→「CSV形式（Excel）」をクリックして、データをダウンロードする。また、流入数が300未満のデータを削除して、各指標の上位5つと下位5つをハイライトにする。データを見て気づいたことをメモに残す

● 参照元サイト別の指標値

参照元サイト	訪問回数	平均ページビュー数	平均サイト滞在時間	新規率	直帰率	コンバージョン率
googleads.g.doubleclick.net	6,440	9.6	00:06:08	59.2%	32.6%	1.5%
e-shops.jp	2,040	7.0	00:03:20	67.1%	42.7%	1.7%
ka101w.kaw101.mail.live.com	1,427	11.0	00:06:05	13.5%	30.0%	0.5%
websearch.rakuten.co.jp	1,388	7.7	00:03:59	60.7%	49.3%	1.2%
スタッフブログ	1,309	7.0	00:06:36	6.1%	42.9%	0.2%

● 参照元サイトに関する気づき

レポート	気づき
参照元サイト	上位5件の新規率に大きな差がある。「Googleads/e-shops/websearch.rakuten」は60%が新規ユーザーであるが、「ka101w.kaw101.mail.live.com」（HotMailの受信）とスタッフブログは10%しか新規ユーザーがいない。新規率が高い3つの流入元に関しては、コンバージョン率も高い

> **Tips** リファラーの中には、それが検索エンジンであるにもかかわらずGoogle Analyticsが検索エンジンとみなしていないためにリストアップされているものも含まれています（ExciteやGoo、OCN、Niftyなど）。そのようなリファラーを見つけた場合は除外しても構いません。また、リファラーが何かわからない場合は、実際にそのサイトを確認することをお勧めします。

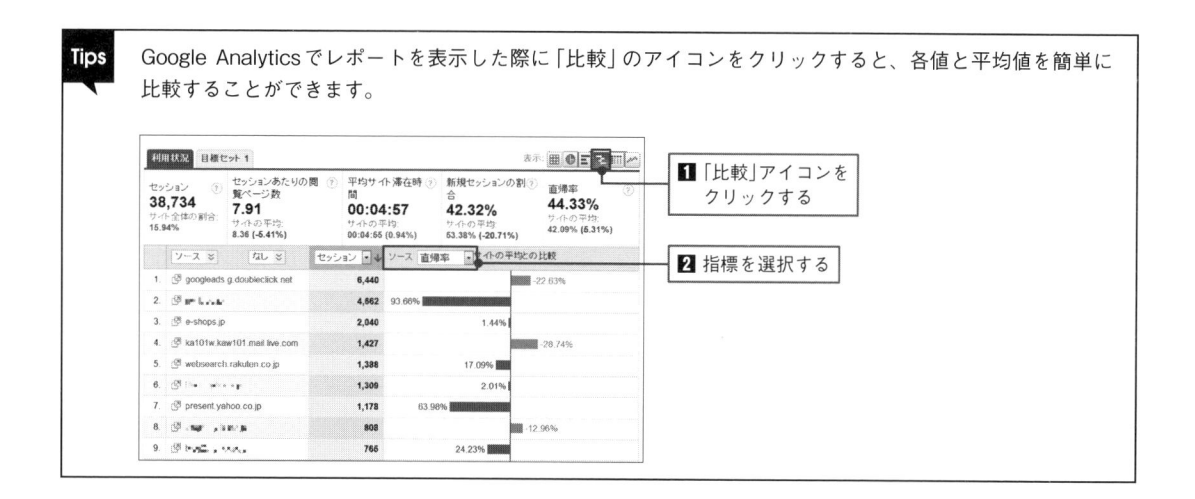

Tips Google Analyticsでレポートを表示した際に「比較」のアイコンをクリックすると、各値と平均値を簡単に比較することができます。

リンクされているページをチェックする

次に参照元のサイトそのものを見てみましょう。対象範囲を上位50件まで広げて確認します。

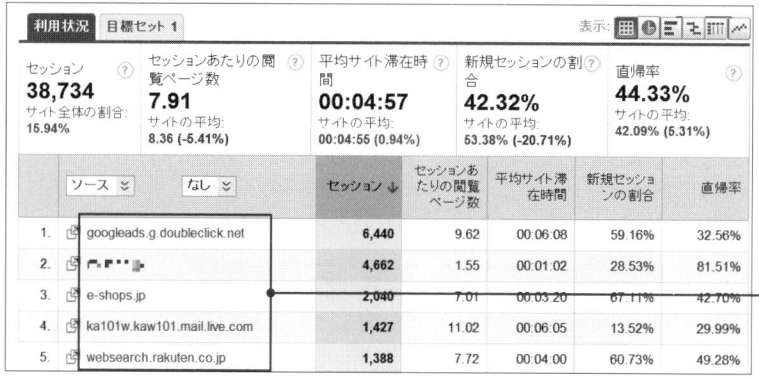

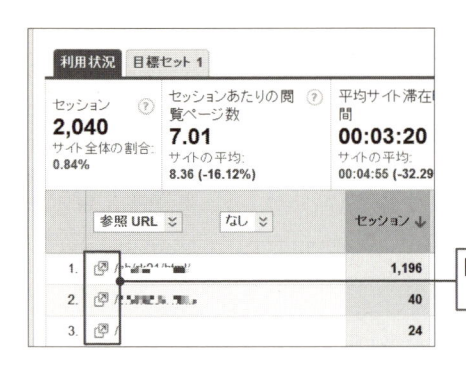

Part 02　サイトの課題発見から改善まで

● 参照元サイトに関する気づき

レポート	気づき
参照元サイト	e-shops.jpの参照元サイトを確認すると、2年前に受けたインタビュー記事が載っていた。インタビュー記事からの流入が一定量ありそう。また、スタッフブログからの流入でもっとも多かった流入元の記事は「家の雰囲気に合わせた最適ソファカラー＆タイプ」

STEP 5　入り口ページの分析

サイトの印象を決定する入り口ページを確認します。第一印象が悪いと直帰率が上がってしまいます。

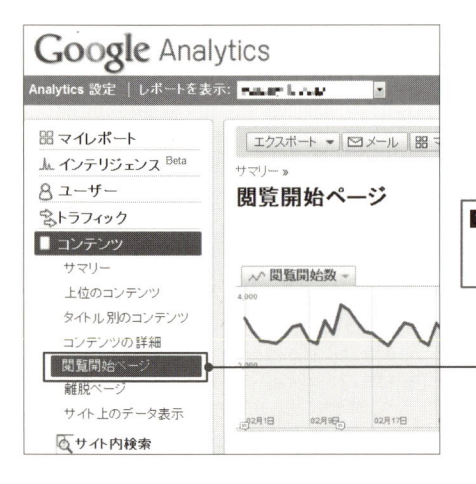

● 入り口ページ(閲覧開始ページ)の直帰率に関する気づき

レポート	気づき
直帰率	直帰率が高い3つのページは「カタログの案内ページ」、「コーナーソファ」、「メルマガのバックナンバーページ」

> **Tips**　入り口ページ(閲覧開始ページ)の割合は「表示」→「円グラフ」を選択すると確認できます。上位10ページが占める閲覧開始数の割合が全体の50％に満たない場合は、50％を満たすまで上位ページ数を増やしてください。50％を超えた時点で、そのリストの中から直帰率が高いページを3つ選択してください。

直帰率が高い入り口ページのリファラーを確認する

次に、直帰率が高い入り口ページに流入しているユーザーの「リファラー」を確認します。

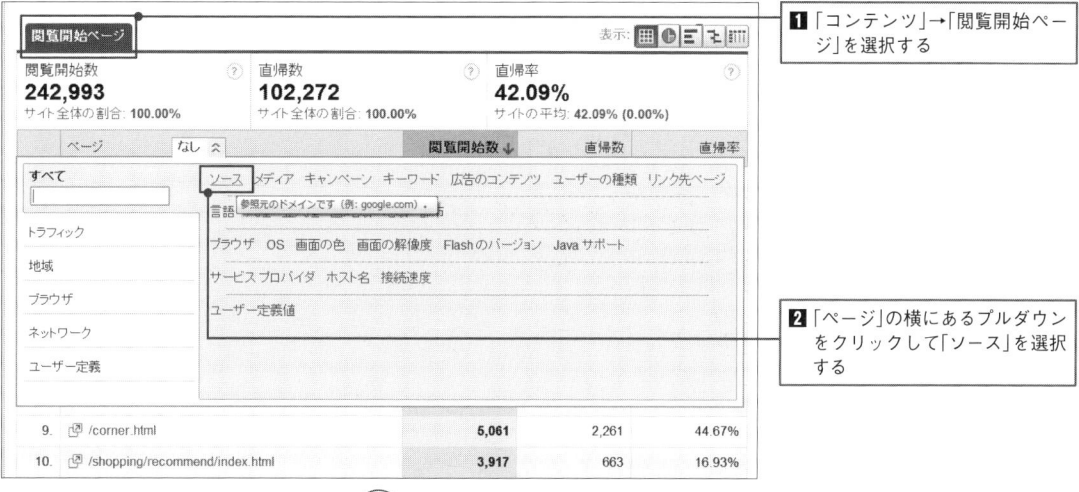

1「コンテンツ」→「閲覧開始ページ」を選択する

2「ページ」の横にあるプルダウンをクリックして「ソース」を選択する

3「フィルタページ」の「次のキーワードを含む」を選択して、横のテキストボックスに直帰率が高い1つ目のURLを入力して「検索」をクリックする。表示された参照サイトを見て気づいたことをメモに残す

解説 同様の手順で他の直帰率が高いページも確認する

● 参照元サイトに関する気づき

レポート	気づき
入り口ページ×参照元	全15,910訪問回数のうち13,108回がYahoo!からの流入。それ以外の流入数はすべて3桁未満(Googleはなし)。改めて入り口ページを見直したほうがよさそう

Tips 同様の手順で、直帰率が高い入り口ページに流入したユーザーが指定した「検索ワード」も確認してください。検索ワードは「ページ」の横にあるプルダウンで「キーワード」を選択すると確認できます。また、気づいたことはメモに残しておきましょう。

● 検索ワードに関する気づき

レポート	気づき
入り口ページ×検索ワード	Yahoo!経由で流入してくる検索ワードには「ソファ(3,212)」、「ソファー(2,110)」、「家具(1,259)」などさまざまなキーワードがある。このページではなく、TOPページに流入させたほうが良いかもしれない

STEP 6　出口ページの分析

サイトに来訪したユーザーは必ずどこかで離脱します。それが資料請求完了画面ページであれば問題はないのですが、それ以前の一連のプロセスの途中ページや、商品一覧ページでは困ります。ページビュー数が多いページの中から離脱率が高いページをチェックしましょう。

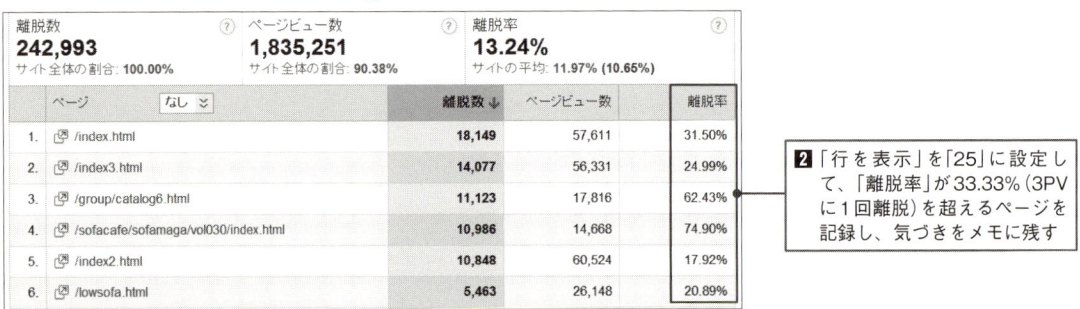

1「コンテンツ」→「離脱ページ」を選択する

2「行を表示」を「25」に設定して、「離脱率」が33.33％（3PVに1回離脱）を超えるページを記録し、気づきをメモに残す

● 出口ページに関する気づき

レポート	気づき
出口ページ	直帰率が高かった「カタログの案内ページ」や「メルマガのバックナンバーページ」が、ここにも含まれている。他に集客用の入り口ページの離脱率も高い。いずれも出口ページになってほしくないページ

> **Tips**　離脱率が高いページの中に、STEP 5でチェックした入り口ページと同じページが含まれている場合、そのページは「直帰率が高いページ」になります。リストアップされたページは改善する必要があるでしょう。

STEP 7　来訪者の地理情報の分析

　サイトに来訪したユーザーの地理情報（アクセス地）を確認し、それらにトレンド（コンバージョン数や直帰率など）や特徴がないか確認します。

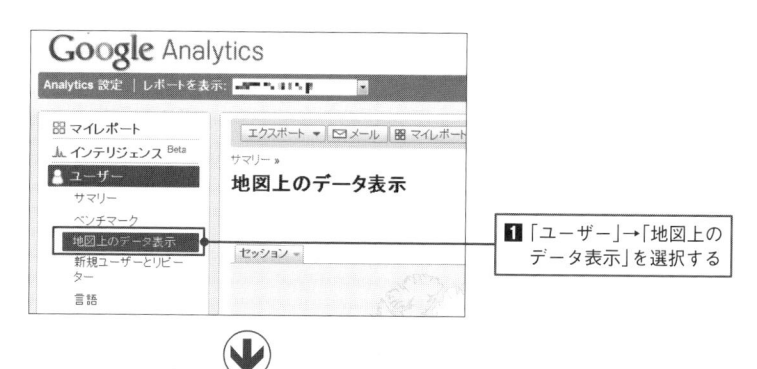

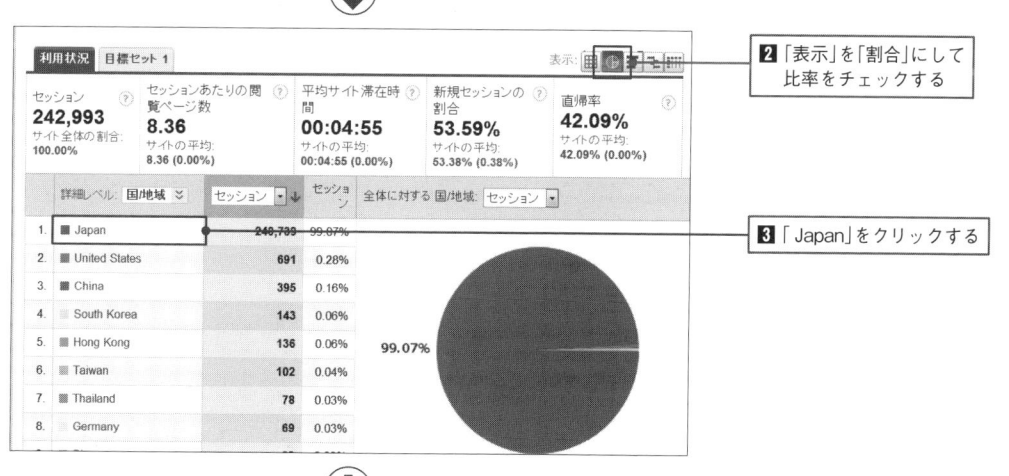

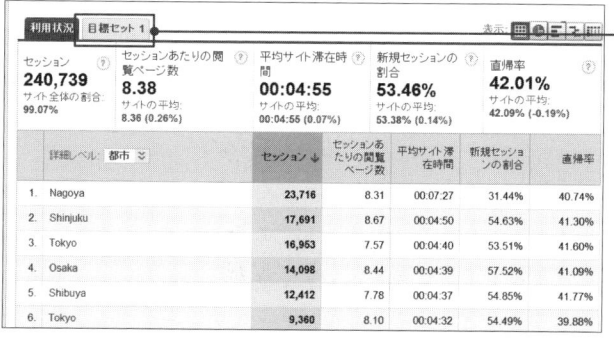

1「ユーザー」→「地図上のデータ表示」を選択する

2「表示」を「割合」にして比率をチェックする

3「Japan」をクリックする

4「行を選択」で「50」を選択して、「目標セット1」のタブを選択する

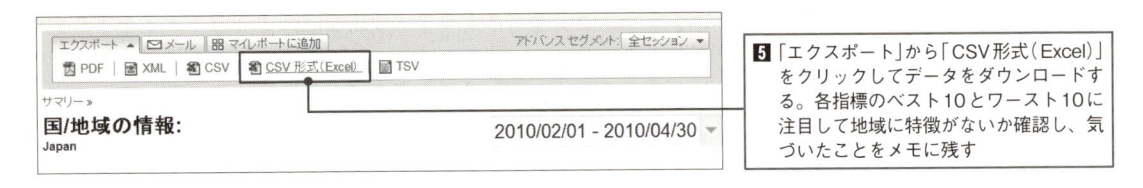

地理情報別の指標値

都市名	訪問回数	平均ページビュー数	平均サイト滞在時間	新規率	直帰率	コンバージョン率
Nagoya	23,716	8.3	00:07:27	31.4%	40.7%	0.5%
Shinjuku	17,691	8.7	00:04:50	54.6%	41.3%	0.8%
Tokyo	16,953	7.6	00:04:40	53.5%	41.6%	0.9%
Osaka	14,098	8.4	00:04:39	57.5%	41.1%	0.9%
Shibuya	12,412	7.8	00:04:37	54.9%	41.8%	0.8%
Tokyo	9,360	8.1	00:04:32	54.5%	39.9%	0.9%
Sapporo	6,252	7.5	00:04:05	55.2%	47.5%	0.9%

5 「エクスポート」から「CSV形式（Excel）」をクリックしてデータをダウンロードする。各指標のベスト10とワースト10に注目して地域に特徴がないか確認し、気づいたことをメモに残す

地域情報に関する気づき

レポート	気づき
地域情報	名古屋からの流入が最多。リピーターが多く、滞在時間も長いが、コンバージョン率（カタログ請求）はそれ程高くない。札幌は直帰率が高いため、滞在時間や平均ページビュー数も低い

STEP 8 特定ページの分析

　サイト内には重要なページがいくつかあります。それらのページをピックアップして、基本的な指標と導線を確認します。一般的に、重要なページとはTOPページ、特集ページ、商品一覧ページ、商品詳細ページなどです。3～5ページほど選択してください。ある程度流入数が多いページを選ぶと良いでしょう。ページを選択したら以下の手順で特徴を見ていきます。

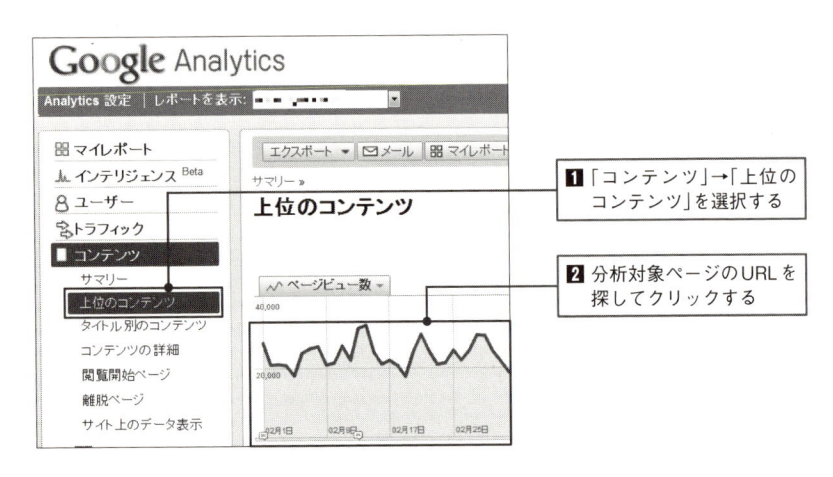

1 「コンテンツ」→「上位のコンテンツ」を選択する

2 分析対象ページのURLを探してクリックする

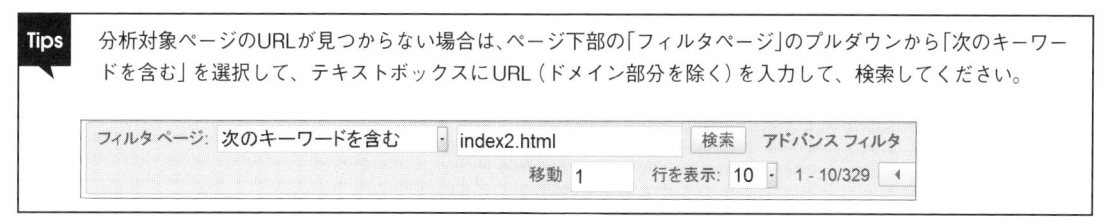

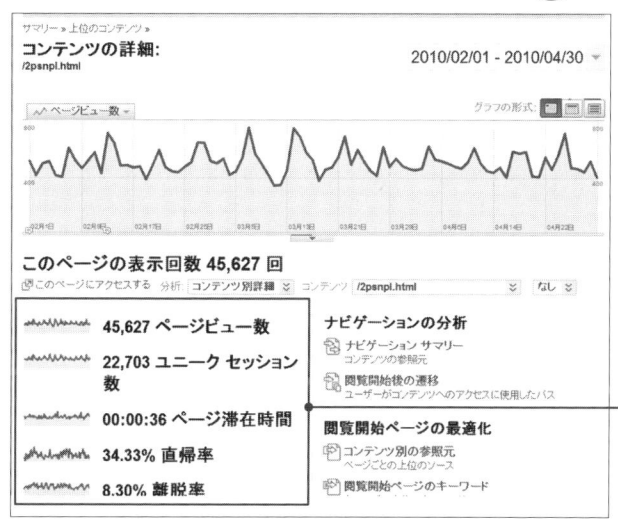

Chapter 06 サイトの課題を発見する10のSTEP

> **Tips** 分析対象ページのURLが見つからない場合は、ページ下部の「フィルタページ」のプルダウンから「次のキーワードを含む」を選択して、テキストボックスにURL（ドメイン部分を除く）を入力して、検索してください。

3 「コンテンツの詳細」ページの各指標値とサイト全体の指標値を比較したり、グラフの画像をクリックしたりしてトレンドを確認する。また、気づいたことをメモに残す

> **Tips** 画面だけを見てもわかりづらい場合はデータをダウンロードしてグラフを作成し、近似曲線などを追加してみましょう。

● 特定ページに関する気づき

レポート	気づき
商品カテゴリページ	ページ滞在時間が3カ月間で30秒も減っている。また離脱率は低いものの、直帰率には波がある。流入元の検索ワードや参照ドメインの調査が必要

分析対象ページの遷移前後のページを確認する

　まずはどのようなページから分析対象ページに遷移しているのか確認します。また同時に分析対象ページの遷移先のページも確認して、ページの作成者が想定したとおりに遷移されているのか確認します。

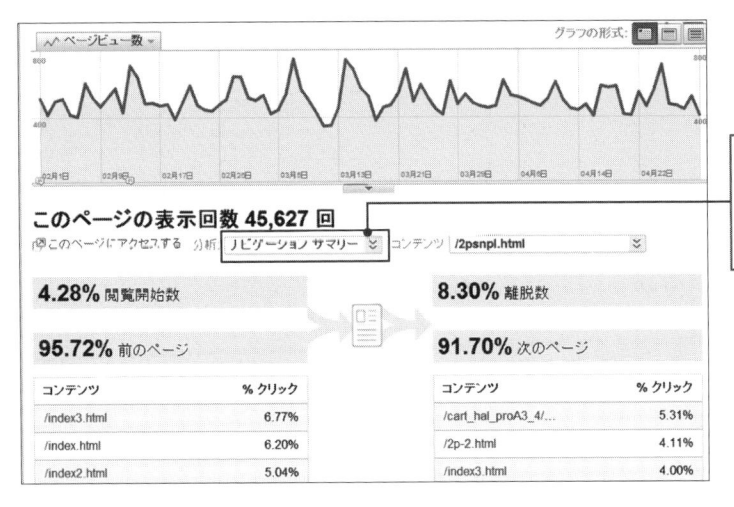

Part 02 サイトの課題発見から改善まで

1 前ページで確認した「コンテンツの詳細」画面（P.135）で「ナビゲーションサマリー」を選択する。表示されるナビゲーションサマリーを確認し、気づいたことをメモに残す

● 遷移前のページに関する気づき

レポート	気づき
商品カテゴリページ	分析対象ページへの遷移前のページはTOPページやカテゴリTOPが多い。メニューの配置に原因があるかもしれない

STEP 9 コンバージョン直前ページの分析

　コンバージョン直前の数ページを把握しておくことは非常に重要です。多くの人を連れてきても、コンバージョン直前で離脱されては意味がありません。ここではコンバージョン直前ページの離脱率を確認してみましょう。

1「目標」→「目標到達プロセス」を選択する

2「目標の選択」から確認する目標を選択する

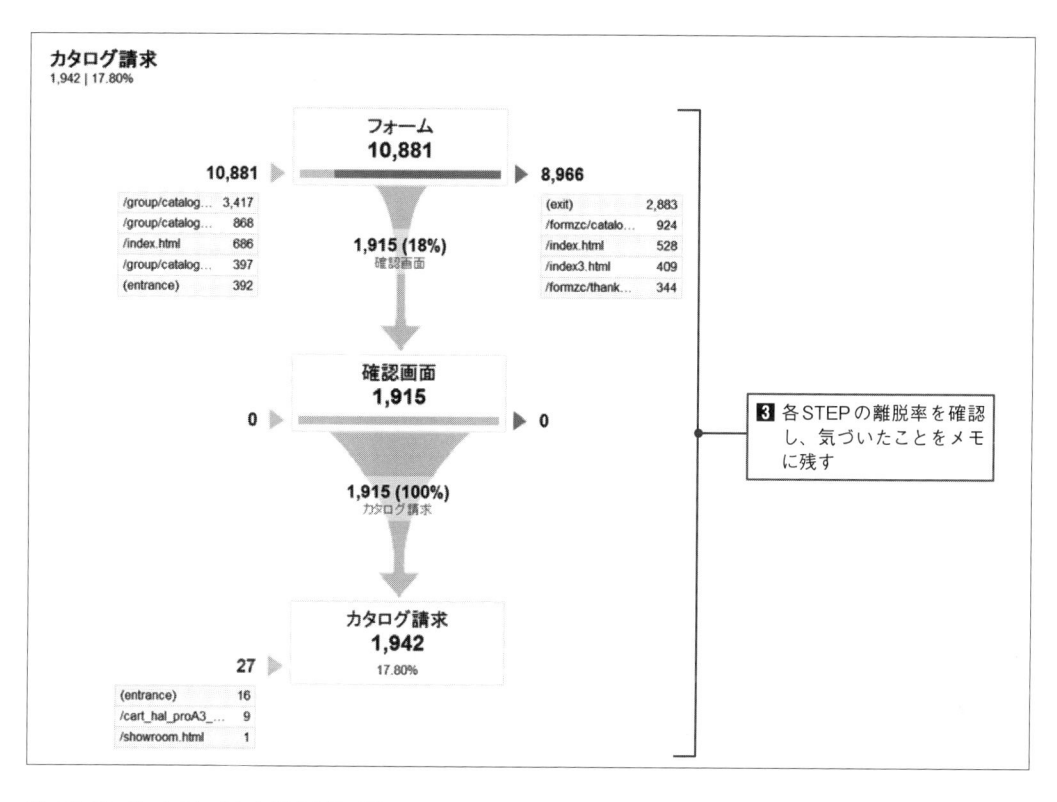

Chapter 06　サイトの課題を発見する10のSTEP

カタログ請求
1,942 | 17.80%

```
                        フォーム
                        10,881
        10,881 ▶                   ▶  8,966
 /group/catalog...  3,417           (exit)            2,883
 /group/catalog...    868           /formzc/catalo...   924
 /index.html          686           /index.html         528
 /group/catalog...    397           /index3.html        409
 (entrance)           392           /formzc/thank...    344

                        1,915 (18%)
                        確認画面

                        確認画面
                         1,915
              0 ▶                   ▶ 0

                        1,915 (100%)
                        カタログ請求

                        カタログ請求
                         1,942
                         17.80%
             27 ▶
 (entrance)            16
 /cart_hal_proA3_...    9
 /showroom.html         1
```

3 各STEPの離脱率を確認し、気づいたことをメモに残す

● コンバージョンプロセスに関する気づき

レポート	気づき
コンバージョンプロセス	フォーム入力画面から確認画面への遷移率が18%、つまり離脱率が82%と非常に高い。確認画面からカタログ請求完了画面への遷移に問題はない

Tips　「目標到達プロセス」の設定方法については、本章のコラム（P.140）を参照してください。ただし、今日設定しても過去に遡って再集計してくれるわけではありません。目標到達プロセスを設定していない場合は、前述の「コンテンツの詳細」内にある「ナビゲーションサマリー」で、それぞれのSTEPのURLから次のSTEPへの遷移率を確認してください。

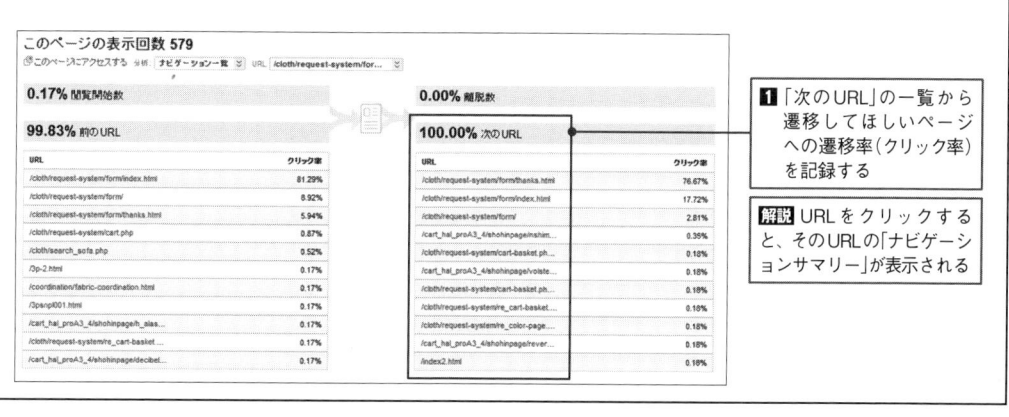

1 「次のURL」の一覧から遷移してほしいページへの遷移率（クリック率）を記録する

解説 URLをクリックすると、そのURLの「ナビゲーションサマリー」が表示される

Part 02　サイトの課題発見から改善まで

STEP 10　コンバージョンページの分析

　コンバージョン数や率のトレンドや、コンバージョンに貢献したページ、他の指標のコンバージョンとの相関関係を確認します。

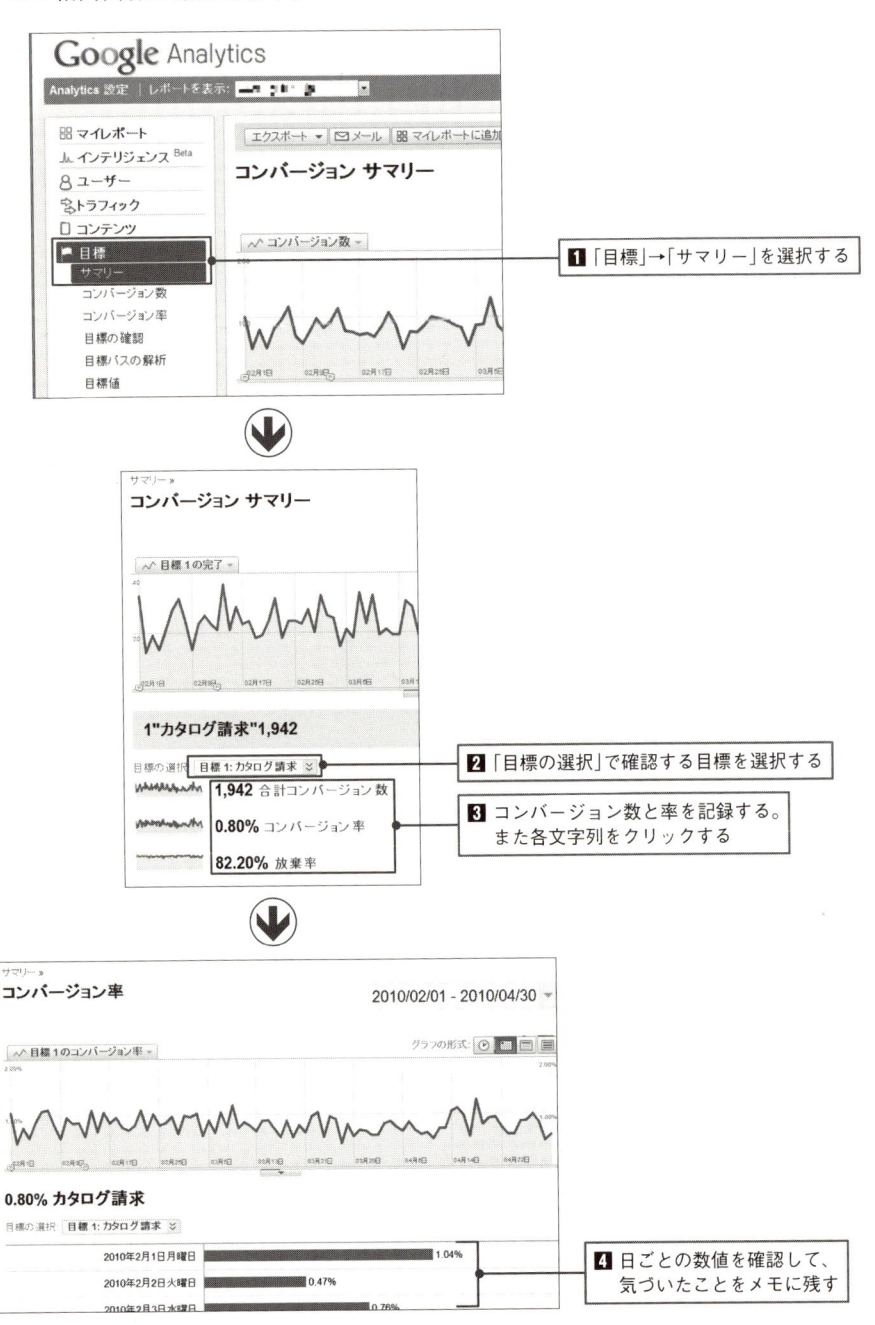

1 「目標」→「サマリー」を選択する

2 「目標の選択」で確認する目標を選択する

3 コンバージョン数と率を記録する。また各文字列をクリックする

4 日ごとの数値を確認して、気づいたことをメモに残す

Chapter 06 サイトの課題を発見する10のSTEP

● コンバージョンのトレンドに関する気づき

レポート	気づき
コンバージョンのトレンド	月別で見るとほぼ横ばいだが、週別でみると3月はコンバージョン率が徐々に回復している。しかし、0.6%程度あるため有意な差とはいえない

コンバージョンに貢献したページを探す

次に、コンバージョンに貢献したページを探します。

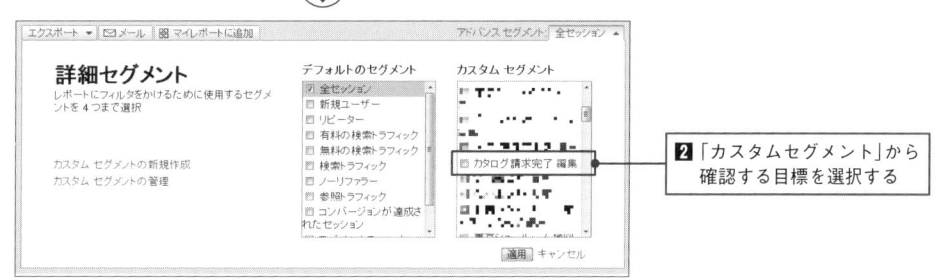

1 「コンテンツ」→「上位のコンテンツ」を選択する

2 「カスタムセグメント」から確認する目標を選択する

Tips　カスタムセグメントに確認したい目標が入っていない場合は、左側のメニュー内にある「カスタマイズ」→「詳細セグメント」を選択して作成してください。

3 「行を表示」を「50」に変更する

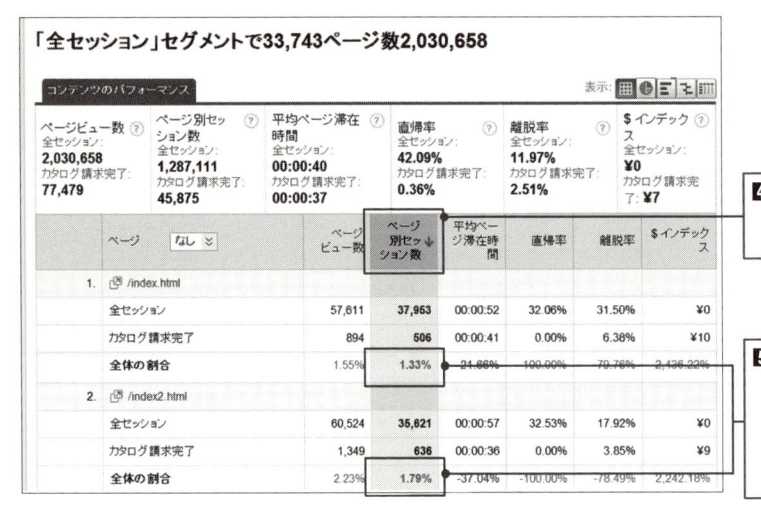

Part 02 サイトの課題発見から改善まで

```
「全セッション」セグメントで33,743ページ数2,030,658
```

	ページビュー数	ページ別セッション数	平均ページ滞在時間	直帰率	離脱率	$インデックス
全セッション:	2,030,658	1,287,111	00:00:40	42.09%	11.97%	¥0
カタログ請求完了:	77,479	45,875	00:00:37	0.36%	2.51%	¥7

	ページ		ページビュー数	ページ別セッション数	平均ページ滞在時間	直帰率	離脱率	$インデックス
1.	/index.html							
	全セッション		57,611	37,953	00:00:52	32.06%	31.50%	¥0
	カタログ請求完了		894	506	00:00:41	0.00%	6.38%	¥10
	全体の割合		1.55%	1.33%	21.86%	-100.00%	-79.76%	2,436.22%
2.	/index2.html							
	全セッション		60,524	35,621	00:00:57	32.53%	17.92%	¥0
	カタログ請求完了		1,349	636	00:00:36	0.00%	3.85%	¥9
	全体の割合		2.23%	1.79%	-37.04%	-100.00%	-78.49%	2,242.18%

4 「ページ別セッション数」の文字列をクリックして、訪問回数の降順にソートする

5 「ページ別セッション数」の列と、各ページの「全体の割合」の行が交わる部分が、各ページのコンバージョン貢献率になる。上位3ページと下位3ページを記録し、気づいたことをメモに残す

● コンバージョン貢献ページに関する気づき

レポート	気づき
コンバージョン貢献ページ	貢献度が高い上位3ページは「特集A」、「一覧：ローソファー」、「詳細：オットマンの商品B」。貢献度が低い下位3ページは「カタログページ」、「TOPページ」、「一覧：ソファーカバー」

> **Tips** 「全体に対する割合」が高いほど、コンバージョンへの貢献が大きいと考えられます。これは各ページを閲覧したユーザーの何%がコンバージョンを達成したかを表しています。貢献度の高いページに特徴がある場合は必ずメモに残しておきましょう。

ここまで、サイトを分析する方法を10のSTEPに分けて紹介してきました。すべてのSTEPで新しい気づきを得られるとは限りませんが、これらのSTEPを踏めば最低限必要な分析は行えます。この内容をベースにカスタマイズして、より良い分析を行ってください。

次章では、本章で行ったウェブ分析によって得られたさまざまな「気づき」をもとにしてサイトを改善するための施策を立案する方法と、その施策の計測方法を紹介します。

Column　Google Analyticsの「目標」の設定方法

Google Analyticsでは以下の3種類の目標を設定できます。

・URLへのアクセス
・サイト滞在時間
・セッションあたりの閲覧ページ数（ページビュー数）

多くのサイトは「URLへのアクセス」（指定したURLへの到達率）を目標に設定しています。通常は、資料請求完了ページや購入完了ページ、会員登録完了ページなどを指定します。

Google Analyticsで上記の目標を設定するには、以下の手順を実行します。

Chapter 06　サイトの課題を発見する10のSTEP

1「プロファイル」の中から、目標を設定するレポートの「編集」をクリックする

2「目標」→「目標を追加」をクリックする

3「目標名」を入力し、「目標タイプ」に「URLへのアクセス」を選択する

解説「サイト滞在時間」と「セッションあたりの閲覧ページ数」はコンバージョンが発生しない（売上が発生しない）メディア系のサイトや、ブログなどで利用する

4 目標ページのURLを入力する。目標値にはコンバージョンが達成されるたびに発生すると想定される売上などを設定する

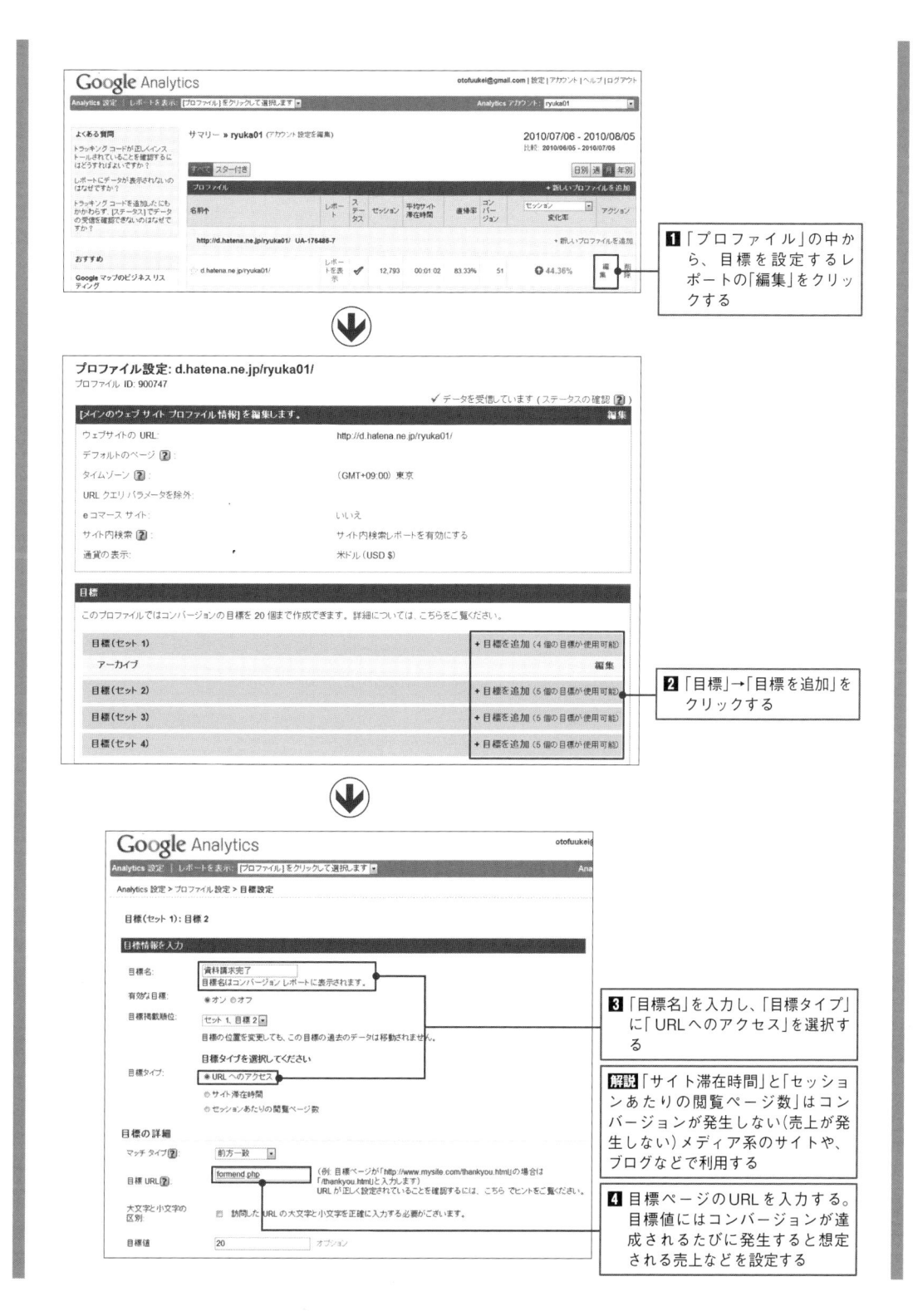

▶目標到達プロセスの設定

目標に「URLのアクセス」を設定した場合は、「目標到達プロセス」を設定することができます。目標到達プロセスは、想定しているコンバージョンへの遷移の中で離脱率が高い箇所を特定する機能です。Google Analyticsのヘルプには以下のように記載されています。

> 「目標到達プロセス」は、ユーザーが目標のコンバージョンに到達するまでに必ず通過する一連のページのことです。最初のページのユーザー数が最も多く、以降のページでは最終目標に到達するまで徐々に減少していくのが通常です。これらの一連のページを測定することで、どれだけ効率的にユーザーをコンバージョンの目標URLへ誘導できているかを分析できます。目標到達プロセスのSTEPに複雑なページや操作性の低いデザインのページがある場合は、そのページでユーザーが離脱してしまい、コンバージョン率が低下します。

※出所：Google Analyticsのヘルプ

目標到達プロセスは以下の手順で設定します。機能は設定した日から有効になります。まだ設定していない場合は今すぐ設定することをお勧めします。

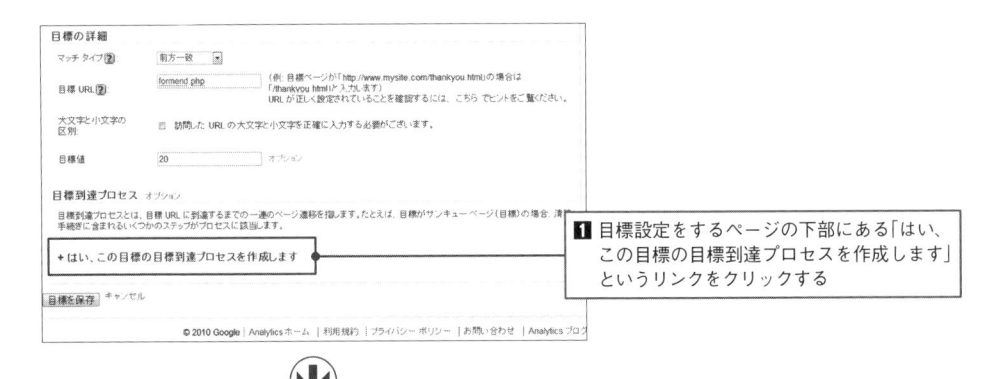

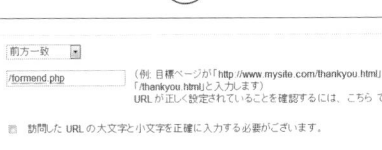

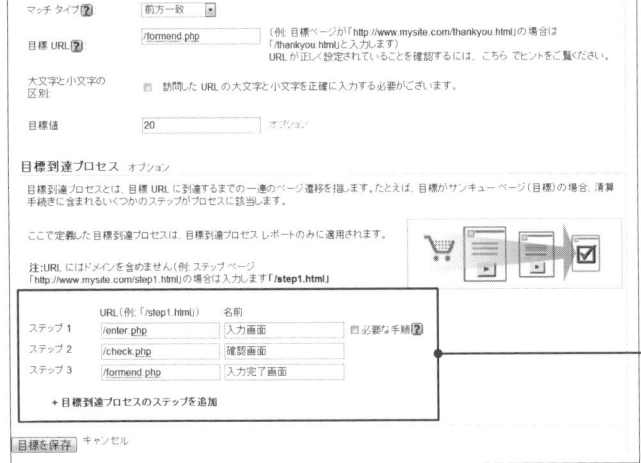

1 目標設定をするページの下部にある「はい、この目標の目標到達プロセスを作成します」というリンクをクリックする

2 ページ下部にある「目標到達プロセス」に従って、URLと名前を入力する（最大10STEP）

通常は「フォーム入力開始ページ」（複数のページにまたがる場合はページ数分）→「入力確認画面」の2つになると思います。なお、完了ページはすでに目標に設定されているので、STEPに入れる必要はありません。

Chapter 07 課題のリストアップと改善策の実施

ウェブ分析を行う目的は課題を発見することではなく、課題を改善することです。せっかく課題を発見しても、その課題を改善しなければ意味がありません。そこで、本章では発見した課題を実際に改善していく方法と、その実施した改善策によって効果が出ているのか評価する方法を解説します。

課題発見から改善策の実施まで

ここまで紹介してきた内容をもとに自身のサイトを分析すると、さまざまな「気づき」を得ることができます。それらの気づきをそのままにせず、サイトを改善する際のヒントにしましょう。ウェブ分析では以下の6つのステップを実行してサイトの課題を発見し、その課題を改善します。

1. 「気づき」を分類する
2. 課題の改善策を考える
3. 改善策の優先順位を決める
4. 具体的な手法とスケジュールを決める
5. 改善策のゴールを決める
6. 改善策を実施して評価する

1.「気づき」を分類する

まずは、サイトを分析した際に気づいたことを以下の3種類のいずれかに分類します。

● 「気づき」の分類

分類項目	説明
特徴	サイトの特性として理解しておくと便利な内容をここに分類する。例えば、季節トレンドや流入元の内訳、訪問あたりの平均ページビュー数などを分類する
弱み	KGIを達成する際の阻害要因であり、改善すべき内容をここに分類する。例えば、流入数が多く、直帰率が高いページ、コンバージョン率が低い広告出稿先、離脱率が高い入力フォームなどを分類する
強み	KGIを達成する際の後押しになっており、他の箇所にも反映させたい内容を分類する。例えば、直帰率が低い検索ワードやコンバージョンに貢献しているページなどを分類する

以下は、前章で例示した「ソファ屋」を分析した際にメモを残した「気づき」の一部を分類したものです。いくつかの気づきに対しては考察も追加しています。

●「特徴」に分類される気づき例

気づき（事実）	考察
5月と12月のアクセス数が少ない	平日よりも休日のほうがアクセス数は少ないサイトであるため、休日数が多い5月と12月はアクセス数が減る
2月25日と4月1日の2日間だけ、新規率が2割減少した	両日ともメールマガジンの配信日であるためリピーターが増え、結果的に新規率が下がった
検索エンジンからの流入は新規率が高い	ブランドワード以外の新規率が高く、特にYahoo!からの流入は新規率が高い（Yahoo!62%、Google51%）
検索ワードが「ソファ」、「sofa」の場合、検索エンジンによって直帰率が大きく異なる（GoogleよりもYahoo!のほうが2倍高い）	Yahoo!とGoogleが示す入り口ページが異なっていた
流入元Aからの訪問者はコンバージョン率が高い	流入元Aには、お部屋のコーディネートに合わせたソファが紹介されており、サイトと相性が良いと思われる
名古屋からのアクセスはリピーター率が高い	本社が名古屋にある

●「弱み」に分類される気づき例

気づき（事実）	考察
9〜11月の直帰率が高い	TOPページの直帰率が上がっている。また新しく作成したページの直帰率が平均より高い
コンバージョン率が2月以降低下した	月平均1%以上だったコンバージョン率が、2月以降は0.75〜0.83%に減少している
「部屋」や「コーディネート」、「インテリア」などは流入数が多いが、直帰率も高い	これらの検索ワードで流入するユーザーは新規率が高い
流入数の多い入り口ページの中に、直帰率が高いページがいくつかある	プレゼントキャンペーン用のページなどが該当する
入力フォーム画面から確認画面への遷移が18%しかない	ページごとに入力フォーム画面の離脱率を確認すると、ばらつきがあった
資料請求への貢献率が低いページが複数ある	特になし

●「強み」に分類される気づき例

気づき（事実）	考察
Yahoo!よりもGoogleからの訪問者のほうがコンバージョン率が高い	特になし
情報サイトであるE-shopsやAll About、知恵袋などから流入する訪問者は直帰率が低く、コンバージョン率が高い	サイトに関する情報が多く掲載されている流入元からの流入のほうが、直帰率が低く、またコンバージョン率が高い
コンバージョンに貢献しているページが複数ある	特になし
2月21日と4月11日のアクセス数が前日比50%増だった	2月21日は外部サイトで紹介された。4月11日はプレスリリースを配信した

なお、すべての気づきを分類する必要はありません。特に気になっているポイントに絞って作業することをお勧めします。

2．課題の改善策を考える

次に、3つの表に分類した「気づき」に対する改善策あるいは強化策を考えます。基本的に「特徴」に分類されたものに対しては、その内容を理解しておき、可能であれば気づきを活用しましょう。また、「強み」に分類されたものに対しては、サイト内外の他の箇所に反映する方法を考えます。「弱み」に分類されたものに対しては、その内容を改善する方法を考えます。先述の表に対策を加えると以下のようになります。

●「特徴」に分類される気づきと改善策

気づき（事実）	改善策
5月と12月のアクセス数が少ない	これらの月に関してはアクセス数が減っても気にしない。必要であればメールマガジンなどでアクセス数を増やす。あらかじめ減少幅を加味した目標設定を行う
2月25日と4月1日の2日間だけ、新規率が2割減少した	メールマガジン配信日にリピーターが増えるということを把握しておく
検索エンジンからの流入は新規率が高い	検索エンジンからの主要な入り口ページに、新規ユーザー向けのコンテンツやナビゲーションを用意する
検索ワードが「ソファ」、「sofa」の場合、検索エンジンによって直帰率が大きく異なる（GoogleよりもYahoo!のほうが2倍高い）	Yahoo!からの入り口ページを、Googleと同じものに揃える
流入元Aからの訪問者はコンバージョン率が高い	他のページに、流入元Aと似たコンテンツを用意する。ただし、似すぎると差別化が図れなくなるため注意が必要
名古屋からのアクセスはリピーター率が高い	特になし

●「強み」に分類される気づきと改善策

気づき（事実）	改善策
Yahoo!よりもGoogleからの訪問者のほうがコンバージョン率が高い	Google向けのSEO対策を行いGoogleからの流入を増やす
情報サイトであるE-shopsやAll About、知恵袋などから流入する訪問者は直帰率が低く、コンバージョン率が高い	紹介文があると低直帰率・高コンバージョン率を実現できるため、「紹介文を書いてくれたら修理1回無料」のキャンペーンを実施する、あるいは、他のメディアにPR記事を有償で載せてもらう
コンバージョンに貢献しているページが複数ある	特になし
2月21日と4月11日のアクセス数が前日比50%増だった	定期的にプレスリリースを発表できるように、キャンペーンや告知を毎月用意する。外部サイトからの流入を増やすため「ソファの色やデザイン」を自由に変えてチェックできるブログパーツの用意を検討する（見積もりを取る）

●「弱み」に分類される気づきと改善策

気づき（事実）	改善策
9～11月の直帰率が高い	直帰率が高いTOPページを中心に、A/Bテスト※を実施してページを改善する
コンバージョン率が2月以降低下した	原因不明。他の課題を改善することでコンバージョン率が上がることを期待する
「部屋」や「コーディネート」、「インテリア」などは流入数が多いが、直帰率も高い	新規ユーザーを獲得するために、入り口ページをこれらの検索ワードに特化させた内容に変更する
流入数の多い入り口ページの中に、直帰率が高いページがいくつかある	直帰率が高いページはプレゼントキャンペーン用に作られたもので、デザインが簡素であったため、ナビゲーションやメニューを他のページと揃える
入力フォーム画面から確認画面への遷移が18%しかない	特になし
資料請求への貢献率が低いページが複数ある	貢献率が高いページを参考にして、レイアウトやコンテンツを一部見直す

※ A/Bテストについての詳細はP.149を参照してください。

3．改善策の優先順位を決める

　サイトを改善するには、「特徴」を理解し、「強み」を活かし、「弱み」を修正する必要があります。しかし、すべての課題を一斉に改善することはできませんし、また一斉に作業を進めてしまうと改善策ごとの効果を測定できなくなります。そこで、「影響力の強さ」や「変更の容易性」、「効果測定の容易性」の3つの基準をもとに、実施する対策案の優先順位を決めます。

◉ 改善幅の広さ

　まずはサイトに対する各改善策の影響力を考えます。より影響力の強い改善策から行うことで、1つの作業によるサイトの改善幅が広くなります。具体的には、流入が多い検索ワードや、訪問者数が多いページ、コンバージョン率への影響力が大きいページなどが対象となります。

　例えば、ページAの直帰率が100%だったとします。これは非常に悪い数値ですが、そのページの訪問者数が1カ月間で5人しかいないのであれば改善したところでサイトのKGIやKPIに与える影響はほとんどありません。時間があるのであれば改善しても良いですが、率先して改善する必要はないでしょう。

　一方、ページBの直帰率は40%であっても、そのページの訪問者数が月に1万人いると直帰している人は4,000人にも及びます。サイト全体の訪問者数とのバランスにもよりますが、少なくともページAよりもページBのほうが改善の優先順位は高いといえます。特にページBがKPIに直接影響を与える「入力フォーム」やサイトの主要コンテンツの場合は、早急な改善が求められます。

◉ 変更の容易性

　改善策の優先順位を決定する際は「変更の容易性」も重要です。サイト全体の仕組みを変更しなければならないものや、会員登録システムの変更など、改善策の内容が大掛かりなものやお金がかかるものは後回しにすることをお勧めします。まずは、入り口ページのコンテンツの見直しや、有料集客の予算配分の見直しなどの比較的容易に変更でき、かつすぐに元に戻せる改善策から実施してください。時間がかかる改善策を1つだけ実施するよりも、すぐに実施できる改善策を5つ行うほうが、サイト全体の改善幅は広くなります。

◉ 効果測定の容易性

　効果を測定できなければ、その改善策を実施したことがサイトにとって良かったことなのか、悪かったことなのか判断できません。中には効果測定が困難な課題もありますが、そういったものは後回しにして、まずは容易に効果を測定できる課題から取り組むことをお勧めします。特にKPIそのものを改善できる課題を優先しましょう。具体的に改善の効果を得ることができれば、サイトを改善するモチベーションにもつながります。

　上記の3つの基準をもとに、実施する改善策の優先順位を決めてください。すべての基準を満たす改善策を見つけるのが困難な場合は「変更の容易性」を軸に決定しても構いません。大切なのは改善策を実施することです。いくら素晴らしい改善策を考えても実施できなければ意味がありません。最初のうちは1つずつ確実に改善策を実施し、その効果を体感することが重要です。

　以下は、先述の表の中から優先順位が高い改善策をピックアップしたものです。分類ごとに1つずつ選びました。

● 優先順位の高い改善策（1分類1改善策）

気づき（事実）	改善策
検索ワードが「ソファ」、「sofa」の場合、検索エンジンによって直帰率が大きく異なる（GoogleよりもYahoo!のほうが2倍高い）	Yahoo!からの入り口ページを、Googleと同じものに揃える
情報サイトであるE-shopsやAll About、知恵袋などから流入する訪問者は直帰率が低く、コンバージョン率が高い	紹介文があると低直帰率・高コンバージョン率を実現できるため、「紹介文を書いてくれたら修理1回無料」のキャンペーンを実施する
流入数の多い入り口ページの中に、直帰率が高いページがいくつかある	直帰率が高いページはプレゼントキャンペーン用に作られたもので、デザインが簡素であったため、ナビゲーションやメニューを他のページと揃える

4. 具体的な手法とスケジュールを決める

続いて、実施する改善策の「5W2H」を明確にします。つまり、「When（いつ）」、「Where（どこで）」、「What（何を）」、「Who（誰が）」、「Why（なぜ）」、「How（どのように）」、「How Much（いくらで）」を決定します。例えば、改善策「プレゼントキャンペーン用に作られたページのナビゲーションやメニューを他のページと揃える」の場合は以下のように明確にします。

● 改善策の5W2H

5W2H	内容
When	来月の頭から
Where	直帰率が高い3つのページ「A」、「B」、「C」に対して
What	ナビゲーションとメニューを他のページと揃える
Who	私自身が
Why	直帰率を下げるため
How	他のページのテンプレートを使って作成する
How Much	無料で

5. 改善策のゴールを決める

5W2Hが決まれば改善策を実施することができます。しかし、何の目標もなく実施してしまうとどこまで改善すれば成功といえるのか判断できません。改善策を実施する前にゴールを設定してください。基本的には上記の「Why」に該当する項目に対して明確なゴールを設定します。

とはいえ、ゴールをいきなり設定することはできません。ゴールにも理由が必要です。根拠なくゴールを設定してしまっては元も子もありません。以下の3つのSTEPを実行してゴールを設定してください。

STEP 1 》》 改善策が影響を及ぼす指標を明確にする

まず、これから実施する改善策が影響を及ぼす指標を明確にします。改善する箇所と各指標は密接に関係しています。例えば、「入り口ページ」の改善は「直帰率」や「遷移率」に影響を及ぼしますし、「検索エンジン」の改善は「流入数」や「新規率」に影響を及ぼします。細かく見るとその他の指標にも影響を及ぼしますが、最初は主要な指標を把握しておきましょう。

以下は改善策を実施する箇所と影響を受けやすい指標の一覧です。これらを参考にしてください。

● 改善策を実施する主な箇所と影響を受けやすい指標

改善箇所	影響を受ける指標
検索エンジン	流入数、CPC（リスティング広告のみ）、直帰率、コンバージョン率
有料集客	流入数、直帰率、平均ページビュー数、コンバージョン率
無料集客	流入数、直帰率、平均ページビュー数、コンバージョン率
入り口ページ	流入数、直帰率、遷移してほしいページへの遷移率
導線設計	流入数、離脱率、遷移してほしいページへの遷移率
入力フォーム	入力フォーム入り口への流入数、入力フォームの各ステップの離脱率、コンバージョン率

STEP 2 ≫ その指標の現在値を確認する

　上記で明確にした影響を受ける指標の、現在の値とトレンドを確認します。現在の値と改善後の値を比較することではじめて「良くなった」のか、「悪くなった」のかを判断できます。また、サイトの平均値を算出できる場合はその値も確認しておきましょう。

STEP 3 ≫ 対象セグメントの平均値をゴールに設定する

　対象セグメントの平均値を算出できる場合は、その値をゴールに設定します。例えば、改善したい特集ページのコンバージョン率が2%であり、「特集全体」の平均コンバージョン率が5%である場合は、まずは改善対象ページのコンバージョン率を5%にすることを目指します。ポイントは、サイト全体のコンバージョン率と比較するのではなく、対象セグメント（特集）の平均値と比較することです。

　一方、対象セグメントの平均値を算出できない場合は、現在値比で20%の改善をゴールに設定します。例えば、特集ページがサイト内に1つしかない場合は、そのページの直帰率が80%であればゴールに直帰率64%を設定します。

6．改善策を実施して評価する

　改善策を実施したら、必ずその結果を記録して評価を行います。評価対象の指標が直帰率やコンバージョン率の場合は、通常1〜2週間も経てば改善の効果が表れてきます。改善策を実施して2週間ほど経過した時点で一度、効果を測定してください。一方、SEO対策やもともとアクセス数が少ないページを改善した場合は結果が出るのにもう少し時間がかかります。1〜3カ月程度を目安に効果測定を行ってください。また、改善策を実施したら結果の良し悪しにかかわらず、必ず気づきや考えられる成功要因・失敗要因も記録しておきましょう。こういった日々の積み重ねによってサイトはどんどん改善されていきます。

　以下は「流入数の多い入り口ページの中に、直帰率が高いページがいくつかある」という気づきをもとに、その原因に「直帰率が高いページはプレゼントキャンペーン用に作られたもので、デザインが簡素であった」を定義し、「プレゼントキャンペーン用に作られたページのナビゲーションやメニューを他のページと揃えて、前月比20%の改善を実現する」という改善策を実施したページの直帰率の遷移です。

● プレゼントキャンペーン用のページの直帰率

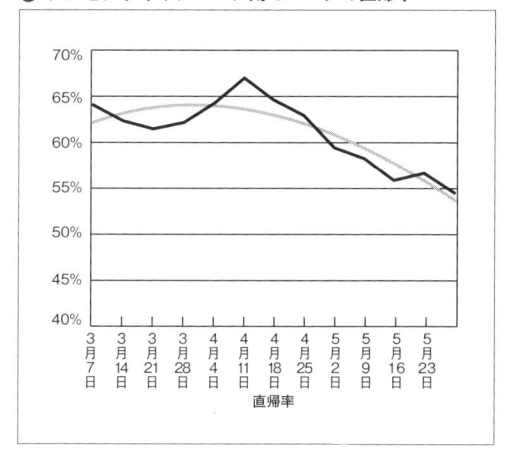

● 直帰率の推移

対象期間	直帰率	前月比
3月平均	62.60%	
4月平均	64.14%	102.5%
5月平均	57.43%	89.5%

※改善策実施日：2010年5月1日

　上図を見ると、ゴールに設定した「直帰率を20％改善する」には達していないものの、前月比で10.5％（100％－89.5％）改善していることがわかります。つまり、実施した改善策の効果が出ているといえます。もし、改善策を実施しても一向に改善しない場合やさらに悪化した場合はその原因を突き止め、次回以降に活かすように心がけましょう。

> **Tips**　「一定の改善は確認できたが、ゴールには達していない」という場合、次のアクションとしては「さらに別の改善策を実施する」と「これ以上の改善策は行わず、別の箇所を改善する」の2つがあると思います。どちらのアクションを選択するのかはみなさんの判断に委ねられますが、筆者の経験上、別の改善策が思いつく場合は「さらに別の改善策を実施する」ことをお勧めします。ただし、同じページに対して複数の改善策を実施すると改善の幅は狭まってくるので、多くても2～3つの改善策を実施したら、別の個所を改善するほうが良いでしょう。

改善策の実施方法：A/Bテスト

　ページのレイアウトやデザイン、機能などに対して何らかの改善策を実施する際に役立つ実施方法を2つ紹介します。1つは「A/Bテスト」、もう1つは「マルチバリエイトテスト」（P.154）です。
　A/Bテストとは、同じページに対して2種類以上のパターンを用意し、どのパターンがもっとも効果的かを調査するテスト手法です。例えば「今までのページ」と「新しいデザインのページ」の2パターンを対象にテストし、どちらのパターンのほうが直帰率やコンバージョン率が良い結果になるのかを調査します。実際には「全訪問者のうち、80％に今までのページを表示して、20％に新しいデザインのページを表示する」といった方法で、訪問者に見せるページを切り替えます。

● A/Bテスト

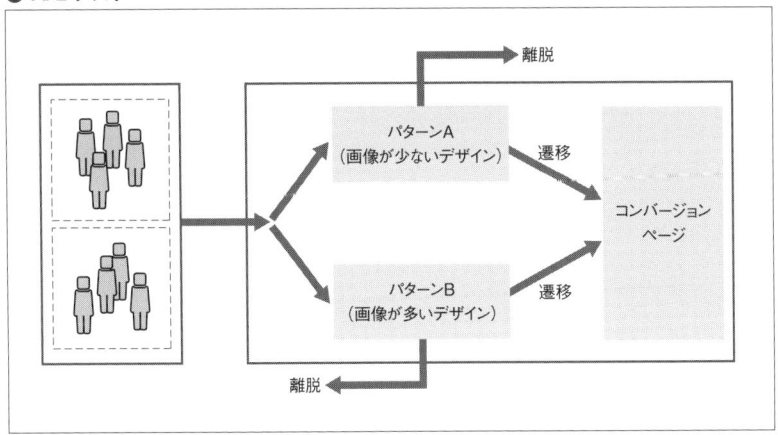

このように、改善対象のページを複数パターン用意して、比較することで改善策が失敗した場合のリスクを軽減できます。また、さまざまなパターンをテストしたい場合にも同時に評価できるので時間の短縮につながります。

A/Bテストのメリットとデメリット

A/Bテストには以下のメリットとデメリットがあります。これらの特徴を把握したうえで、利用してください。

● A/Bテストのメリットとデメリット

特徴	説明	
メリット	・複数のパターンを比較して、最良のパターンを発見できる ・悪い結果が出た際にすぐ元に戻すことができる ・結果が良かったパターンの出現率を上げることができる	・安価に実施できる（無料のツールもある） ・簡単に効果を測定できる
デメリット	・ページ単位でしかテストできない	・改善結果を判断するには一定の期間とデータ量が必要

また、A/Bテストでは各パターンの差を明確にしておかないと、有意な結果を得られません。例えば、「フォントサイズを少し大きくした」、「ページ下部の文章を直した」、「ボタンを濃い緑から薄い緑に変えた」などの細かい変更による効果測定には向いていません。「レイアウトを大幅に変える」、「応募フォームへのリンクをテキストから大きな画像に変える」、「メインの写真とキャプションを変える」などの大きな変更を伴う改善策を評価する際に適しています。

なお、この場合は複数の要素を同時に変更しないように注意してください。上記であれば「レイアウトを大幅に変える」と「メインの写真とキャプションを変える」は別々に実施し、テストしたほうが良いです。同時に変更するとどちらの施策によって指標が変化したのか判断できなくなります。

A/Bテストのテスト方法

A/Bテストには、以下の2種類のテスト方法があります。

● A/Bテストのテスト方法

方法	概要
同時テスト	2種類以上のパターンをランダムに表示して、効果を測定する方法
時間差テスト	2種類以上のパターンを期間ごとに表示し、効果を測定する方法。例えば、パターンAを1週目に、パターンBを2週目に表示するといった方法。他の条件に左右される可能性が高い

　なお、「時間差テスト」は指標の値が他の条件（季節トレンドや集客施策など）に左右される可能性が高いため、通常は「同時テスト」をお勧めします。同時テストは後述する「Website Optimizer」を使用すれば、簡単かつ無料で実施できます。本書も同時テストのテスト方法についてのみ解説します。

A/Bテストの実行方法（同時テスト）

　A/Bテスト（同時テスト）は簡単に実行できます。作成したパターン（ページ）をサーバーにアップロードして以下の手順を実行します。ここでは「Website Optimizer」（http://www.google.co.jp/websiteoptimizer）を使った方法で解説します。

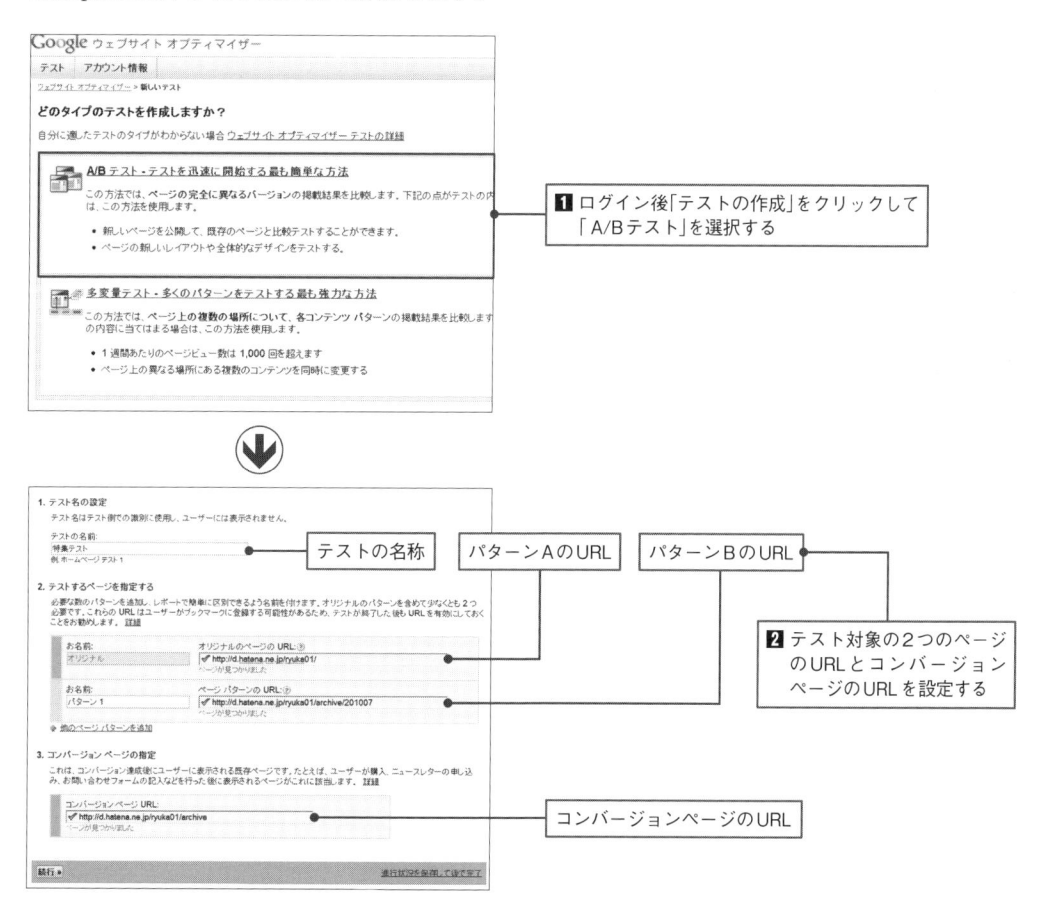

❶ ログイン後「テストの作成」をクリックして「A/Bテスト」を選択する

テストの名称　パターンAのURL　パターンBのURL

❷ テスト対象の2つのページのURLとコンバージョンページのURLを設定する

コンバージョンページのURL

Part 02 サイトの課題発見から改善まで

⬇

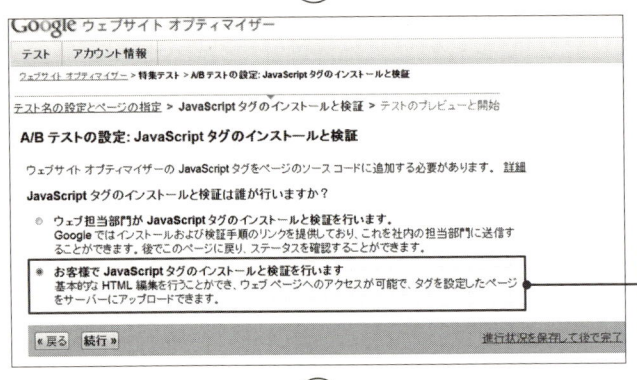

3 テスト用の記述を入手するために「お客様でJavaScriptタグのインストールと検証を行います」を選択する

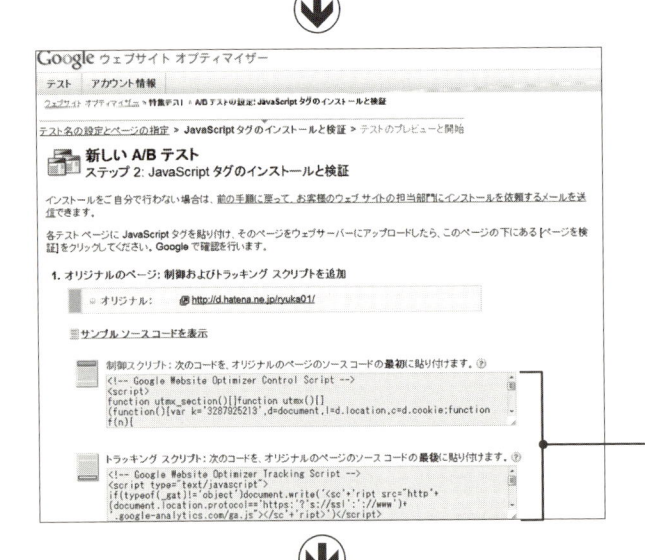

⬇

4 表示されたタグを各ページに追加して、再度アップロードする

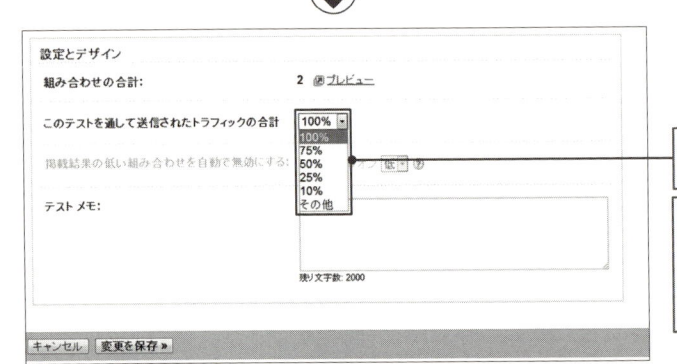

⬇

5 何%のセッションをテスト対象にするかを設定して「変更を保存」ボタンをクリックする

解説 比率を高く設定すると結果を早く確認できる。通常は「100%」で問題ないが、アクセス数が多いページ(1日1万PV以上)は、改悪に伴うコンバージョン率の低下リスクを抑えるために比率を減らしたほうが良い

⬇

6 「レポート」ボタンをクリックして結果を確認する

解説 今回のA/Bテストでは「オリジナル」よりも「パターン1」のほうが、コンバージョン率が高いことを確認できる

● Website Optimizerの表示項目

項目名	説明
予測コンバージョン率	各パターンのコンバージョン率の期待値
オリジナルの掲載成果を上回る可能性	最初のパターンと比較して、コンバージョン率が上がる確率
改善度	コンバージョン率の改善度
コンバージョン数/訪問ユーザー数	コンバージョン数と訪問回数

　このようにWebsite Optimizerを使用すれば簡単にA/Bテストを実施できます。ページに関する改善策を実施する際はまずA/Bテストからはじめることをお勧めします。効果をすぐに確認できるのでサイトを改善する際のモチベーションにもつながります。なお、テスト結果は1つのページで100件のコンバージョンが発生したときに判断してください。2つのページをテストする場合は200件のコンバージョンが必要になります。

　ただし、Website Optimizerはコンバージョン数とコンバージョン率の違いしか比較できないため、もともとコンバージョンに貢献していないページや、コンバージョンから遠いページ（TOPページ）はA/Bテストにそれほど向いていません。

　なお、A/Bテストは一度実施したら終わりというものではありません。テストを繰り返し実施し、その結果を記録し続けることで徐々にサイトを改善していくことが重要です。

Column　A/Bテストを実施できるツール

　Website Optimizer以外にもA/Bテストや後述するマルチバリエイトテストを実施するツールは多数あります。Website Optimizerより高機能なものが多いので、さらにテストを進めたい場合は以下のツールを利用することも検討してください。

● A/Bテストを実施できるツール

ツール名	特徴
econda	アクセス解析ツール「econda」にテスト機能を内蔵。わかりやすいインターフェースでテストを開始できる URL http://www.inter-office.co.jp/econda/
Test & Target	アクセス解析ツール「SiteCatalyst」を提供しているアドビ社の製品。高機能 URL http://www.omniture.com/jp/products/conversion/testandtarget
ubicast A/B Split	無償で手軽に利用できるA/Bテスト用ツール URL http://www.ubicast.com/products/absplit/
DLPO	A/Bテスト以外に、入り口ページの最適化やターゲティング機能などを備えた総合ツール URL http://www.landingpage.jp/
ウェブアンテナ	広告効果分析ツールの一機能として、A/Bテストが内蔵されている URL http://www.bebit.co.jp/webantenna/function/function6.html

改善策の実施方法：マルチバリエイトテスト

　マルチバリエイトテスト（多変量テスト）は、ページ単位ではなく、ページの構成要素である画像やテキスト、バナーを動的に入れ替えながら表示することで最適な組み合わせを見つけるテスト手法です。ページ単位で効果を測定するA/Bテストの応用的な手法といえます。

　以下のように、ページ内に複数の構成要素があり、それらに複数のパターンが考えられる場合に適したテスト方法です。

● マルチバリエイトテストによる最適パターンの発見

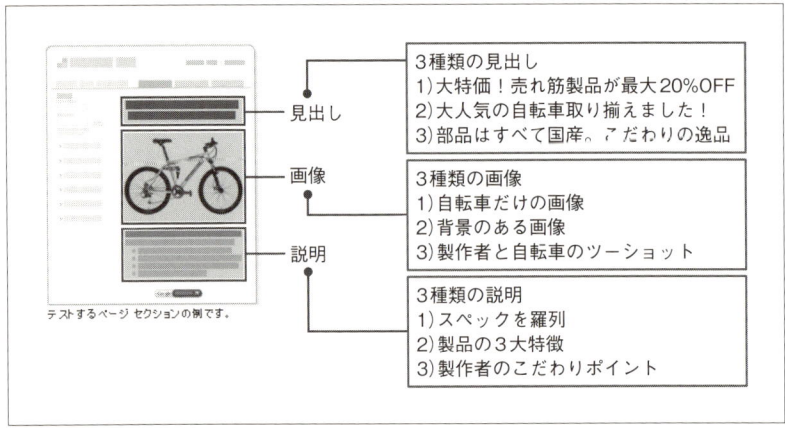

見出し
3種類の見出し
1）大特価！売れ筋製品が最大20%OFF
2）大人気の自転車取り揃えました！
3）部品はすべて国産。こだわりの逸品

画像
3種類の画像
1）自転車だけの画像
2）背景のある画像
3）製作者と自転車のツーショット

説明
3種類の説明
1）スペックを羅列
2）製品の3大特徴
3）製作者のこだわりポイント

テストするページ セクションの例です。

　ただし、上図を見てもわかるとおり、マルチバリエイトテストではページ内の要素を組み替えてテストを行うため、ページのレイアウトやデザインを大きく変更することはできません。これらを大きく変更したい場合は先にA/Bテストを実施してください。

マルチバリエイトテストのメリットとデメリット

　マルチバリエイトテストには以下のメリットとデメリットがあります。これらの特徴を把握したうえで、利用してください。

● マルチバリエイトテストのメリットとデメリット

特徴	説明
メリット	・複数の要素に対して効果を測定できる ・最適な組み合わせを簡単に確認できる ・効果的な変更内容を把握しやすい
デメリット	・さまざまな組み合わせをテストするため、ページビュー数が少ないページには向かない（Website Opitimizerは週間1,000PV以上のページを推奨） ・さまざまな要素を作成する必要があるため制作コストがかかる ・レイアウトやデザインを大きく変更できない

また、マルチバリエイトテストでもA/Bテストと同様に各パターンの差を明確にしておかないと、有意な結果を得られません。例えば、キャッチコピーをテストする場合に「33%割引」、「33%引き」、「33% OFF」としても結果はほとんど変わらないでしょう。「33% OFF！」、「大特価セール実施中！」、「同じ商品を2つ買うと、3つ目は無料！」のように変更しましょう。

　なお、マルチバリエイトテストの実行方法は基本的にA/Bテストと同じです。作成するパターンの内容が異なるだけです。具体的な実行方法についてはA/Bテストの実行方法（P.151）を参照してください。

　改善策というのは、あくまでも1つの案であって、必ずしもそれが成功するわけではありません。繰り返し改善策を実施すれば失敗も必ずあります。しかし、失敗したからといって落胆する必要はまったくありません。失敗から新しい気づきを得て、次に活かすことが大切です。常に成功する改善策を目指すのではなく、時間が許す限りさまざまな改善策を継続的に行い、より多くの「気づき」を蓄積していくことがより良いサイトを構築する近道です。言い換えれば、「サイトは常にテスト状態」であってほしいと思っています。テストをしていない期間はサイトが改善されていないことと同義です。何かしらサイトの良し悪しを判断できる施策を常に行いましょう。

> **Column** 有料のアクセス解析ツールでできること

ウェブ分析に慣れて、より深く、より細かく分析を進めたい場合や、何らかの理由（セキュリティやローデータのダウンロードなど）によってGoogle Analyticsを利用できなくなった、あるいは選択肢から外れた場合は別のアクセス解析ツールを検討しましょう。

有料のアクセス解析ツールには、Google Analyticsにはない以下の3つのメリットがあります。

▶ **1. 機能が豊富**

有料のアクセス解析ツールには、Google Analyticsにはない以下の機能が用意されています。これらの機能を使用したい場合は、別のアクセス解析ツールの導入を検討してください（すべてのアクセス解析ツールに以下の機能が用意されているわけではありません。ツールベンダーに機能の有無を確認してください）。

- リアルタイム計測
- オフラインデータのインポートとひも付け
- サイトあるいは機能単位の権限管理機能
- 他サービスとの連携機能
- ユーザー単位の分析
- ローデータのダウンロード
- URLやページのグルーピング機能
- レポートの自動配信や予約機能

▶ **2. サポートが充実している**

Google Analyticsには十分なサポートがありません（関連書籍やセミナーは多数あります）。一方、有料のアクセス解析ツールの多くは以下のようなサポートを提供しています。

- 電話サポート
- コンサルティング業務
- 導入対応や導入代行
- 分析代行
- 充実したマニュアル
- 他社の導入事例やノウハウの共有
- サービス利用のためのトレーニングコース
- 常駐スタッフの手配

会社の規模や利用人数によって、上記のサポートが必要な場合は有料のアクセス解析ツールの導入を検討してください。なお、数十名以上がアクセス解析ツールを利用する場合は、上記のサポートが必須になると思います。

▶ **3. 信頼性と安定性**

Google Analyticsに信頼性と安定性がないかといえば、そのようなことはまったくありませんが、有料のアクセス解析ツールを提供している会社は、ツール自体が自分たちのビジネスの中心であったり、重要な位置を占めていることが多いため、簡単にサービスを停止したり、カスタマーに大きな不利や悪い印象を与える変更を行うことがありません。情報管理も徹底しています。そういった意味でより信頼性と安定性が高いのは有料のアクセス解析ツールといえるでしょう。

Part 03

集客と導線の最適化

Chapter 08 ≫ 集客最適化

Chapter 09 ≫ 導線最適化

Chapter 08 集客最適化

　本章では、多くのユーザー（お客様）をサイトに集める「集客」を最適化する方法を解説します。サイトのKGIを達成するためには、より多くのユーザーに来訪してもらい、コンバージョンを達成してもらう必要があります。ぜひ本章を活用して集客最適化を行い、ユーザーが来訪してくれるサイトを構築してください。
　前半で集客最適化の基礎である「10種類の集客施策」を詳しく解説し、後半で「集客施策の最適化プロセス」について解説します。

集客最適化とは

　集客最適化とは、目標の売上を達するために必要なだけのユーザーを適正な予算内で集めることです。「とにかく流入数を増やす」ということではありません。ただ単に流入数を増やすのであれば、お金を使って広告を出稿すればその問題は解決します。しかし、それでは意味がありません。きちんと利益が出せるよう、事前に計画した予算内で必要なだけの流入量を確保することが重要です。サイトのKGIは「流入数を増やす」ことではないはずです。

コンバージョン数が増えない理由

　具体的な集客施策を紹介する前に、サイトに来訪したユーザーがコンバージョンを達成しない理由を考えてみます。その理由がわかれば、流入数を増やすだけではKGIを達成できないことがわかると思います。理想をいえば、すべての来訪者がコンバージョンを達成することが望ましいでしょう。しかし、現実はそれほど甘くはありません。それどころか大半のユーザーがコンバージョンを達成せずにサイトから離脱します。その理由は主に以下の7つにあると考えられます。

- あなたの商品やサービスを必要としていない
- あなたの商品やサービスを「今は」必要としていない
- あなたの会社やサイトを信用していない
- あなたの商品やサービスが高くて買えない
- あなたのサイトに技術的な問題がある（404エラーなど）
- あなたの商品やサービスよりも優れているサイトがある（安い、使いやすい）
- あなたの商品やサービスを利用する際の制約や障壁が多い

上記に挙げた理由が当てはまる場合、ユーザーはコンバージョンを達成することなくサイトから離脱します。このことを意識し、改善できるものから順次改善していく努力が必要です。

また、ユーザーのコンバージョンの有無は以下の各要素に影響されます。併せて覚えておきましょう。サイトを改善する際にはチェックリストとしても利用できます。

● コンバージョンに影響を与える要素

サイトの信頼性	商品やサイトの提案力	サイト外の影響
・商品の推薦文(レコメンドコメント) ・複数の支払い方法 ・注文・発送・納品書のトラッキング ・返金制度 ・返送コストのサイト側負担 ・デザインのクオリティ ・無料の問い合わせ先番号 ・サイトオーナーの情報(名前や住所)の表示 ・わかりやすい位置に連絡先が掲載されている ・信頼できるドメイン名 ・良いロゴ ・スパムメッセージを送らない ・スパム業者にメールアドレスを渡さない ・特定商取引法に基づく表記 ・プライバシーポリシー ・個人情報保護方針の掲載	・強力な魅力を持つ商品 ・魅力的な提案・価格・わかりやすさ(お買い得さ) ・ブランドネームの認知度と評判 ・お届けまでの日数が短い ・送料無料 ・追加のコスト(送料等)が安い ・ちょうちん記事ではない商品レビュー ・良いヘッドライン(売り文句) ・良い結びの文句 ・商品の良さを補強する文言 ・希少性(希少な量あるいは販売時間が短い) ・競合他社を含めたわかりやすい比較表 ・購入条件が見えやすい位置にある ・値段を見つけやすい ・「カートへ追加」ボタンが押したくなるデザイン ・購入までの道筋がわかりやすい ・商品画像がある ・商品やサイトに「限定感」がある ・要求に応じた柔軟性のある価格 ・海外発送あり	・広告の出稿量 ・広告のクオリティ ・広告の種類 ・広告が表示される場所を見るユーザーの属性 ・広告のクリエイティブと入り口ページのマッチング ・サイト外で大きな露出を得る ・オフライン広告 ・サイトの評判 ・運営会社の規模 ・競合のマーケティングや商品の量・質 ・時間帯 ・曜日／祝日 ・天気 ・ニュースレターやメルマガの量と質 ・商品のステータス(販売中止・一般販売など) ・アフィリエイターの質とやる気

筆者が「Conversion Factors」(http://paul.webanalyticsdemystified.com/2008/08/15/conversion-factors/)を意訳し、いくつかの要素を追加

上図を見るとわかるとおり、ユーザーは実に多くの要素に影響されます。これらのすべてを満たすことはできないかもしれませんが、改善していくことは可能です。

ウェブ分析で実施できる改善策は大きく分けると以下の2種類に分類できます。

- ユーザーの行動や声をもとにコンテンツを見直し、サイト・商品・サービスの必要性と信頼性を上げる
- データをもとにコンバージョン率が上がりそうな施策を行う(集客最適化・導線最適化)

本章では後者の1つである「集客最適化」について解説します。「導線最適化」については次章(P.197)で解説します。

集客最適化の考え方

集客最適化では、集客数(流入数)だけではなく、集客にかかったコストや売上、また直帰率や新規率、コンバージョン率なども評価の対象になります。つまり、集客最適化の成否はこれらの全体によって決まります。サイト管理者としても、より多くの人に、できるだけ長くサイトに滞在してもらい、できればコンバージョンを達成してほしいと考えているはずです。

下表を見てください。これは異なる2つの集客施策を行って10,000人のユーザーを集客した際のデータです。どちらの集客施策のほうが良いのでしょうか。

● 2つの集客施策における各指標の値

集客施策	流入数	直帰率	新規率	平均滞在時間	平均ページビュー数	コンバージョン率
A	10,000	45%	58%	00:05:12	8.3	1.4%
B	10,000	35%	42%	00:06:13	10.2	1.1%

上表を見ると、集客施策AはBよりも直帰率が高く、平均ページビュー数も少ないですが、一方で新規率やコンバージョン率は高いことがわかります。しかし、これだけではどちらの集客施策が良いのか判断できません。なぜなら、上表には「コスト」と「売上」が含まれていないからです。集客最適化を評価する際は必ず「コスト」と「売上」を対象に含める必要があります。

上記の2種類の集客施策にコストと売上の情報を追加すると下表のようになります[※]。

● 2つの集客施策における集客コストと各指標の値

集客手法	集客コスト	表示回数	流入数	直帰率	新規率	平均滞在時間	平均ページビュー数
A	¥200,000	500,000	10,000	45%	58%	00:05:12	8.3
B	¥150,000	450,000	10,000	35%	42%	00:06:13	10.2

● 2つの集客施策における売上と各指標の値

集客手法	コンバージョン数	コンバージョン率	CPC	CPA	売上	SPA
A	140	1.4%	¥20	¥1429	¥420,000	¥3,000
B	110	1.1%	¥15	¥1363	¥390,000	¥3,545

これで集客施策を評価するための情報が出揃いました。2つの集客施策を比較してみると、コンバージョン率やコンバージョン数、売上に関しては集客施策Aのほうが良く、効率（1件あたりの流入とコンバージョンにかかるコスト、1件あたりの売上）に関しては集客施策Bのほうが良いことがわかります。

> **Tips**
> どちらの集客施策のほうが優れているのかは、サイトのKGIによって変わります。サイトのKGIが「売上を最大化する」であれば、売上がより多い集客手法Aのほうが優れています。一方、「利益を最大化する」であれば、CPCやCPAといったコストが少ない集客手法Bのほうが優れているといえます。
> また、KGIの金額による場合もあります。例えば「売上40万円を達成したい」であれば、集客手法Aだけで問題ありませんが、「売上60万円を達成したい」であれば、両方の集客施策を行う必要があります。ほとんどの場合は、複数の集客手法を確認・調整しながら集客最適化を行う必要があります。

※ CPC、CPA、SPAについては次ページのコラムを参照してください。

> **Column** コストと売上に関する指標
>
> ウェブ分析では、コストと売上を確認するために以下の3つの指標を利用します。
>
> ▶ CPC（Cost Per Click）
>
> CPCは、クリック（1集客）あたりの単価です。低ければ低いほど良い数字といえます。例えば、あるバナー広告の出稿費が1週間500,000円で、掲載期間中にその広告が100,000回表示され、そこから1,000件の流入（クリック）があった場合、CPCは50円（500,000円／1,000件）になります。
>
> ▶ CPA（Cost Per Action あるいは Acquisition）
>
> CPAは、1回のコンバージョンを得るためにかかったコストです。低ければ低いほど良い数字といえます。例えば、ある集客施策に50,000円かかり、その施策によってコンバージョンが100件発生した場合、CPAは500円（50,000円／100件）になります。
>
> ▶ SPA（Sales Per Action あるいは Acquisition）
>
> SPAは、1回のコンバージョンで得た売上です。ECサイトの場合は「コンバージョンあたりの平均購入単価」になります。高ければ高いほど良い数字といえます。例えば、ある集客施策でコンバージョンが100件発生し、その売上が800,000円の場合、SPAは8,000円（800,000円／100件）になります。「SPA − CPA」が正の数であれば「黒字」、負の数であれば「赤字」になります。

10種類の集客施策

　本書では、集客最適化を行うための施策を以下の10種類に分類し、解説します。まずは概要をつかんでください。それぞれに特徴があり、また一長一短ですが、上手に組み合わせることができれば、集客を最適化することができます。

　また、各施策の効果は対象サイトの種類や規模によって異なります。ここではサイトのタイプ別の優先度も記載しておきますので、対象サイトのタイプに合わせて、実施する施策を検討してください。なお、ここでは「資料請求」や「クーポン印刷」、「来店予約」のようなサイト外で売上が発生するサイトも「ECサイト」として区分けしています。つまり、非ECサイトとはメディア系サイトや無料サービス、ブログ、企業サイトなどが分類されます。

10種類の集客施策

料金	施策名	流入元	説明
無料	検索エンジン	検索エンジン	検索結果画面からの流入。多くのサイトで流入比率が高いため改善効果が大きい
有料	リスティング広告	検索エンジン	検索結果画面に有料広告を掲載する。効率良く定期的な流入が見込める
有料	メールマガジン	メール	登録者に商品やサービスの情報を配信する。他の施策よりも効率は良いが、母数を増やすのは難しい
有料	アフィリエイト	外部サイト	企業や個人サイトにアフィリエイト広告を掲載する。相性の良いコンテンツに対して広告を表示できるが、通常は掲載場所を把握できない
有料	外部広告（プロモーション）	外部サイト	特定の媒体やサイトに広告を掲載する。初期費用が高く、事前に効果を予測することが難しいが、掲載媒体によっては、一時的な大量集客を実現できる
有料 無料	プレスリリース	リリース掲載サイト	新商品やサービスの情報を「プレスリリース配信サイト」に掲載してもらう。無料あるいは格安だが流入量の増加はそれほど期待できない
無料	自己集客	施策に依存	他社のサービスや仕組み（TwitterやFacebookなど）を利用する。相性の良い流入を増やせるが、効果を得るには工夫が必要
有料	公式サイト（モバイル）	公式サイトのリスト	各携帯キャリアが提供している公式サイトのメニューに掲載してもらう。公式サイトに認定されると流入増が期待できる。ただし掲載へのハードルは高い
有料 無料	他力集客	外部サイト	外部サイトで自社サイトを紹介してもらう。無料で集客できるが、流入量の変動が大きい
有料	アライアンス	外部サイト	他社と提携を行い、自社コンテンツを他社サイトに定期的に掲載してもらう。大企業でないと実現は困難。コストもかかるが、競合他社を排除できるメリットは大きい

各施策の優先度

施策名	ECサイト	非ECサイト	大規模サイト※	小規模サイト
検索エンジン	高	高	高	高
リスティング広告	高	中	高	中
メールマガジン	高	高	中	高
アフィリエイト	中	低	低	中
外部広告（プロモーション）	中	中	中	中
プレスリリース	低	中	低	中
自己集客	中	中	中	中
公式サイト（モバイル）	中	中	高	低
他力集客	中	低	低	中
アライアンス	中	中	高	低

※大規模サイトとは月間ページビュー数が100万PV以上のサイトです。

集客施策その1：検索エンジン

　集客施策における「検索エンジン」とは、Yahoo!やGoogle、bingなどの検索エンジンからの流入を最大化する施策です。「SEO（Search Engine Optimization：検索エンジン最適化）」とも呼ばれます。
　具体的には、検索エンジンからの流入数を最大化するために、各検索エンジンが独自のロジックで表示している検索結果画面の上位に対象サイトが掲載されるように、サイトを最適化します。

検索エンジンの検索結果画面（bing）

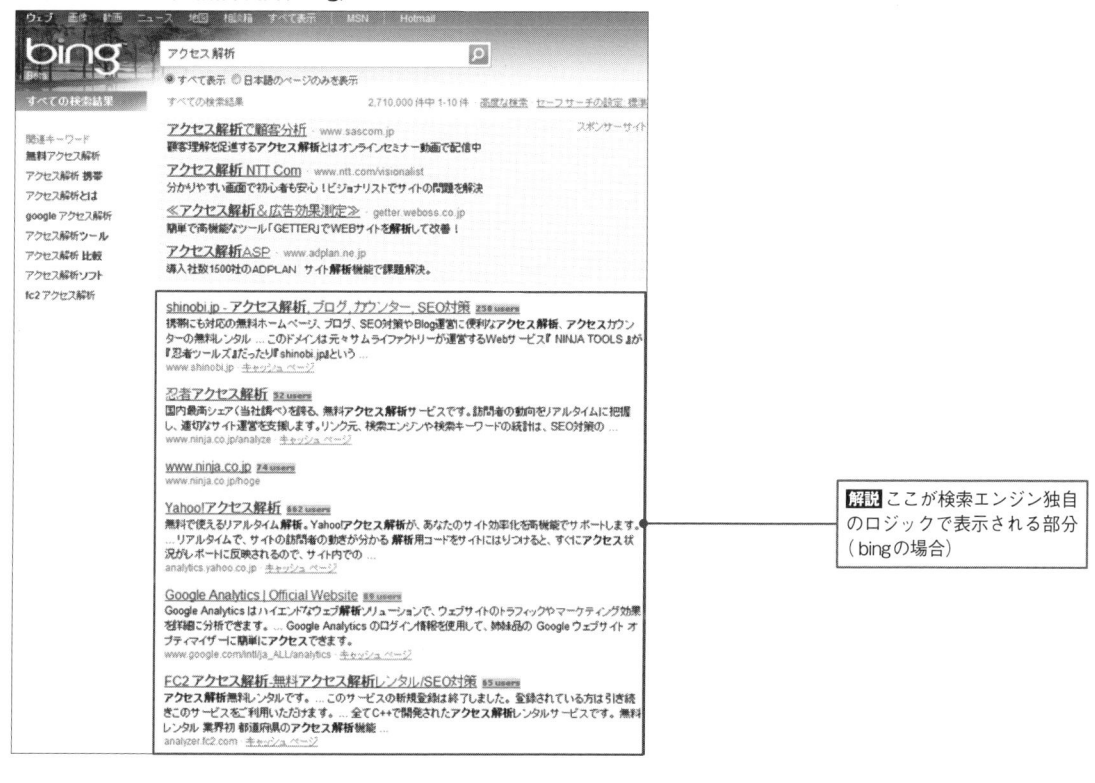

解説 ここが検索エンジン独自のロジックで表示される部分（bingの場合）

多くのサイトでは検索エンジンからの流入がもっとも多く、改善の効果も大きいので、最初に着手すべき集客施策といえます。前ページの表「各施策の優先度」でも、唯一すべてのタイプのサイトで優先度が「高」になっています。

検索エンジンのメリットとデメリット

集客施策「検索エンジン」には以下のメリットとデメリットがあります。

集客施策「検索エンジン」のメリット

メリット	説明
掲載料が無料	SEO対策のためにサイトを修正するコストはかかるが、検索結果画面に掲載されること自体は無料なので、他の集客施策よりも安価に集客最適化を実現できる
中長期間一定の流入が見込める	検索結果画面には「掲載期間」のような期限が決められていないため、掲載順位が大幅に下がらない限り一定量の流入が見込める。特に、多くのユーザーが利用する検索ワードで上位に掲載されるようになれば、サイトにとって大切な流入源になる
コンバージョン率が高い	ユーザーはもともとその検索ワードに興味を持っているため、検索エンジンから流入したユーザーのコンバージョン率は、他の経路から流入したユーザーのそれよりも高い。つまり、検索エンジンを最適化することでコンバージョン数の増加を望める

● 集客施策「検索エンジン」のデメリット

デメリット	説明
短期間では効果が出にくい	検索結果画面の掲載内容は検索エンジン側が自動的に変更するため、サイトを改善してもすぐにその内容が反映されない。通常は、内容が反映されるまでに数週間〜数カ月かかる。そのため、短期間で大量の流入が必要な場合は別の集客施策を行う必要がある
コスト計算が難しい	検索結果画面への掲載自体は無料だが、サイトを改善するにはコストがかかる。しかし、実際の作業量とその効果が測定しにくいため、後述の「リスティング広告」（P.166）や「プロモーション」（P.176）のように、事前にコストを計算するのは困難
検索エンジンのロジック次第	掲載順位の算出方法は検索エンジン側のロジックに依存するため、確実に掲載順位を上げる方法がない。また、計算方法が変更されて急激に掲載順位が下がる可能性もある。上記の「検索エンジンのメリット」では一定の流入が見込めるとあるが、計算方法が変更された場合に関しては例外

「検索エンジン」施策の概要

検索エンジンから流入したユーザーによるコンバージョン数は以下の式で求めることができます[※]。そのため、ここではそれぞれを最大化することを目指します。

コンバージョン数 ＝ Imp数 × CTR × コンバージョン率

上記の各要素は下表に示す要素に影響されます。

● 各要素に影響を与える要素

Imp数に影響を与える要素	CTRに影響を与える要素	コンバージョン率に影響を与える要素
・対象検索ワードの検索回数 ・インデックス数[※] ・掲載ページ番号	・掲載順位 ・文言	・入り口ページ

※インデックス数とは、検索結果画面に表示される可能性があるページの数（検索エンジンにクロールされているページの数）です。

≫ Imp数の改善方法

Imp数を最大化するには、サイト内のコンテンツを増やして、さまざまな検索ワードでサイトが検索されるように改善する必要があります。また、検索回数の多い検索ワードに対して最適化を行い、その検索ワードの検索結果画面で上位に表示されるようにします。検索数が多い検索ワードを調べる方法はP.93で解説します。

≫ CTRの改善方法

CTRを最大化するには、第一に検索結果画面の上位に表示されるようにサイトを改善する必要があります。掲載順位を上げる方法は後述のコラム「検索結果画面の上位に掲載してもらう方法」（P.165）を参照してください。

また、検索結果画面に表示される文言が、ユーザーのニーズとマッチしているのか確認することも重要です。もしマッチしていない場合は適宜修正してください。マッチしているか否かは、検索エンジンからの入り口ページの直帰率などを確認すれば判断できます（P.98）。

※Imp数：インプレッション数。ここでは検索結果画面の表示回数を代入します。CTR：リンクがクリックされた率

≫ コンバージョン率の改善方法

コンバージョン率を最大化する方法はいくつかありますが、集客施策「検索エンジン」では、検索結果画面に掲載されている文言と入り口ページの内容がマッチしているのかを確認します。サイト管理者は検索結果画面に表示されるサイトの入り口ページを指定することはできません。検索エンジンのクローラーが勝手に設定します。検索エンジンからの流入数が多く、直帰率が高い入り口ページから見直していきましょう。

Column 検索結果画面の上位に掲載してもらう方法

検索結果画面の掲載順位の決定ロジックは公開されていません。そのため、確実に上位に表示する方法というのはありません。世の中には無数のSEO関連情報が溢れていますが、いずれも効果を約束するものではないのです。しかし、掲載順位に影響を与える要素については先人の経験や調査によってある程度わかってきています。

SEO対策関連の情報は膨大であるため、ここでそのすべてを解説することはできませんが、SEO対策の基本的な考え方やいくつかの対処方法を以下に紹介します。

▶ Googleの検索結果画面の順位に影響を与える要素

SEOに関する情報を集めたサイト「SEOmoz.org」は、毎年「Googleでの順位に影響を与える要素」を公開しています。2009年のベスト10は以下のとおりでした[※]。

● Googleでの順位に影響を与える要素（2009年度）

順位	要素	影響力（100点満点）
1	外部サイトからの対象の検索ワードによるリンク	73
2	リンクをしてくれるサイトの人気度	71
3	リンクサイトのユニークなドメイン数	67
4	タイトルタグ（<TITLE></TITLE>）内でのキーワード利用	66
5	リンクしてくれるサイト（ドメイン）の信用度	66
6	相当量のキーワードを使ったオリジナルコンテンツの存在	65
7	該当検索ワードでの「ハブや権威」となるサイトからのリンク	64
8	タイトルタグ（<TITLE></TITLE>）内の最初のキーワード	63
9	Googleの独自アルゴリズム「ページランク」の結果	63
10	ドメイン名でのキーワード利用	60

上表を見ると、検索結果画面の順位に影響を与える要素は、大きく分けると「サイト内でのキーワードの利用量と箇所」と「外部からの優秀なリンクを増やすこと」の2つであることがわかります。

前者は、検索エンジンからの流入数が多いページの内容を修正することで対応しましょう。また、新しいページを増やす際は検索ワードを意識してコンテンツを作成してください。

後者に対応する方法は2つあります。1つ目は多くのサイトから紹介されるような魅力的なサイ

※米国での調査結果です。事実を反映しているとは限りません。

トを作ることです。基本中の基本ですが、継続的な努力と改善が必要です。
　2つ目は「リンクを購入する」という方法です。

▶ リンクを購入する方法

　「リンクを購入する」とは、リンクされる数（被リンク数）を増やすために、業者が運営しているサイトやブログに有料でリンクを張ってもらう手法です。必要なコストは、リンクの数とリンクを張ってもらうサイトの質と人気度によって異なります。参考としていくつかの業者の金額を記載します（2010年6月時点）。

● リンクの値段

業者	被リンク数	金額	月の被リンク単価	備考
A	10,000	87,000円（年間）	0.725円／月	PageRankの指定なし※
B	1	12,000円（3カ月）	4,000円／月	PageRank 6のサイトからのリンク
C	100	50,400円（6カ月）	84円／月	良質なオールドドメインからのリンク
D	5,000以上	10,5000円（6カ月）	3.5円／月	業者が運営しているメディアからのリンク
E	200	17,940円（3カ月）	29.9円／月	特になし
F	15	41,260円（1カ月）	2,751円／月	PageRank 5のサイトからのリンク

※ PageRankは、Googleが提供している「サイトの質と人気度」を示すサービスです。

　「リンクの購入」は数多くのサイトで行われていますが、検索エンジン側はリンクの購入そのものを推奨していません。現在は検索エンジン側がリンクを購入しているのか否かを見破る方法が限られているため、大きな問題は発生していませんが、今後は変わる可能性もあります。リンクの購入には一定のリスクがあることを理解しておきましょう。

　上記は数多くあるSEO対策のほんの一例に過ぎませんが、大切なことは検索エンジンを意識してサイトを作成することです。SEOに関するノウハウや書籍はたくさんあります。より詳しい内容については別途他の専門書などに目を通してください。

集客施策その2：リスティング広告

　集客施策における「リスティング広告」（サーチワード広告、PPC広告）とは、検索エンジンの代理店にお金を支払って検索結果画面に自社サイトの広告とリンクを掲載してもらうことで、検索エンジンからの流入を最大化する施策です。日本ではOverture（Google）やAdwords（Yahoo!）が主要な検索エンジンのリスティング広告を取り扱っています。

● 検索エンジンの検索結果画面（Yahoo!）

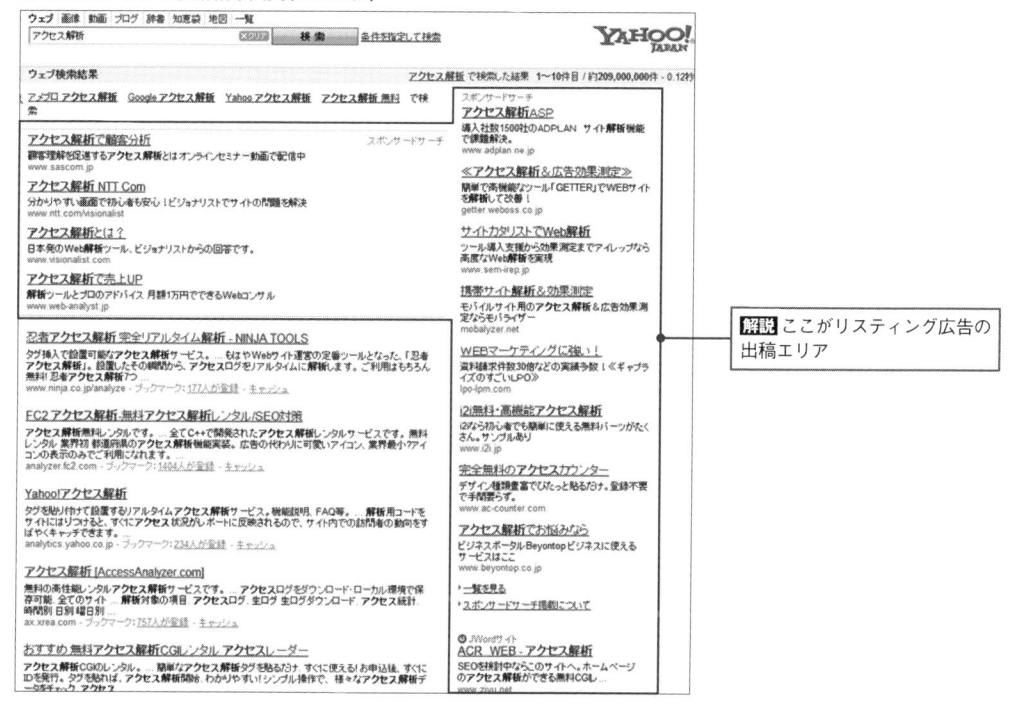

解説　ここがリスティング広告の出稿エリア

リスティング広告のメリットとデメリット

リスティング広告には以下のメリットとデメリットがあります。

● 集客施策「リスティング広告」のメリット

メリット	説明
掲載内容の変更や予算の調整が簡単	リスティング広告の掲載内容（リンク先や文言）はいつでも変更でき、すぐに反映される。また、予算に合わせて広告の表示回数や期間を自由に設定できる
コスト効率が高い	リンクがクリックされた場合のみコストが発生するので、画面上に表示されるたびにコストが発生する集客施策よりもコスト効率が高い
コンバージョン率が高い	リスティング広告は検索ワードと関連性のある場合のみ表示されるので、入稿する文言を調整することで、告知・訴求したい地域やターゲットをある程度絞り込むことができる
コスト計算が簡単	リスティング広告は上限金額を指定して入札できるので、必要なコストを容易に計算できる

● 集客施策「リスティング広告」のデメリット

デメリット	説明
こまめなチューニングが必要	リスティング広告の効果を上げるには、季節や状況に合った文言に修正する必要がある。しかし、この作業には人手が伴うため人件費がかかり、またリスティング広告の知識や自社サイトのページやコンテンツの理解、世の中のトレンドなどを把握しておかないと最適化できない
顕在層しか連れてこられない	リスティング広告はユーザーが検索したキーワードに応じて表示されるため、出稿側が想定している顕在層からの流入しか見込めない
競合を排他できない	1社だけで掲載枠を独占したり、もっとも良い場所を確保したりすることはできない。常に競合他社との勝負になる。そのため、突発的に流入数が大きく上下することがある

リスティング広告と検索エンジンの違い

リスティング広告と検索エンジンの検索結果は同一ページ上に表示されますが、その性質は大きく異なります。以下にリスティング広告と検索エンジンの違いをまとめます。

● リスティング広告と検索エンジンの違い

項目	リスティング広告	検索エンジンの検索結果
結果が反映される時間	即時〜数分	数時間〜数日
入り口ページの指定	可	不可
ROI測定の容易性	簡単	難しい
順位のコントロールのしやすさ	簡単（お金があれば）	難しい
市場規模	1.03兆円（米国・2007年）	126.1億円（米国・2007年）
検索結果ページからのクリック率	約32%	約50%

また、検索結果ページからの閲覧比率やクリック率にも以下のような違いがあります。

● リスティング広告と検索エンジンの閲覧率とクリック率（上位8位）

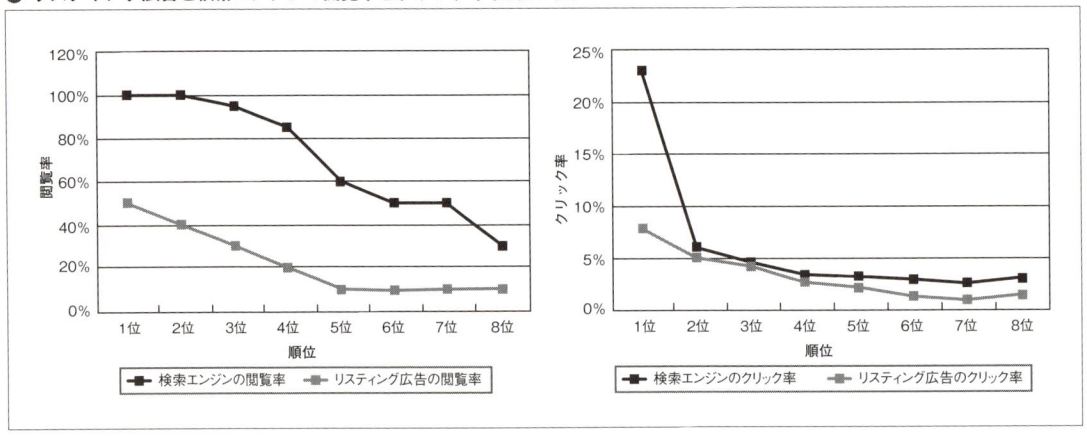

● 上記各数値の出所と参考文献

- Search Engine Marketing Professional Organizaionの資料より米国での2007年の結果
  URL http://www.slideshare.net/massimoburgio/massimo-burgio-sempo-survey-smx-madrid-2008/
- Googleの検索結果を利用したアイボール調査結果
  URL http://www.eyetools.com/inpage/research_google_eyetracking_heatmap.htm
- [調査] SEO - 検索順位とクリック数の関係 - 米AOLの検索行動データより
  URL http://www.sem-r.com/08h1/20080626172700.html
- Why Google's surprising paid click data are less surprisingより
  URL http://www.comscore.com/blog/2008/02/why_googles_surprising_paid_click_data_are_less_surprising.html
- リスティング広告の掲載順位とクリック率の相関関係についてより
  URL http://morningfire.at.webry.info/200610/article_10.html

「リスティング広告」施策の概要

リスティング広告から流入したユーザーによるコンバージョン数は、検索エンジンからの流入時と同様に以下の式で求めることができます[※]。

コンバージョン数 ＝ Imp数×CTR×コンバージョン率

上記の各要素は下表に示す要素に影響されます。

● 各要素に影響を与える要素

Imp数に影響を与える要素	CTRに影響を与える要素	コンバージョン率に影響を与える要素
・入稿するキーワードの検索回数 ・掲載する媒体（Yahoo!やGoogleなど） ・掲載順位 ・予算	・掲載順位 ・他社のTD[※] ・自社のTD	・入稿した文言 ・入り口ページ

※TD（Title & Description）とは、入稿原稿のタイトルと説明文章の内容です。

Imp数の改善方法

基本的に、Imp数はコストをかけた分だけ増えます。そのため、予算が最重要項目といっても過言ではありません。しかし、効率よくImp数を増やす方法はあります。リスティング広告の金額は、クリック単価（クリックあたりの金額）によって決まるので、検索回数が多くてクリック単価の安いキーワードを探せば、低予算でImp数を増やすことが可能になります。「キーワードツール」（P.215）を使って探してみてください。

Yahoo!とGoogleのどちらの検索結果画面に掲載したほうが良いのかは意見の分かれるところですが、もし運用コストと人手があるのであれば最初は両方に半分ずつ予算を割り当てて、キーワードごとに最適な配分を探っていく方法をお勧めします。例えば「マンション」というキーワードはYahoo!からの流入数が多く、「賃貸」というキーワードはGoogleからの流入数が多い場合は、それぞれが最大になるようなコスト配分を検討します。

CTRの改善方法

CTRを最大化するには、検索結果画面での掲載順位と表示される文言を改善する必要があります。CPCが安いキーワードを探して掲載順位を上げたり、コンバージョン率が高いキーワードに予算を割いて掲載順位を上げたりすることをお勧めします。

また、せっかく上位に掲載されてもクリックされなければ意味がありません。ユーザーの目を引くタイトルと説明文章を入稿してください。良いタイトルや説明文章は一朝一夕には思いつきません。さまざまなフレーズを試しながら、トライ＆エラーを繰り返して徐々に良くしていってください。

※Imp数：インプレッション数。ここでは検索結果画面の表示回数を代入します。CTR：リンクがクリックされた率

● リスティング広告のTD

> スポンサーリンク
> **マンション情報を探すなら**
> 希望地域や条件で検索！新築中古・
> 賃貸情報サイトはリクルートのスーモ
> suumo.jp

コンバージョン率の改善方法

　コンバージョン率は入稿した文言と入り口ページの相性に影響されます。入り口ページで離脱されているうちは、コンバージョン率は向上しません。まずは入り口ページの直帰率を調べて、そのページがユーザーのニーズとマッチしているか否かを確認してください。

　また、リスティング広告の場合は、入り口ページを指定できます。リスティング広告のタイトルや説明文章とマッチしているページを用意し、入り口ページに指定してください。

Column　　インタレストマッチとGoogleコンテンツネットワーク

　リスティング広告と似ている集客施策に「インタレストマッチ」（Yahoo!が提供）と「Googleコンテンツネットワーク」（Googleが提供）の2つがあります。基本的な仕組みはリスティング広告と同じですが、広告の掲載箇所が異なります。

　リスティング広告は検索結果画面に掲載されますが、インタレストマッチとGoogleコンテンツネットワークは「広告枠を提供しているサイト」に掲載されます。また、以下の特徴もあります。

・閲覧者の現在・過去の閲覧履歴や直近の検索ワードをもとに最適な広告を掲載できる
・検索エンジン以外のさまざまなページに掲載できる
・テキストに加え、画像や動画も利用できる

● mixi上のインタレストマッチ

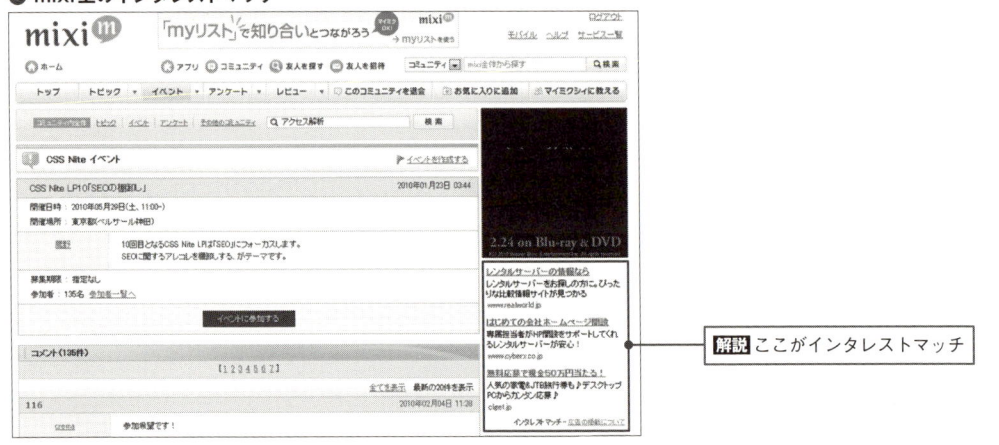

解説 ここがインタレストマッチ

なお、リスティング広告とこれらの広告のどちらがサイトにとって有益であるのかは一概にはいえません。両方の広告を出稿し、データを分析するしかありません。しかし、適切な場所に、適切な広告を出稿できれば、その効果は絶大なので時間とコストをかけてしっかりと調査することをお勧めします。

集客施策その3：メールマガジン

集客施策における「メールマガジン」とは、事前に配信を希望しているユーザーに対して、商品やサービスの情報をメールで送信する集客施策です。リスティング広告や後述するアフィリエイト（P.174）よりも昔からある集客施策であり、現在でも広く利用されています。通常は、メール配信ソフトやASPなどを利用してメールを配信します。最近は画像やリンクを多用したグラフィカルなメールマガジンもよく見ます。

● メールマガジン（例：スクウェアエニックスと日本ベリサイン）

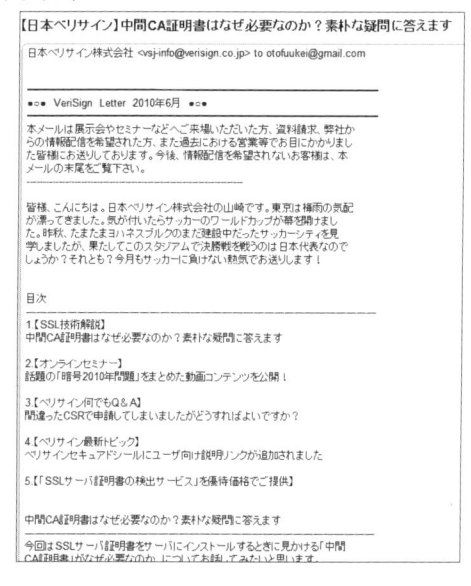

● 主なメール配信サービス

サイト名	URL
Acare	http://www.a-care.co.jp/
ClickM@iler	http://www.clickmailer.jp/
Spiral	http://www.pi-pe.co.jp/
MailArrow	http://www.mailarrow.jp/
ブレインメール	http://www.blaynmail.jp/

メールマガジンのメリットとデメリット

集客施策「メールマガジン」には以下のメリットとデメリットがあります。

● 集客施策「メールマガジン」のメリット

メリット	説明
コンバージョン率が高い	事前にメールマガジンの配信を希望している時点で、ユーザーは対象の商品やサービスに興味を持っていることが多いため、他の集客施策よりもコンバージョン率が高くなる
配信内容や頻度を調整できる	メールマガジンは、過去の実績をもとに配信内容や頻度を調整することができるので、最適なタイミングで情報をユーザーに届けることができる。そのため、ユーザーのニーズにマッチさせやすく、結果としてコンバージョンにつながる
ターゲティングが可能	メールマガジンは、会員情報や購入履歴をもとに「カートに投入したけど買わなかった人」、「過去に商品Aを買ったことがある人」、「20代男性」などのセグメンテーションを行うことができるので、そのセグメントに適した情報を送ることができる
お得感を与えることができる	メールマガジンは事前に登録されているユーザーにしか配信されないので、「メールマガジン読者限定！」のようなプレミアム感を付加することで、ユーザーにお得感を与えることができる

● 集客施策「メールマガジン」のデメリット

デメリット	説明
読者を増やすのが困難	メールマガジンを配信するには、事前にユーザーに登録してもらう必要があるため、配信を希望する「読者」を増やすために他の集客施策を実施しなければならない。しかし、読者を大量に増やすことは難しく、全体の流入内訳を見ると比率は低くなりがち
新規顧客を確保できない	基本的にメールマガジンは商品やサービスの内容をすでに認知しているユーザーにしか配信することができない。新規顧客を確保することはほぼ不可能
コストと工数がかかる	セグメントごとに内容を作り替えたり、配信日を設定したりするにはコストと工数が必要。また、メールマガジンの内容の承認や配信設定にもコストがかかる。メール配信システムを利用する場合はその利用料も必要

「メールマガジン」施策の概要

メールマガジンから流入したユーザーによるコンバージョン数は、以下の式で求めることができます[※]。

$$コンバージョン数 = Imp数 \times CTR \times コンバージョン率$$

上記の各要素は下表に示す要素に影響されます。

● 各要素に影響を与える要素

Imp数に影響を与える要素	CTRに影響を与える要素	コンバージョン率に影響を与える要素
・読者数 ・開封率 ・配信数	・コンテンツの魅力 ・プレミアム感	・入り口ページ ・プレミアム感

※Imp数：インプレッション数。ここではメールマガジンの開封数を代入します。CTR：リンクがクリックされた率

≫ Imp数の改善方法

　Imp数に影響を与える要素中で最初に改善すべきなのは「読者数」です。読者を増やす方法には以下の3つがあります。中でも最後の方法がもっとも効果的です。

- 読者登録のメリットや特徴を説明する
- いつでも登録できるように「メールマガジン登録画面」へのリンクを用意する
- コンバージョンの完了前後でメールマガジンの登録を促す

　次に大切なのが「開封率」です。せっかく登録してもらっても、開封してもらえなければ意味がありません。開封率を上げる方法のうち、もっとも重要なのはメールマガジンの「件名」です。件名の長さや記号の使い方などによって開封率は大きく変わります。一般的には「読者の名前を入れる」、「疑問形を使う」や「メリットを訴える」、「限定感を訴える」、「役立ち感を訴える」などが有効です。

　ただし、「必ず開封率が上がる」という正解はないので、複数のパターンを使って試すことをお勧めします。最初の500通に件名Aを、次の500通に件名Bを指定して、実際の開封率を比較してみましょう。

　また「配信頻度」も重要な要素の1つです。これも一概に「週に何回」と言い切れないのですが、1週間に数回程度の配信であれば問題ありません。

　すべての集客施策についていえることですが、上記の指標がコンバージョン数に影響を与えることを把握したうえで、それらの指標の実数を確認しながらテストを繰り返し、最適な値を求めていくことが大切になります。

≫ CTRやコンバージョン率の改善方法

　CTRやコンバージョン率は「コンテンツの魅力」や「プレミアム感」に影響されます。コンバージョン率に関しては「入り口ページ」も重要です。メールマガジンではセグメンテーションを行うこともできるので、読者の属性に合わせてさまざまな内容やデザインのメールマガジンを配信し、少しずつノウハウをためていきましょう。

　例えば、3種類の画像を用意し、それぞれのクリック率を把握するだけでも、次回以降の配信時にその結果を活用できます。クリックしてもらい、サイトに来訪してもらわないことにはコンバージョン数が増えることはありません。メールマガジンの本文にも同じことがいえます。なお、一般的にはメールマガジンの本文に「本人の名前を入れる」、「大きなボタンでクリックする箇所を明確にする」、「インパクトのあるビジュアル」、「読み物や特集内容の続きをウェブサイトだけに掲載する」などの方法をとればクリック率が高くなります。

　少しずつ経験を積み、読者にとってより良いメールマガジンを配信できるようになれば、結果的にコンバージョン数に大きく貢献するようになります。

集客施策その4：アフィリエイト

　集客施策における「アフィリエイト」とは、制作した広告コンテンツをアフィリエイトサービスに登録（有料）しておき、その広告を見た個人や別企業のブログや自社サイトなどにその広告の掲載を依頼するという広告手法です。掲載側が掲載する広告を決定できるため、報酬が高い広告や自サイトに合った広告が選択されます。

　アフィリエイトを行うのに必要なコストは、サービス提供会社に支払う「サービス利用料」とコンバージョンが発生したときに掲載側に支払う「報酬」の2つです。リスティング広告はクリックごとにコストが発生しますが、アフィリエイトは通常、コンバージョンごとにコストが発生します。

● アフィリエイトサービス「Amazonアソシエイト」

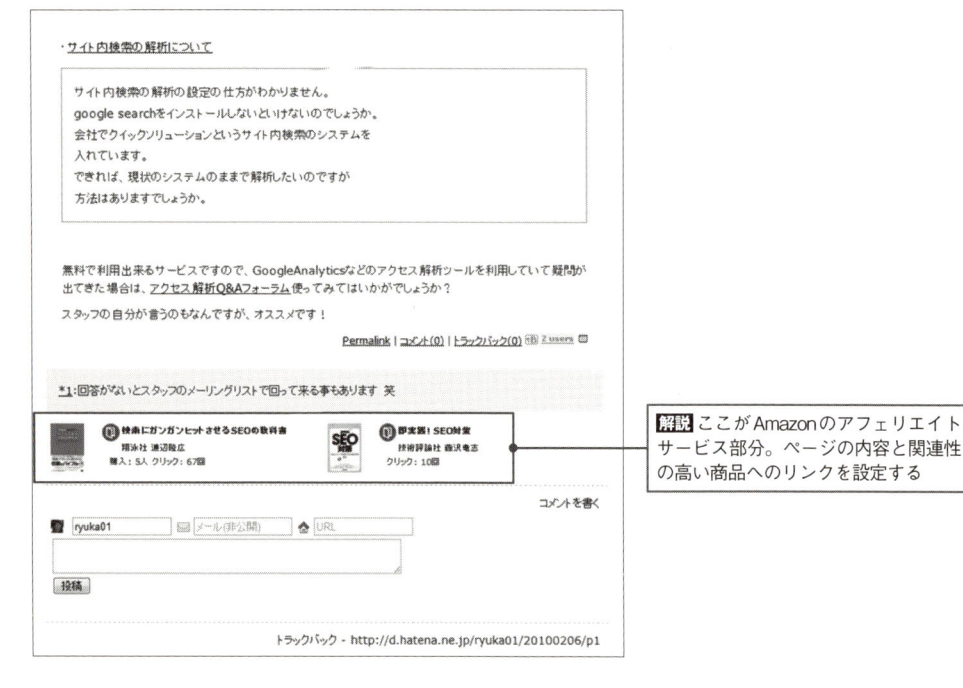

解説　ここがAmazonのアフェリエイトサービス部分。ページの内容と関連性の高い商品へのリンクを設定する

● 主なアフィリエイトサービス

サイト名	URL
A8.net	http://www.a8.net/
Amazonアソシエイト	https://affiliate.amazon.co.jp/
Value Commerce	https://www.valuecommerce.ne.jp/index.cfm
楽天アフィリエイト	http://affiliate.rakuten.co.jp/

アフィリエイトのメリットとデメリット

集客施策「アフィリエイト」には以下のメリットとデメリットがあります。

● 集客施策「アフィリエイト」のメリット

メリット	説明
成果課金型なので無駄が少ない	アフィリエイトでは、コンバージョンが達成された場合のみコストが発生するので、無駄な（コンバージョンに貢献しなかった）アクセスが増えてもコストは増えない。また、コンバージョン時の単価も自分である程度調整できるため予算を調整しやすい
「濃いユーザー」の流入が期待できる	個人ブログや何かに特化したサイトには、それらのサイトが扱う情報に強い興味を持つユーザーが多く集まるため、そこにアフィリエイトを出すことで相性の良いユーザーを集客することができる
アフィリエイターの協力を得られる	アフィリエイター（アフィリエイトを掲載するサイトやブログの管理者）は、アフィリエイト先でコンバージョンが発生すると収入を得ることができるため、少しでもコンバージョン数を稼ごうと、商品やサービスの説明を丁寧に行ってくれる場合が多い

● 集客施策「アフィリエイト」のデメリット

デメリット	説明
不正なアクションが発生する	コンバージョンが「資料請求」や「会員登録」のようなお金が発生しないものの場合、報酬目当ての不正なコンバージョンが発生する可能性がある。また、他にも不正な手法がいくつかあり、それを完全に防ぐことは困難
コスト予測が難しい	アフィリエイト経由のコンバージョン数を予測することは困難。コンバージョンが発生しない場合はコストもかからないが、突然コンバージョン数が増えるとその分のコストが必要になる
掲載箇所をコントロールできない	広告主側が掲載ドメインやサイトを選定できないことが多く、「このページに掲載したい」といった細かい指定はできないため、広告が「いかがわしいサイト」に掲載される可能性もある

「アフィリエイト」施策の概要

アフィリエイトから流入したユーザーによるコンバージョン数は以下の式で求めることができます[※]。

コンバージョン数 ＝ Imp数×CTR×コンバージョン率

上記の各要素は下表に示す要素に影響されます。

● 各要素に影響を与える要素

Imp数に影響を与える要素	CTRに影響を与える要素	コンバージョン率に影響を与える要素
・掲載側にとっての魅力 ・アフィリエイトサービス会社が管理しているサイトの規模と種類	・クリエイティブやバナーの魅力 ・掲載箇所 ・掲載種別	・入り口ページ ・クリックから成果までの日数 ・不正クリックの除外率

　アフィリエイトにおいて、もっとも大切なことは「掲載側にとっての魅力」です。アフィリエイトは掲載側が掲載の有無や内容を決定するため、魅力がないアフィリエイトの場合はどこにも掲載されません。アフィリエイトサービスに登録しても一向に流入数が増えない場合は、掲載側にとっての魅力（サイトとの相性や報酬額、市場規模など）をもう一度考えてみましょう。

※Imp数：インプレッション数。ここではアフィリエイトの表示回数を代入します。CTR：リンクがクリックされた率

集客施策その5：外部広告（プロモーション）

　集客施策における「外部広告（プロモーション）」とは、ポータルサイトや媒体（雑誌・新聞系サイトなど）にお金を払って広告を出稿することで集客する施策です。バナーを掲載するだけの場合もあれば、専用のキャンペーンサイトを作成する場合もあります。通常は、入稿後に内容を変更することはできません。

● バナー広告（例：MSN）

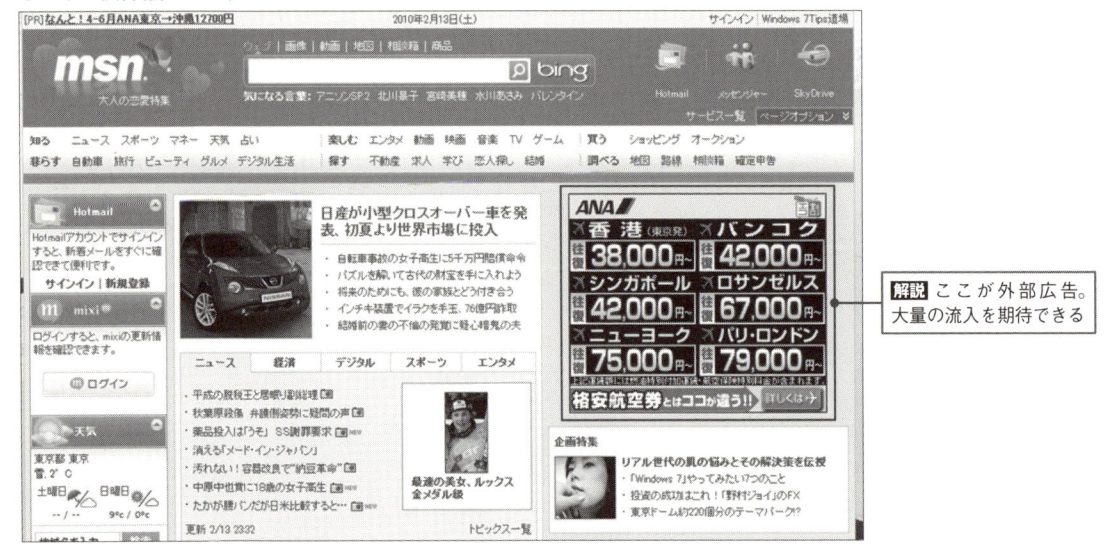

解説　ここが外部広告。大量の流入を期待できる

　外部広告には、「広告料金表を見て、決まった枠で掲載する方法」と「広告代理店を通して掲載する方法」の2つの方法があります。

● サイトの広告料金表例

サイト名	広告料金表
YOMIURI ONLINE	http://www.yomiuri.co.jp/adv/ad/price.htm
Gigazine	http://gigazine.biz/
Yahoo!Japan	http://netadguide.yahoo.co.jp/info/rate/index.html
OCN	http://www.ocn.ne.jp/info/ad

● 主な広告代理店

名前	URL
オプト	http://www.opt.ne.jp/
アイレップ	http://www.irep.co.jp/
メディックス	http://www.medix-inc.co.jp/
サイバーエージェント	http://www.cyberagent.co.jp/service/

※広告代理店には「外部広告」だけではなく、集客をまとめて見てくれるサービスもあります

外部広告のメリットとデメリット

集客施策「外部広告」には以下のメリットとデメリットがあります。

集客施策「外部広告」のメリット

メリット	説明
特定のセグメントを集客できる	多くのポータルサイトや媒体系サイトは、サイトに来訪するユーザーの性別や年代、居住地などをまとめた「メディアシート」と呼ばれる資料を用意しているため、ターゲットを絞って広告を制作すれば、特定のセグメント（美容に興味がある20代女性、パソコンに興味がある30代男性など）のユーザーを容易に集客することができる
大量の流入を期待できる	コストをかけた分だけ、大量の流入数が見込める。短期間で多くの流入数を必要とする場合に向いている施策
認知度が高まる	来訪者数の多いサイトに広告を出すと、認知度が高まる。その結果、想像もしていなかったセグメントからの流入が増えることもある

集客施策「外部広告」のデメリット

デメリット	説明
効率が悪い	プレゼント抽選のようなユーザーに対して直接的なメリットを提示できない場合は、クリック率やコンバージョン率は低くなりがち。また、プレゼントを用意したとしても、「良いユーザー（今後も継続してサービスを利用してくれるユーザー）」を確保できる保証はない
掲載までの手間とコストがかかる	先方とのやりとりや広告制作に手間とコストがかかる。また、人気のあるサイトに出稿するにはそれなりの広告料も必要

「外部広告」施策の概要

外部広告から流入したユーザーによるコンバージョン数は以下の式で求めることができます[※]。

コンバージョン数 ＝ Imp数×CTR×コンバージョン率

上記の各要素は下表に示す要素に影響されます。

各要素に影響を与える要素

Imp数に影響を与える要素	CTRに影響を与える要素	コンバージョン率に影響を与える要素
・出稿先の集客力 ・プロモーション期間	・広告のクリエイティブ ・ユーザーのメリット ・出稿先との相性	・入り口ページ ・ユーザーのメリット

　外部広告の集客力は、広告の中身と見せ方に大きく左右されます。同じプレゼントを提供する場合でも、告知する場所やタイミング、文章などをいろいろと試しながら、最適な提供方法を探ってください。また、外部広告の場合は、流入数を増やすことではなく認知度を向上させることを目的とする場合もあります。ユニークな広告を用意して話題になれば、認知度は一気に向上するでしょう。

※Imp数：インプレッション数。ここでは広告の表示回数を代入します。CTR：リンクがクリックされた率

集客施策その6：プレスリリース

　集客施策における「プレスリリース」とは、商品やサービスの情報を「プレスリリース配信サイト」に掲載して集客する施策です。プレスリリース配信サイトからの流入に加えて、プレスリリースを見た媒体（ニュースサイトやポータルなど）がその情報を掲載することによってさらなる流入も期待できます。

● プレスリリース（PR TIMES）

● 主なプレスリリースサイト

サイト名	URL
PR TIMES	http://prtimes.jp/
バリュープレス	http://www.value-press.com/
@Press	http://www.atpress.ne.jp/
COMSEARCH	http://www.comsearch.jp/
VFリリース（ベンチャー向け）	http://release.vfactory.jp/
CNET プレスリリース	http://japan.cnet.com/release/

プレスリリースのメリットとデメリット

　集客施策「プレスリリース」には以下のメリットとデメリットがあります。

集客施策「プレスリリース」のメリット

メリット	説明
掲載料が安い	多くのプレスリリース配信サイトは無料または安価でプレスリリースを掲載してくれるので、サイト外の告知媒体として活用するべき
波及効果が期待できる	プレスリリースを見た媒体が情報を広めてくれる。ポータルサイトなどに掲載されると、流入数が一気に増える可能性もある
内容を使いまわせる	自社用に作成したプレスリリースをそのまま利用できるので、別途作成コストなどはかからない

集客施策「プレスリリース」のデメリット

デメリット	説明
流入量はそれほど期待できない	プレスリリースによる集客数はあまり多くないので、別の集客施策と併せて実施する必要がある
配信・掲載される情報に制限がある	プレゼントキャンペーンのような集客を目的にした内容はプレスリリースとして認められないことが多い。そのため、プレスリリースを毎日・毎週発行するのは困難

「プレスリリース」施策の概要

プレスリリースから流入したユーザーによるコンバージョン数は以下の式で求めることができます[※]。

コンバージョン数 ＝ Imp数×CTR×コンバージョン率

上記の各要素は下表に示す要素に影響されます。

各要素に影響を与える要素

Imp数に影響を与える要素	CTRに影響を与える要素	コンバージョン率に影響を与える要素
・出稿先の集客力 ・出稿先のユーザー層との相性	・プレスリリースの魅力	・プレスリリースの魅力 ・入り口ページ

　プレスリリースには正確さが求められるため内容自体を変えることはできません。そのため、プレスリリースの魅力をウェブ分析で向上させることは困難です。また、流入数もそれほど期待できないため、基本的には他の集客施策と併せて定期的にプレスリリースを発表することで、サイト全体の流入数を上げるように努めましょう。ただし、有料のプレスリリース配信サイトに掲載を依頼している場合は、きちんと流入数を計測してコストに見合っているか確認することを忘れないでください。

集客施策その7：自己集客

　集客施策における「自己集客」とは、他社のサービスを使って何らかのコンテンツを作成し、そこから集客する施策です。具体的にはmixiやGREEなどのSNS、Twitter、Facebook、iPhoneアプリ、スタッフブログなどが対象になります。自己集客では、それほど多くの流入数は期待できませんが、熱心なファンを増やすことができます。

※Imp数：インプレッション数。ここではプレスリリースの表示回数を代入します。CTR：リンクがクリックされた率

● 自己集客（SUBWAYのTwitterアカウントとHondaのFacebookアカウント）

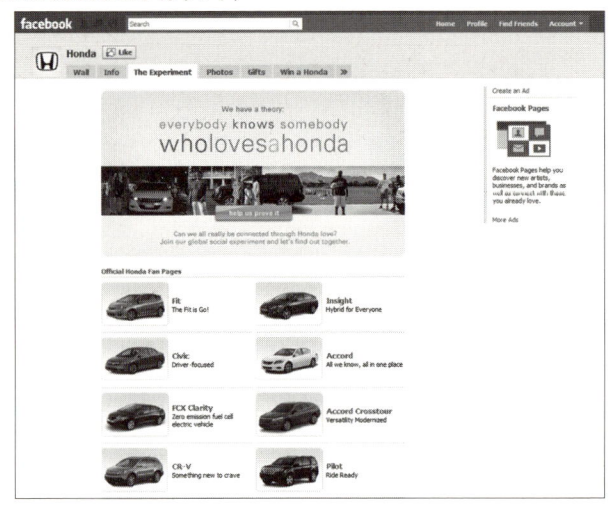

自己集客のメリットとデメリット

集客施策「自己集客」には以下のメリットとデメリットがあります。

● 集客施策「自己集客」のメリット

メリット	説明
幅広い客層に訴求できる	さまざまなサービスを利用することで、今まで想定していなかった新規客に訴求できる
想いや感情を表現できる	日記やコメントのようなコミュニケーションツールを利用することで、想いや感情などの「人間味」を表現できる
リピーターになりやすい	サービスに興味や好意を持っている人がサイトに流入してくることが多いため、他の集客施策よりもリピーターになりやすい

● 集客施策「自己集客」のデメリット

デメリット	説明
「炎上」しないように注意が必要	想いや感情が先走ると、サイトが炎上することもある。言葉や表現方法には十分な注意が必要
大規模なサイトでは影響力が少ない	自己集客ではそれほど多くの流入数を期待できないため、ページビュー数が多い大規模サイトでは、自己集客によるインパクトはあまりない。一方で、小規模だがユニークな商品やサービスを提供しているサイトでは、自己集客によってコンバージョン数を大きく向上させることが可能
運用・更新の手間がかかる	自己集客のコンテンツは作成してからが勝負。定期的に更新しないと誰も見てくれなくなり、ファンを作ることもできない。実施目的を明確にし、定期的に運用・更新する必要があるが、それだけ手間とコストもかかる

「自己集客」施策の概要

自己集客から流入したユーザーによるコンバージョン数は以下の式で求めることができます[※]。

コンバージョン数 ＝ Imp数×CTR×コンバージョン率

※Imp数：インプレッション数。ここではコンテンツの表示回数を代入します。CTR：リンクがクリックされた率

上記の各要素は下表に示す要素に影響されます。

● 各要素に影響を与える要素

Imp数に影響を与える要素	CTRに影響を与える要素	コンバージョン率に影響を与える要素
・掲載場所 ・利用者数 ・人気度（評価）、フォロワー数などのサービス上の評価指標	・コンテンツの内容 ・使いやすさ（ユーザビリティ）	・入り口ページ

　ソーシャル系のサービス（mixiやTwitter、Facebookなど）を利用した自己集客の成功の鍵は「ユーザーとのコミュニケーション」です。コミュニケーション方法を間違えると会社やサービスに対して悪い印象を与えてしまいます。ソーシャル系のサービスを利用するときは以下の10個のポイントを参考にして、ユーザーと良好な関係を築けるよう努力してください。

1. SNSやブログの経験があり、勘所がわかっている人を担当者に選ぶ
2. 会社の意見なのか、個人の意見なのかを明確にする。また、個人的な意見の場合は、自分の立場を明確にする
3. 価値のある内容の記事を書く。プロモーション色は弱くし、まずは困っているユーザーを助けることからはじめる
4. 必要に応じて読者にコメントを求める。SNSの魅力は相互コミュニケーションであり、一方通行の記事ならプレスリリースと何も変わらない
5. 知っていることだけを書く。嘘をつかない。見栄を張らない
6. 自分たちの商品やサービスに関する投稿が多いサービスを利用する
7. 利用者数が多いサービスを利用する
8. ユーザーの情報をうのみにしない。Amazonのレビューのように1つのコメントが購買に影響を与えることもあるが、1つのレビューを真に受けてビジネス判断を下さいないようにする
9. 影響力がある人を活用する
10. 定量的な情報と定性的な情報をともに確認する。自分好みの情報のみを取捨選択しない

　繰り返しになりますが、自己集客においてもっとも大切なのは、ユーザーとのコミュニケーションです。できるだけ多くのファンを作り、ファンから頂いた意見をもとにサイトを改善してください。直接ユーザーとコミュニケーションを取ることができない場合でも、「ユーザーの感想」（アプリのレビューなど）やコメントなどを大切にして、満足度とコンバージョン数を上げていきましょう。

集客施策その8：公式サイト（モバイル）

　集客施策における「公式サイト（モバイル）」とは、docomo、Softbank、auなどの携帯キャリアが提供している公式サイトのメニューにサイトを掲載することで集客する施策です。「公式化」とも呼

ばれます。
　モバイルユーザーの多くは、検索エンジンではなく公式サイトのメニューを利用して、ブラウジングしています。そのため、公式サイトのメニューにサイトを掲載できれば多くの集客が期待できます。また、公式サイトのメニューは検索エンジンの結果画面でも上位に表示されるため、検索エンジンからの流入増も見込めます。

● モバイルユーザーがもっとも利用する検索方法(左)と検索エンジンの表示エリア(右)

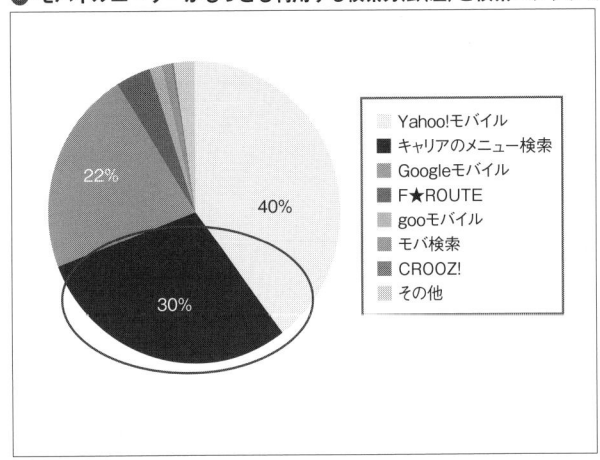

出所：アウンコンサルティング、インデックス、ポイントオンの3社でポイントオンモニタを活用したアンケート調査(2008年)

　ただし、公式サイトのメニューに掲載してもらうにはキャリアの審査を通過する必要があります。この審査が大変で、申請したすべてのサイトが公式化されるわけではありません。会社の資金力やコンテンツの充実具合などさまざまな審査項目があり、中小企業の掲載は難しいのが現状です。また、審査内容が3キャリアでそれぞれ異なるため、一括申し込みができず、手間と時間がかかります（申請業務を代行会社に依頼することもできます）。審査は定期的（毎月～半年に1回くらい）に行われています。

公式サイト(モバイル)のメリットとデメリット

集客施策「公式サイト（モバイル）」には以下のメリットとデメリットがあります。

● 集客施策「公式サイト(モバイル)」のメリット

メリット	説明
大量の流入が見込める	モバイルのユーザーは公式サイトの利用率が高いため、公式化できれば大量の流入が見込める
コンバージョン率が高い	コンテンツの内容を理解したうえで来訪するユーザーが多いため、他のモバイル関連施策よりもコンバージョン率が高い傾向がある
営業支援になる	公式サイトのメニューに掲載されていることが、会社の信頼度の向上につながるため、サイトの広告営業の際に有利に働くことがある
キャリアのサポートを受けることができる	集客とは関係ないが、キャリアの課金システムやサポートを利用できる点や、キャリアから情報提供を受けることができる点はサイト運用上のメリットになる

集客施策「公式サイト（モバイル）」のデメリット

デメリット	説明
公式化までの手続きが大変	先述したとおり、公式化されるまでの手続きが大変
掲載順位によって流入数が大きく変わる	掲載箇所が検索結果画面の2ページ目以降になると流入数が大幅に減少する。公式サイトの検索結果画面の掲載順位は主にページビュー数で決まるので、まずは大量のページビュー数が必要になる
クリエイティブが変えにくい	公式サイトに掲載する内容は頻繁に変更できない。また、テストによる効果測定も行えない

「公式サイト（モバイル）」施策の概要

公式サイト（モバイル）から流入したユーザーによるコンバージョン数は以下の式で求めることができます[※]。

コンバージョン数 ＝ Imp数×CTR×コンバージョン率

上記の各要素は下表に示す要素に影響されます。

各要素に影響を与える要素

Imp数に影響を与える要素	CTRに影響を与える要素	コンバージョン率に影響を与える要素
・検索結果画面の掲載場所 ・掲載ジャンル	・掲載順位 ・クリエイティブ	・入り口ページ ・クリエイティブ

公式サイト（モバイル）に関しては、改善方法は2つしかありません。1つ目はクリエイティブです。PCよりも少ない文字数しか使えないので、伝えたいことをしっかりとまとめる必要があります。2つ目は他の集客施策を行ってサイトのページビュー数を増やすことです。公式サイトの上位に掲載されるとそれ以前の数倍～数十倍の流入数が見込めます。そのため「公式サイトの上位に掲載してもらう」ことを目的に他の集客施策を行うこともあります。

集客施策その9：他力集客

集客施策における「他力集客」とは、自社のサービスや商品を個人のブログやニュースサイトなどで取り上げてもらって集客する施策です。基本的には他力本願（他人任せ）ですが、バナーやウィジェット、ブログパーツなどを用意することで、リンクを張ってもらいやすい環境を作ることは可能です。

また、影響力のある人に商品やサービスを無料で提供して、ブログにレビューを書いてもらう手法も最近はよく見かけます。

※Imp数：インプレッション数。ここではコンテンツの表示回数を代入します。CTR：リンクがクリックされた率

● オンラインゲーム「ラグナロク　オンライン」のブログパーツ(左)とAMNソーシャルレビュー(右)

他力集客のメリットとデメリット

集客施策「他力集客」には以下のメリットとデメリットがあります。

● 集客施策「他力集客」のメリット

メリット	説明
無料で集客できる	有料プランを使わない限りは、コストはかからない
サイトや商品の印象を把握できる	ユーザーはサイトや商品の感想を率直に書くことが多いので、良い評判ばかりでなく悪い評判を書かれることもあるが、それによってサイトや商品の印象や評価を把握することができる。評判が悪い場合は以後の改善にも活用できる

● 集客施策「他力集客」のデメリット

デメリット	説明
集客力は未知数	いつ、どのような形でリンクが張られるのか予測できないため、その集客力を推し量ることはできない。ある日突然流入数が増え、その数日後には流入数がほぼ0になることもある
掲載を止められない	悪い内容であっても、掲載内容をこちら側で編集・削除することはできない

「他力集客」施策の概要

他力集客から流入したユーザーによるコンバージョン数は以下の式で求めることができます[※]。

コンバージョン数 ＝ Imp数×CTR×コンバージョン率

上記の各要素は下表に示す要素に影響されます。

● 各要素に影響を与える要素

Imp数に影響を与える要素	CTRに影響を与える要素	コンバージョン率に影響を与える要素
・掲載されたサイトの集客力	・記事の内容 ・クリエイティブ	・入り口ページ ・クリエイティブ

他力集客では、こちら側で直接何らかの改善施策を行うことは困難です。掲載された記事の内容やユーザーの意見をもとに、サイトを改善するしかありません。ただし、好意的なレビューを書いてくれる人や、影響力の大きい人に商品やサービスを無料で提供することで露出を増やし、流入数を増やすことは可能です。

集客施策その10：アライアンス

集客施策における「アライアンス」とは、他社（ポータルサイトやプロバイダーなど）と契約を結び、自分たちのコンテンツを他社サイトに掲載してもらう集客施策です。大規模な会社やサイト向けの集客施策であるため利用シーンは限られています。

この集客施策には、コンテンツの提供側と掲載側にそれぞれ以下のメリットがあります。

- コンテンツ提供側：大量の新規ユーザーを獲得できる
- コンテンツ掲載側：自社内のコンテンツが増える

例えば、BIGLOBEの旅行コンテンツは「JTB」や「旅ぷらざ」が、Yahoo!の転職コンテンツは「リクルート」がそれぞれ提供しています（2010年1月時点）。通常、検索機能などは掲載側が提供し、詳細解説や申し込みは提供側で行います。契約期間がある程度長期間である点が特徴です。

[※] Imp数：インプレッション数。ここではコンテンツの表示回数を代入します。CTR：リンクがクリックされた率

● アライアンス（例：BIGLOBEの旅行ページ）

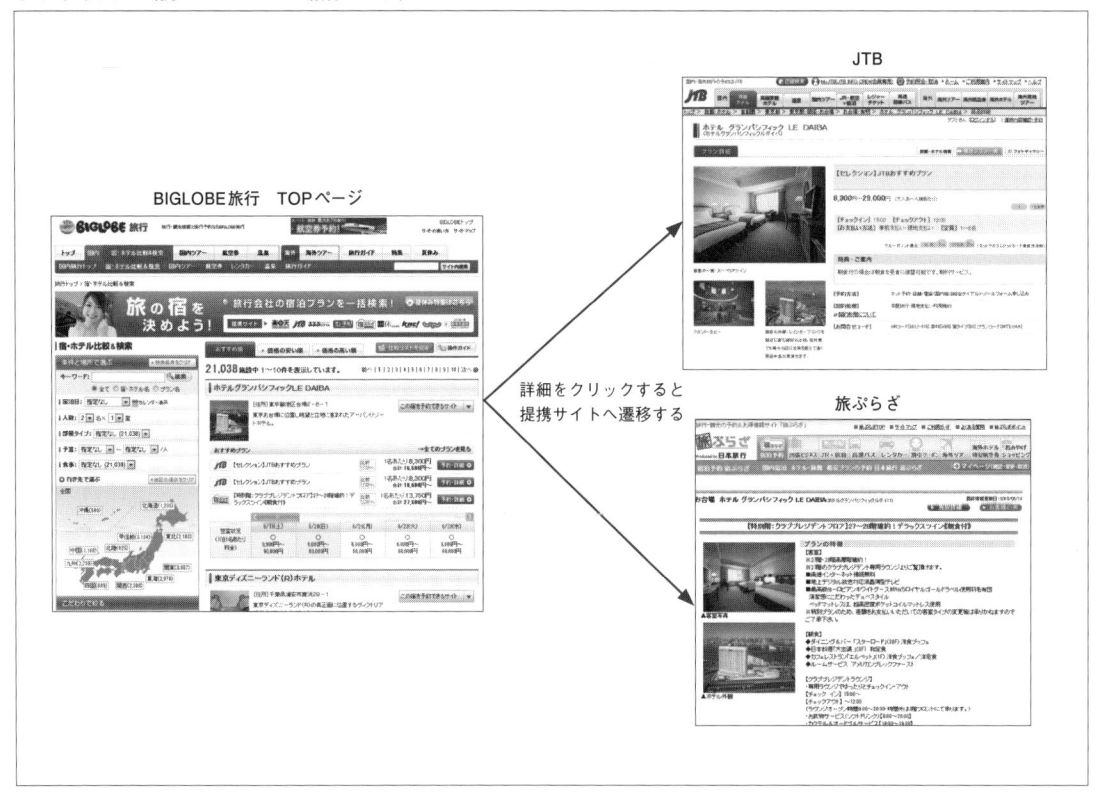

BIGLOBE旅行　TOPページ

詳細をクリックすると
提携サイトへ遷移する

JTB

旅ぶらざ

アライアンスのメリットとデメリット

集客施策「アライアンス」には以下のメリットとデメリットがあります。

● 集客施策「アライアンス」のメリット

メリット	説明
新規ユーザーを確保できる	新規ユーザーの集客を掲載側のサイトに頼ることができる。特に自社サイトよりも規模が大きいサイトとアライアンスを実現できれば多くの流入数と売上を確保できる
集客を独占できる可能性がある	契約内容によるが、掲載側サイトと独占契約を結べば、競合他社の掲載を防ぐことができる

● 集客施策「アライアンス」のデメリット

デメリット	説明
掲載側サイトが欲しがるコンテンツが必要	掲載側サイトが欲しがるコンテンツを持っていることが大前提。就職情報やファイナンス、住宅、美容、飲食など、魅力的なコンテンツを持っていないと交渉の余地がない
交渉が大変	交渉は非常にシビアかつ時間がかかる。特に、すでに競合他社が出稿している場合は大変

「アライアンス」施策の概要

アライアンスから流入したユーザーによるコンバージョン数は以下の式で求めることができます※。

コンバージョン数 ＝ Imp数×CTR×コンバージョン率

上記の各要素は下表に示す要素に影響されます。

● 各要素に影響を与える要素

Imp数に影響を与える要素	CTRに影響を与える要素	コンバージョン率に影響を与える要素
・掲載側サイトの集客力	・コンテンツの魅力	・掲載側サイトの客層とコンテンツの相性 ・コンテンツの魅力

アライアンスで大切なのは、事前に掲載側サイトについてしっかり調査することと、その後の交渉です。提携費用を支払っても効果が出なければ意味がありません。一方で、効率が良いところには追加の費用を払ってでも競合他社の排除に努めなければならないでしょう。契約内容によって独占・非独占や掲載料などが決まりますので、入念に準備し、契約交渉に臨みましょう。

また、定期的にコンテンツやレイアウトの見直しによる改善も必要です。お互いに定期的な場を持って意見を出し合い改善する体制を作りましょう。

集客施策の最適化プロセスと集客ポートフォリオ

ここまで、ウェブ分析で行う10種類の集客施策を個別に解説してきました。各施策にはそれぞれ特徴があり、またメリット・デメリットもあります。基本的にはこれらの施策を上手に組み合わせてサイト全体の流入数を増やし、KGIを達成すべくサイトを改善していくことになります。ここからは、実施した集客施策を最適化する方法を解説していきます。

集客施策の最適化プロセス

ただ単に施策を実施するだけでは、その施策の成否を判断することができません。無駄なくサイトを改善するためには以下の4つのSTEPを実施し、集客施策を最適化する必要があります。

STEP1：集客施策の評価
STEP2：課題の洗い出しと改善策の検討
STEP3：改善策の実施
STEP4：改善策の評価

※Imp数：インプレッション数。ここではコンテンツの表示回数を代入します。CTR：リンクがクリックされた率

すでに何らかの集客施策を行っている場合は、最初にそれらの施策を評価することからはじめます。集客施策を行っていない場合はいずれかの集客施策をはじめてから、次のSTEPに進んでください。

集客施策の評価は、各指標の値を施策実施前後で比較することで行います。目標値に達していれば成功ですし、達していなければ原因を洗い出して改善します。

なお、比較する指標は施策ごとに異なります。サイトのKGIに直接つながる「コンバージョン率」、「コンバージョン数」は共通ですが、それ以外の評価指標については下表を参照してください（ECサイトの場合は「売上」も比較します）。

● 集客施策別の主な評価指標（共通のコンバージョン数・コンバージョン率を除く）

番号	集客施策名	評価指標
1	検索エンジン	流入数、平均ページビュー数、直帰率、SPA
2	リスティング広告	流入数、平均ページビュー数、直帰率、CPC、CPA、SPA
3	メールマガジン	配信数、開封率、クリック率、直帰率
4	アフィリエイト	流入数、平均ページビュー数、新規率、直帰率、CPC、CPA、SPA
5	外部広告（プロモーション）	流入数、新規率、直帰率、CPC、CPA、SPA
6	プレスリリース	流入数、新規率
7	自己集客	流入数、リピート率、平均ページビュー数、直帰率
8	公式サイト（モバイル）	流入数、CPC、CPA、
9	他力集客	（流入元別の）流入数
10	アライアンス	流入数、新規率、直帰率、CPC、CPA

集客ポートフォリオの作成

上記の指標値をもとに「集客ポートフォリオ」を作成します。集客ポートフォリオとは、集客の内訳と集客施策ごとの指標を表にしたレポートの1つです。計算が必要な項目（コンバージョン率やCPC、CPAなど）があれば計算してから記入してください。通常は月単位で作成し、集客施策の比較と評価のために利用します。集客ポートフォリオはモニタリングレポート（P.60）とは別に、毎月作成することをお勧めします。

● 集客ポートフォリオ例
2010年6月 集客ポートフォリオ

集客施策	配信数	Imp数※	流入数	クリック率	CV数	CV率	コスト	CPC	CPA	売上※※	SPA	売上－コスト
リスティング広告	N/A	1,200,000	60,000	5.0%	3,750	6.3%	¥7,200,000	¥120	¥1,920	¥5,625,000	¥1,500	¥－1,575,000
検索エンジン	N/A	?	80,000	?	4,000	5.0%	¥0	¥0	¥0	¥6,000,000	¥1,500	¥6,000,000
アフィリエイト	N/A	500,000	35,000	7.0%	1,500	4.3%	¥2,800,000	¥80	¥1,867	¥2,250,000	¥1,500	¥－550,000
メールマガジン	400,000	80,000	8,000	10.0%	250	3.1%	¥100,000	¥13	¥400	¥375,000	¥1,500	¥275,000
他力集客	N/A	?	5,000	?	150	3.0%	¥0	¥0	¥0	¥225,000	¥1,500	¥225,000
ノーリファラー	N/A	?	12,000	?	300	2.5%	¥0	¥0	¥0	¥450,000	¥1,500	¥450,000
合計/平均	N/A	N/A	200,000	N/A	9,950	5.0%	10,100,000	N/A	N/A	¥14,925,000	¥1,500	¥4,825,000

※ メールマガジンの場合は開封数
※※ 1コンバージョンあたり「1,500円」の売上に金額換算しています

目標CV数	10000	目標利益	¥6,000,000
達成率	99.5%	達成率	80.42%

● 集客ポートフォリオ(付属情報)

集客施策	流入数	新規率	平均滞在時間	ページビュー数	直帰率
リスティング広告	60,000	45%	0:04:21	6.2	54.6%
検索エンジン	80,000	51%	0:04:53	6.8	42.3%
アフィリエイト	35,000	64%	0:03:29	4.9	45.1%
メールマガジン	8,000	5%	0:06:12	5.9	21.9%
その他の無料集客	5,000	58%	0:03:41	6.5	41.5%
ノーリファラー	12,000	40%	0:05:49	7.1	39.8%
合計/平均	200,000	49.2%	0:04:33	6.3	45.5%

※「10種類の集客施策」では触れませんでしたが、流入元には「ノーリファラー」もあるので、上表ではその項目も追加しています。

　集客ポートフォリオを作成すると、施策ごとの成果が一目瞭然になります。前ページの表を見ると「リスティング広告とアフィリエイトが赤字になり、目標を2割も下回っている」ことがわかります。

　集客ポートフォリオをもとに指標ごとに課題を洗い出します。以降の手順は「モニタリングレポートの作成方法」(P.61)と同様です。まずは以下のように、気づいたことを言語化します(以下は上記の集客ポートフォリオを見て気づいたことです)。なお、「ノーリファラー」を改善することは難しいので、気づきを記入する必要はありません。各指標を定期的に確認するだけで構いません。

● 集客ポートフォリオを確認して気づいたこと

集客施策	気づき
検索エンジン	コンバージョン数は全体の約4割。検索エンジンからの流入だけで利益目標を達成している。直帰率が平均より若干高いため下げられる余地がある
リスティング広告	CPAが疑似換算の1,500円を超えている。コンバージョン率はもっとも高いが、クリック率がアフィリエイトよりも低い。付属情報を見ると、直帰率がサイトの平均を超えており、結果的に滞在時間が短く、ページビュー数も少ない
メールマガジン	費用対効果が良い。CPCやCPAが他の有料施策よりも安い。ただコンバージョン率が低いのが気になる。直帰率の低さは優秀
アフィリエイト	流入数、コンバージョン数ともに堅調。クリック率は検索エンジンよりも高い。リスティング広告のミニチュア版のような数値になっている。新規率はもっとも高い
他力集客	流入比率が2.5%と低い。売上貢献も少ない。コストがかかっていないので、特に害はない

※上記例は前月に改善施策を行っていないことを前提にしています。前月に何らかの改善施策を行っている場合は前月との比較も記入してください。

　上記のように言語化するといくつかの課題が見えてきます。これらの課題に対して優先順位を付けて対策を行っていきます(下表参照)。すべての課題を同時に改善する余力がある場合は同時に対応しても構いません。

● 優先順位を決定する際の検討項目

検討項目	説明
改善幅	改善幅が大きい施策を見直す。設定した目標からもっとも遠い数値になっている項目を見つけ、その改善策を考える。ただし、その施策に費やしている予算を他の施策に使ったほうが良い結果が出る可能性もある
影響力	流入数が多い施策を見直す。基本的に流入比率が高い施策から見直すことを推奨
工数	容易に改善できる施策を見直す。改善策を実施するには工数とコストがかかるので、修正するのに時間がかかるものは後回しにする。短期間のキャンペーンに対する改善はあきらめるのも1つの手かもしれない

　上記の項目を加味しながら、課題に優先順位を付けてください。本書の例では「リスティング広告」の改善が最優先であると判断できます。規模も大きく、また数値も悪いので改善効果は大きいことがわかります。2番目はリスティング広告ほど悪くなく、また影響力も少ないアフィリエイトです。

改善策の内容と目標が決まったら、その内容を集客ポートフォリオに追加して、施策を実施します。

● 課題の改善策と目標の追加

7月目標

集客施策	改善目標	手法	CV数
リスティング	売上ーコスト		
サーチエンジン	¥-575,000	(コスト100万円削減・直帰率を54.6%から45.5%に下げる)	4094
アフィリエイト	¥6,000,000	先月維持	4000
メールマガジン	¥-550,000	手直しを行う	1500
他力集客	¥550,000	配信頻度を隔週から毎週に	500
ノーリファラー	¥225,000	先月維持	150
合計/平均	¥450,000	先月維持	300
	¥6,100,000	先月維持	10544

目標利益	¥6,000,000	目標のCV数	10000
達成率	102%	達成率	105%

※課題に対する改善策の決定方法はP.143を参照してください。

具体的な改善策の内容が決まったら、それを実施し、最後に成否を評価します。集客ポートフォリオを作成し、以下の点をチェックしてください。

- 改善策を行った集客施策は目標を達成したか
- サイト全体のKGIを達成しているか

このとき大切なことは、改善策の成否ではなく、結果に対する原因を考えることです。どの指標が改善したのか、どの指標が改善しなかったのか、集客ポートフォリオを使って各指標を確認し、サイトの状況を把握しましょう。原因がわかれば、次の手を考えることができます。繰り返し改善していくことで、集客を最適化できるのです。

FAQ

ウェブ分析担当者がよく質問される項目とその答え

過去数年間の中で、筆者が社内やセミナー、ブログなどでよく質問される項目をいくつか紹介します。これからウェブ分析をはじめる人の参考になればと思います。本書の中ですでに解説している項目も一部含まれていますので、復習するつもりで読み進めてください。

Q1 どのような場合に流入元が「ノーリファラー」になるのですか？

A1 以下のような場合に「ノーリファラー」になります。

- メーラーからの流入
- QRコードからの流入
- 流入時のリダイレクト
- URL直打ちやブックマークからの流入
- クライアントアプリからの流入
- リファラーの送信が拒否されているブラウザからの流入
- ローカルでHTMLファイルなどを開いて流入した場合
- docomoの古い端末からの流入

Q2 1月1日の訪問者数が10人、1月2日の訪問者数が5人の場合、2日間の訪問者数は15人で正しいですか？

A2 ほとんどの場合で誤りです。期間（やページ）をまたぐ訪問者数を計測する場合は「足し上げ」に気をつける必要があります。例えば、Aさんが1月1日と1月2日の両日とも来訪した場合、訪問者数をそのまま足すと「2人」になりますが、実際はAさん1人です。サイトの規模が大きくなればなるほど、足し上げに注意しないと実際の規模と相違してしまいます。

Q3 セッションはいつ切れるのですか？

A3 アクセス解析ツールによって異なります。一般的にはページ間の遷移が「30分以内」であれば、同一セッションとみなされます。正しくは使用しているツールの設定を確認してください。

ページ間の遷移期間が30分に設定されている場合は、以下のように一度別のサイトに移ったとしても、30分以内に戻ってくれば同一セッションとみなされます。ただし、Google Analyticsではブラウザを閉じると、30分以内でも別セッションになります。

▶ セッションの考え方

30分以内　30分以内

A　B　サイト外　C　D

30分以内

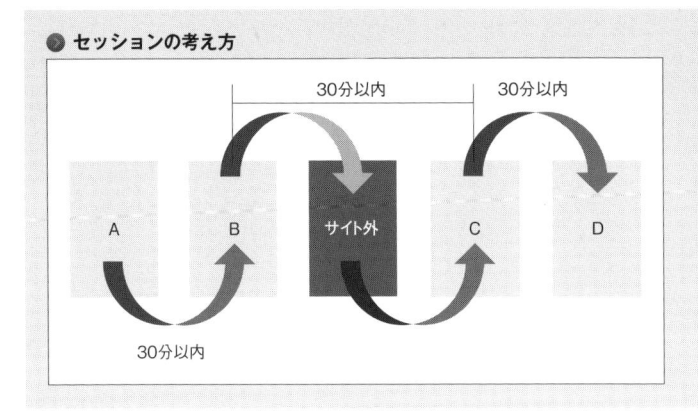

Q4 新規ユーザーとリピーターの違いはどうやって判断するのですか？

A4 　タグ型のアクセス解析ツールは、ツールが発行するCookieを見て判断します。例えば、Cookieの有効期限が「30日」の場合は（期間を任意に設定できるツールもある）、30日以内にサイトに再訪すれば「リピーター」としてカウントされます。31日ぶりに再訪すると「新規ユーザー」としてカウントされます。
　そのため、Cookieが削除されるとすべてのユーザーが新規ユーザーになるので注意が必要です。漫画喫茶や大学のパソコンはブラウザが閉じられるたびにCookieも消去されることが多いので、全体的に新規ユーザーの比率が高くなる傾向にあります。
　Cookie以外には「端末識別番号（モバイル）」や「UserAgent＋IP（PC）」などを用いて新規ユーザーとリピーターを判断する方法もあります。

Q5 閲覧中に日付をまたぐと訪問回数や訪問者はどのようにカウントされるのですか？

A5 　カウント方法はアクセス解析ツールによって異なります。例えば、Google Analyticsでは30分以内に遷移し続ければセッションが切れないので、両日で1回（1人）とカウントされます。一方、Visionalistでは日をまたぐとセッションが切れるので、両日で2回（2人）とカウントされます。
　ただし、月単位で見るといずれのツールでも1回（1人）とカウントされます。詳しいカウント方法については、利用しているツールのベンダーに問い合わせてみましょう。

Chapter 08　集客最適化

Q6 ブックマークに追加した人の数と、そこからの流入数を調べたいのですが

A6　ブックマークからの流入はノーリファラーになるため、正確な数を計測することはできません。パラメータを付けた「ブックマーク追加リンク」(以下の記述を参照)を作成すれば、ある程度の数を把握することはできます。しかし、多くのユーザーはブラウザの機能を使ってブックマークを追加するため、参考程度にしかならない点は忘れないでください。

● ブックマーク追加リンク(Internet Explorer でのみ動作)

```
<A Href="javascript:window.external.AddFavorite('【URLを記入】','【ブックマーク名を記入】')">ブックマークに追加</A>
```

Q7 ページAからページCにリンクを張っていないのに、A→Cの遷移があるのはなぜですか?

A7　同一セッション内で「ページA→サイト外→ページC」という遷移を行うとアクセス解析ツール上では「ページA→ページC」として計測されます。また、モバイルでパケットキャプチャー方式を使っている場合は戻るボタンによる遷移を計測できないため、「ページB→ページA→(戻るボタンで)ページB→ページC」という遷移を行うと、アクセス解析ツール上では「ページB→ページA→ページC」として計測されます。

Q8 モバイルのフルブラウザからPCサイトにアクセスすると、どのように計測されますか?

A8　アクセス解析ツールがファーストパーティCookieを発行していれば、PCと同じようにiPhoneなどのモバイル端末も計測できます。サードパーティCookieを発行している場合は、注意が必要です。iPhoneで使われているSafariやOperaなどのブラウザはサードパーティCookieを初期設定では拒否しているため、Cookieから取得して計測する訪問回数や訪問者数などは正しく取得できません。

Q9 バナー広告の出稿先が報告する流入数のほうが、自社のアクセス解析ツールで取得したバナー広告からの流入数よりも多いのはなぜですか?

A9　出稿先では計測できて、自社側では計測できないデータがあるからです。代表的な例としては、「バナー広告をクリックしたが、計測タグが読み込まれる前に離脱した場合」、「(一部の)入り口ページにタグを入れ忘れていた場合」、「サイト側のアクセス解析ツールが特定のIPアドレスからのアクセスを拒否している場合」などが挙げられます。

Q10 バナー広告の出稿先が報告する流入数のほうが、自社のアクセス解析ツールで取得したバナー広告からの流入数よりも少ないのはなぜですか？

A10 バナー広告からの流入以外にも「バナー広告からの流入」であると判断される場合があります。例えば、バナー広告からの流入か否かをURLに付加した「広告コード」で判断している場合、広告コード付きのURLをブックマークに登録したユーザーが何度も来訪するとその分だけカウントアップされます。また、広告コード付きの入り口ページがリロードされた場合に二重カウントされる場合もあります。

Q11 成果型の広告について。広告会社のレポートでは成果が20件となっていますが、アクセスログで見ると成果が10件しかありません。水増しされているのですか？

A11 広告経由の成果を計測する方法が異なっている可能性が高いです。アクセス解析ツールは通常、広告をクリックして流入したセッションがコンバージョンした場合のみ成果として計測しますが、広告会社側は広告がクリックされた日以降、30日以内にそのユーザーがコンバージョンすれば、成果として計測することがあります（日数はサービスによって変わります）。広告会社によって成果の計測方法が異なるので、事前に確認してください。

Q12 アクセス解析ツールを導入するプロセスがわかりません。

A12 アクセス解析ツールの種類によりますが、タグ型の場合は以下のプロセスで導入します。

● **アクセス解析ツールの実装プロセス**

- 計測目的の設定
- 計測要件の定義
- タグの用意
- タグの実装
- 開発テスト
- 本番反映
- 本番テスト

Chapter 08 集客最適化

Q13 計測したい指標がたくさんあって大変です。

A13 すべての指標を確認する必要があるのか検討してください。興味本位で計測してもサイトの改善には活かせません。アクセス解析ツールは指標の値を細かく確認するためのツールではなく、サイト全体またはページの特徴や現状を把握するためのツールです。サイトの改善に役立つデータのみ計測しましょう。

Q14 URLをリダイレクトしてもリファラー情報を計測できますか？

A14 リダイレクトの実装方法によってはリファラー情報が引き継がれないので注意が必要です。

- HTTP status code 301、302などで転送するとリファラー情報は引き継がれる
- JavaScriptやMETA Refreshなどで転送するとリファラー情報は引き継がれない
- 転送ページにタグを入れている場合は、転送前にタグが読み込まれれば転送ページを計測できるが、先に転送されると計測できない

Q15 ページAの中に、ページBに遷移するリンクが2つあるのですが、どちらから流入しているか計測できますか？

A15 通常は計測できません。計測したい場合はリンク情報に以下のようなパラメータを指定してください。パラメータがあれば、アクセス解析ツールで判別できます。ただしパラメータを付けると2つのページがあると検索エンジンのクローラーに判断されるため、SEO観点では推奨できません。SEOの対象とならないページで実装しましょう。

- http://www.example.com/b.html?type=1
- http://www.example.com/b.html?type=2

Q16 HTMLのFRAMEタグを使用している場合、計測用のタグはどこに記述するのですか？

A16 子フレームの中に記述してください。子フレームにタグを記述しておけばアクセス解析ツールが計測するURLは子フレームのURLになります。

Q17 動的ページを計測する際の注意点は？

A17 　変数ごとに別のページとして計測したい場合は、最初に計測対象の変数を決め、アクセス解析ツール側で取得するようにしておきましょう。また、動的ページを静的ページにリライトしている場合は、通常タグ型のアクセス解析ツールはリライトされたURL（静的ページ）を計測します。

Q18 アクセス解析ツールを導入するとサイトは改善されますか？

A18 　アクセス解析ツールを導入しても、データを見ているだけでは改善されません。データをもとに状況を把握し、それをもとに改善策を行うことではじめて改善されます。ただし、「アクセス解析ツールの貢献度合い」を測るのは非常に困難であるため、費用対効果を正しく示すことはできません。

Chapter 09 導線最適化

本章では、「導線」という観点からサイトを最適化する方法を解説します。集客施策を行って流入数を増やしても、全員がコンバージョンを達成する前に離脱してしまっては意味がありません。ぜひ本章を活用して導線を最適化し、ユーザーが迷うことなくコンバージョンを達成できるようにサイトを改善しましょう。また、本章の最後に「キャンペーンの最適化」(P.208)についても解説します。

導線最適化とは

導線最適化とは、ユーザーが迷わずに目的（コンバージョン達成ページ）に遷移できるようにサイト内のコンテンツやレイアウトなどを改善することです。具体的には、主に「直帰率」と「遷移率」を確認してユーザーの遷移先を探り、問題箇所があればその原因を特定し、改善していきます。

導線最適化を行う対象は「入り口ページ」、「ページ間の遷移」、「入力フォーム」の3カ所です。

▶ 導線最適化の対象

集客 ─ 集客
導線 ─ 入り口ページ
　　　 ページ間の遷移
　　　 入力フォーム
　　　 コンバージョン

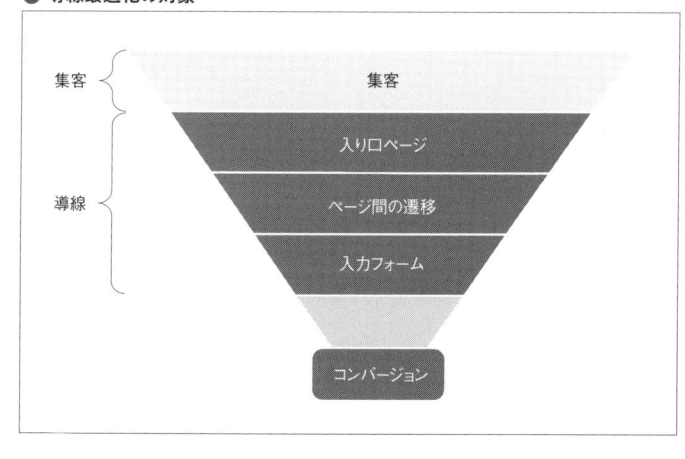

入り口ページの最適化

入り口ページはサイトの第一印象です。どれほど広告・宣伝が良くてもサイトに入った第一印象が

悪いと、ユーザーはすぐに離脱してしまいます。これではせっかくの集客施策も意味がありません。コンバージョン数を増やすためにも、まずは入り口ページの状況を把握し、最適化しましょう。

問題のある入り口ページの特定

サイトに来訪したユーザーは最初に表示される入り口ページを見て、そのサイトを見る価値があるのかを判断します。そのため、入り口ページがユーザーにどのように評価されているのかは、そのページの直帰率を確認すればわかります。直帰率が高いページはユーザーの評価が低い（第一印象が悪い）と考えて間違いありません。直帰率が高い入り口ページは改善しましょう。

まず、流入数が多い上位20ページ（または流入比率の80％を占めるページ群）を対象に、直近1ヵ月の「流入数」と「直帰数」、「直帰率」を確認します[※]。この中で、直帰率が高い3ページを選定します。この3ページが最初に改善すべきページです[※※]。

● 上位ページの流入数・直帰数・直帰率

入り口ページ	流入数	直帰数	直帰率
ページ1	84,531	34,293	41%
ページ2	46,523	23,993	52%
ページ3	42,131	26,798	64%
ページ4	38,594	19,321	50%
ページ5	32,192	29,874	93%
ページ6	21,983	12,109	55%
ページ7	20,192	5,867	29%
ページ8	18,765	12,129	65%
ページ9	17,601	14,398	82%
ページ10	17,121	9,849	58%
ページ11	15,099	5,487	36%
ページ12	14,872	1,201	8%
ページ13	13,290	9,466	71%
ページ14	11,210	8,677	77%
ページ15	10,897	4,523	42%

Tips サイトの中には直帰率が高くても問題ないページがあります。それは「1ページで完結する読み物系のページ」や「特定の質問に対する回答が掲載されているFAQページ」です。一般的にこれらのページの直帰率は高くなりやすいのですが、来訪したユーザーが満足しているのであれば問題ないでしょう。
とはいえ、せっかく来訪してもらったのですから少しでも長くサイトにとどまってもらえるように努力することも大切です。「関連記事」や「関連商品」のリンクを配置するだけでも直帰率は下がります。サイト内を遷移してもらえれば、それだけ商品やサービスに対する理解も深まります。

※ サイトの全体の値も確認しておきましょう。
※※ Google Analyticsでは「コンテンツ」→「上位のコンテンツ」を選択すると、上位ページの直帰率を確認できます。

直帰率が高いページの改善施策

続いて、以下の5点を確認します。もし該当するものがある場合はすぐに修正する必要があります。サイト作成者が見てもわからない場合は、他の人にお願いして確認してもらうと良いでしょう。

- 他のページに遷移するナビゲーションがない
- ナビゲーションはあるが、その位置がわかりにくい(目立たない)
- ファーストビューでページの目的がわからない※
- ページの読み込みに時間がかかる(3秒以上)
- ページ内の重要なポイントがわかりにくい(どのコンテンツも同じ重要度に見える)

上記のいずれにも該当しない場合は、1つずつ原因を探りながら改善していきます。

>>> 新規ユーザー／リピーター別、流入元別に直帰率を確認する

新規ユーザー／リピーター別、流入元別の直帰率を確認します。このとき、ユーザーの新規／リピーターや、流入元にかかわらず直帰率が高い場合はページ自体を見直す必要があります。直帰率が低いページのレイアウトやメニュー、画像の使い方などを参考にしてページを修正します。

ここではGoogle Analyticsを使用した確認方法を紹介します。以下の手順を実行してください。

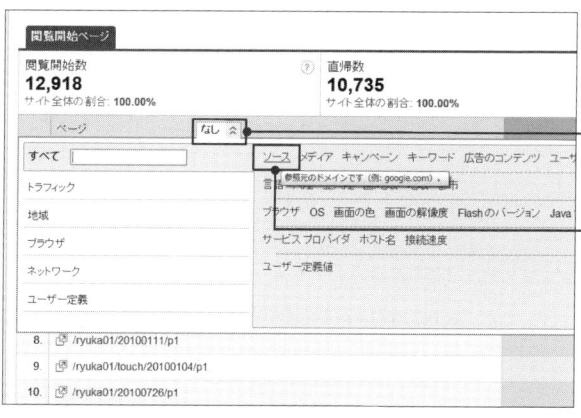

1 「コンテンツ」→「閲覧開始ページ」を選択し、表のページの横にある「なし」をクリックする

2 クロス集計を行う項目を選ぶ。流入元を見る場合は「ソース」を選択する

※ ファーストビューとは、ページを読み込んだ際に(スクロールせずに)最初に表示される範囲です。

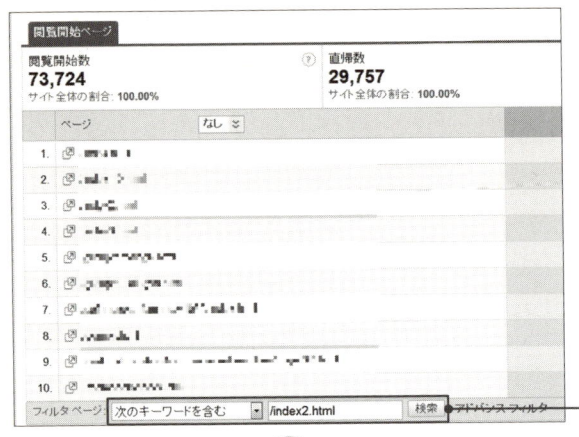

❸ フィルタページに対象ページのURLを追加して「検索」ボタンをクリックする

❹ 流入元ごとの直帰率を見て、他の流入元より高いものがないかを確認する(上記の場合5位、9位、10位の直帰率が高い)

▶▶▶ 検索エンジンからの流入だけ直帰率が高い場合

　検索エンジンからの流入だけ直帰率が高い場合は、まず検索結果画面に表示される「タイトル」や「説明文」と入り口ページの内容がマッチしているか確認します。マッチしていない場合はタイトルを変更するか、タイトルや説明文に合ったコンテンツを追加する必要があります。

　また、検索ワードを意識した新規ページを作成して、ユーザーのニーズに応える方法もあります。ただし、新規ページの作成には時間がかかりますし、作成したページがユーザーのニーズとマッチしているとは限らないので、工数の観点からまずはタイトルや説明文を見直すことをお勧めします。

▶▶▶ リスティング広告やメールマガジン、外部広告からの流入だけ直帰率が高い場合

　リスティング広告やメールマガジン、外部広告からの流入だけ直帰率が高い場合は、上記の改善方法に加えて、指定する入り口ページを直帰率の低いページやよりコンテンツがマッチするページに変更することも検討します。実績のあるページ(直帰率が低く、コンバージョン率が高い入り口ページ)に変えるだけで、サイト全体が改善することもあります。

新規ユーザーまたはリピーターの直帰率が高い場合

　新規ユーザーまたはリピーターのいずれか一方の直帰率のみ高い場合は、それぞれに適したコンテンツを入り口ページに用意します。例えば、新規ユーザーの直帰率が高い場合は、ページ内に「はじめての人はこちらをご覧ください」というリンクを追加するだけで直帰率が改善することもあります。

　入り口ページの改善施策は「どうやったら次のページに遷移してくれるのか」を意識して考えることが大切です。「どうやったらコンバージョンを達成してくれるのか」を意識してはいけません。入り口ページの直帰率が高いと、コンバージョン達成ページに遷移するユーザーが少ないためコンバージョン率が低くなるのは当然ですが、実は入り口ページのコンテンツはコンバージョンする・しないの判断にほとんど影響を与えません。言い換えるなら「コンバージョンした人は入り口ページの内容を覚えていない」のです。そのため、ここではとにかく次のページに遷移してもらうことに注力してください。そうすれば結果的にコンバージョンにつながります。

● **入り口ページからコンバージョン達成ページまでの画面遷移**

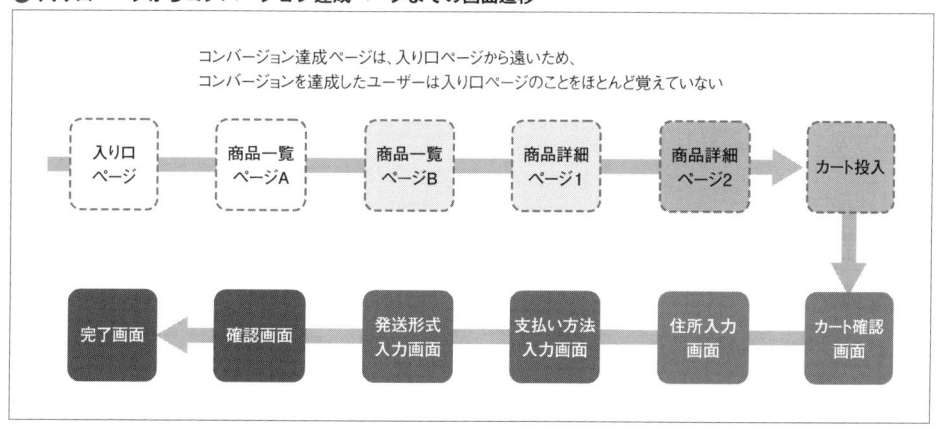

コンバージョン達成ページは、入り口ページから遠いため、
コンバージョンを達成したユーザーは入り口ページのことをほとんど覚えていない

入り口ページ → 商品一覧ページA → 商品一覧ページB → 商品詳細ページ1 → 商品詳細ページ2 → カート投入 → カート確認画面 → 住所入力画面 → 支払い方法入力画面 → 発送形式入力画面 → 確認画面 → 完了画面

流入数と改善幅の調査

　上記では流入数が多く、直帰率が高い入り口ページを対象に改善策を解説してきましたが、改善対象の入り口ページを選ぶ際にもう1つ考慮してほしいことがあります。それは「改善幅」です。せっかくそのページの直帰率を下げても、それがコンバージョンにつながらないのであれば、あまり意味はありません。

　そこで、「直帰しなかったセッションのコンバージョン率」と「サイト全体のコンバージョン率」を確認します。このとき、2つの数値がほぼ同じ場合はそのページの直帰率を改善してもコンバージョン数の増加は望めません。一方で、大きな差がある場合はコンバージョン数の増加が望めます。つまり、後者のほうが改善幅は大きいといえるのです。

● 改善幅の大きい入り口ページと小さい入り口ページ

ソース/メディア	訪問回数	コンバージョン1	コンバージョン2	直帰率
Yahoo!/organic				
全セッション	166,261	0.72%	0.74%	43.70%
直帰以外のセッション	93,605	1.32%	1.20%	0.00%
全体の割合	56%	83%	62%	—
Google / organic				
全セッション	78,128	0.92%	0.79%	38.40%
直帰以外のセッション	48,152	1.41%	1.23%	0.00%
全体の割合	62%	53%	56%	—
(direct) / (none)				
全セッション	71,428	0.82%	0.86%	33.80%
直帰以外のセッション	47,310	1.11%	1.24%	0.00%
全体の割合	66%	**35%**	**44%**	—
googleads.g.doubleclick.net / referral				
全セッション	17,851	1.32%	0.62%	49.20%
直帰以外のセッション	9,105	1.94%	0.95%	0.00%
全体の割合	51%	47%	53%	—
overture / ppc				
全セッション	12,585	1.02%	0.34%	59.70%
直帰以外のセッション	4,985	2.58%	0.79%	0.00%
全体の割合	40%	**153%**	**132%**	—

　上記の表を見ると「overture / ppc」(Yahoo!のリスティング広告)の改善幅が大きく、「(direct) / (none)」(ノーリファラー)の改善幅は小さいことがわかります[※]。そのため、もしどちらか1つしか改善できない場合は「overture / ppc」の改善を優先するべきです。

　なお、上記の太字になっている数値は以下の式で計算しています。この数値が高ければ高いほど改善幅が大きいことを意味します。

((直帰率以外のセッション)÷(全セッション))−100%

ページ間の遷移

　「ページ間の遷移」とは、サイトに来訪したユーザーが移動した軌跡です。例えば、「TOPページ」→「特集」→「商品詳細」という一連の画面遷移のことを指します。

[※] Google Analyticsでは「トラフィック」→「すべてのトラフィック」を選択し、アドバンスドセグメントで「直帰以外のセッション」を選択して結果をダウンロードすると上記の表が作成されます。

遷移率の低いページを探す

　ページ間の遷移を改善するためにはまず「主要な遷移上で遷移率が低いところ」を探します。例えば、「TOPページ」→「商品一覧」への遷移や、「入力フォーム」→「入力項目確認」への遷移はコンバージョン達成ページにつながる主要な遷移といえます。これらの遷移の中で遷移率が低いところが改善対象になります。

　以下のように、サイトを構成するページ群とそのつながりをまとめた「サイトマップ」を作成し、ページ間に遷移率を記述します。

● ページ間の遷移率

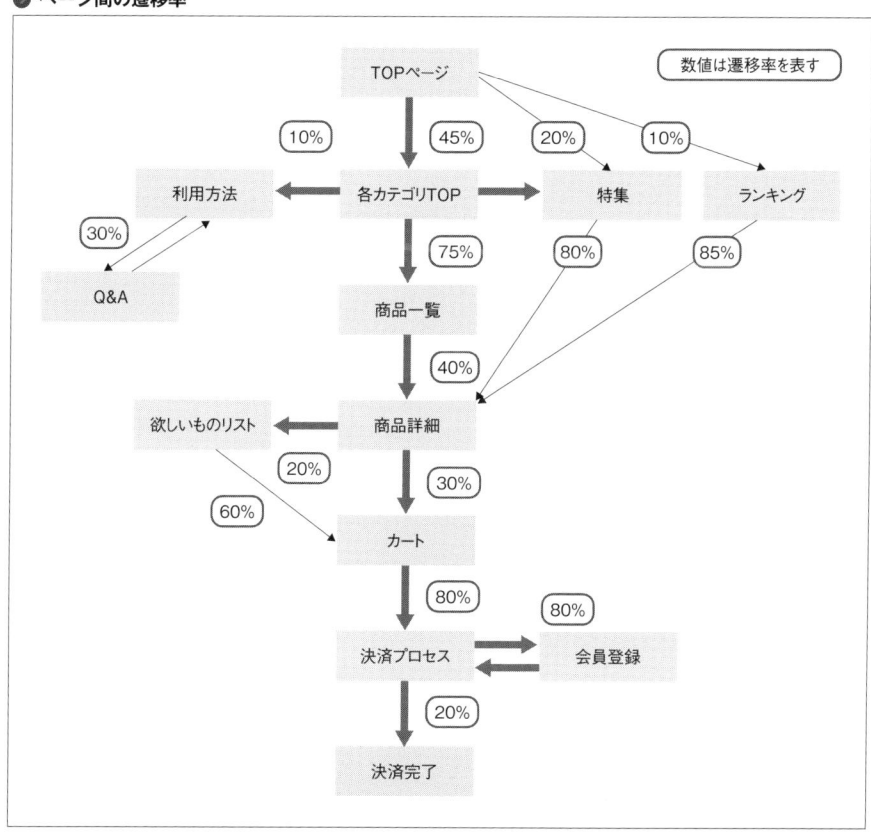

```
                        TOPページ
                ┌───┬────┼────┬────┐
              10%  45%  20%   10%
                │   │    │    │
             利用方法 各カテゴリTOP 特集  ランキング
               ↕         │      ↓     ↓
              30%       75%    80%    85%
                │         │     │     │
              Q&A       商品一覧 ←────┤
                          │           │
                         40%          │
                          ↓           │
              欲しいものリスト ← 商品詳細 ←─┘
                    20%      │
                             30%
                    60%  ↓   ↓
                       カート
                          │
                         80%
                          ↓
                      決済プロセス ⇄ 会員登録
                          │     80%
                         20%
                          ↓
                        決済完了
```

数値は遷移率を表す

　上図を見ると、「商品一覧」→「商品詳細」の遷移（40%）と「商品詳細」→「カート」の遷移（30%）、「決済プロセス」→「決済完了」の遷移（20%）の3つが主要な遷移上であるにもかかわらず遷移率が低いことがわかります。これらの遷移率を改善できれば、コンバージョン数の増加につながります。

> **Column** 情報量の多いサイトマップ
>
> 　上記のサイトマップに「離脱率」、「直帰率」、「流入元」の3つの情報を加えて以下のような図を作成することもできます。左の棒グラフが「流入の内訳」、円グラフが「ページあるいはページ群の比率」、円の大きさが「訪問回数」を表しています。また矢印が遷移数を表しており、太いほど遷移数が多いことを意味します。
>
> ● サイトマップ
>
> 　この図を作成すると流入数が多く、離脱率や直帰率が高いページを一目で把握することができます。また、ユーザーがきちんと上から下に遷移しているのかを確認することもできます。上図はExcelマクロを使って作成しましたが、手作業で作成することも可能です。

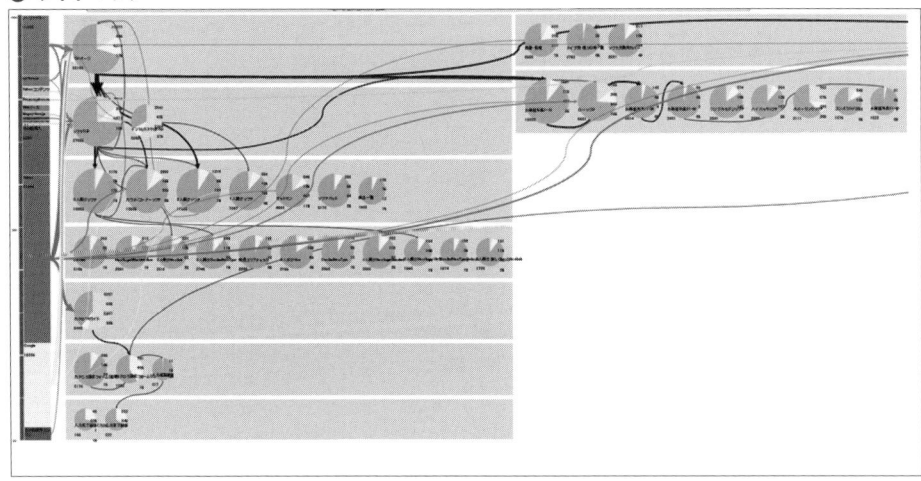

遷移率の改善方法

遷移率の改善方法には以下の2つの方法があります。

- ページのユーザビリティを改善する方法
- ページごとの役割を考慮してコンテンツを改善する方法

ページのユーザビリティを改善する方法

まずは、遷移率が低いページの「ユーザビリティ」を確認します。ユーザビリティとは、来訪者にとっての「使いやすさ」、「わかりやすさ」です。いくら商品やサービスが優れていても、商品説明がわかりにくかったり、写真が悪かったりすると商品やサービスは売れません。ユーザーにとって使いやすく、わかりやすいページ構成になっているか確認してください。

特に遷移率の改善においては、次の遷移先を明確にすることが大切です。リンクバナーの大きさや画像の色などを変えて、A/Bテストやマルチバリエイトテストを行い、最適なコンテンツを用意してください (P.149)。

ユーザビリティにはいくつもの方法論があり、一概にどれが正しいとはいえないのですが、いくつかの「お約束」はあります。まずは以下のポイントを確認して客観的にサイトを見直してみましょう[※]。

1. サイト名とロゴは全ページに配置し、TOPページへのリンクを張る
2. 情報の仲間[※※]はひとまとめにして、空白を十分に取る
3. ブラウザが表示するエリアの下部に余白や広告があると、それがページの終わりだと認識してしまう
4. 一見してわかりやすい、簡潔な名称を付ける(英語名は非推奨)
5. テキストと背景色のコントラストを最大化する
6. 結論から先に述べ、次に根拠となる事実情報を書く
7. 気の利いた見出しよりも、意味のわかる見出しにする
8. タイトルは30文字以内に収める(わかりやすさとSEO対策のために)
9. 4項目以上ある場合は、通常の文章よりも箇条書きにしたほうが良い
10. リンクテキストには色を付けて下線を引く
11. サイト内検索ボックスは画面の左上か右上に配置する
12. エラーメッセージの視認性を高くし、問題点を記述し、建設的なアドバイスを書く

また、ユーザビリティに関しては以下のサイトも参考になります。併せて確認することをお勧めします。

>>> アクセシビリティ・ユーザビリティを考慮したWEBページ作り
URL http://homepage2.nifty.com/web_master/

>>> ページごとの役割を考慮してコンテンツを改善する方法

各ページにはそれぞれの役割があります。特定のページの遷移率が低い場合は以下のポイントに注意してページを改善してください。

※ ここに挙げている12のポイントは、「ヤコブ・ニールセンの考えをまとめたWebユーザビリティガイドライン (http://oalp.org/doc/nilesen/)」に掲載されている110のポイントを参考に、筆者が特に重要であると考えているものを選定し、一部加筆修正したものです。その他のポイントについては上記サイトを確認してください。
※※「情報の仲間」とは、関連する情報の集合を意味します。

● ページごとの改善ポイント

ページの種類	改善ポイント
TOPページ	・主要なメニューをページ左上に配置し、スクロールなしでも見えるようにする ・ページ最上部に、サイトの内容を表す文章を追加する ・サイトの目的を決め、わかりやすいリンクを用意する ・新しい情報を見せる(リピーターに対して有効)
特集ページ	・特集のウリや特徴を最初の画面で見せる ・リンクが張られている箇所を明確にする(あまり広告チラシ風に作らない) ・他のページと同じナビゲーションを用意する(特集ページが入り口ページになる可能性もあるため) ・別の特集へのリンクを用意する(過去の特集へのリンクがあると、更新頻度をアピールすることも可能)
一覧ページ (検索結果画面含む)	・検索結果が少ないと離脱する契機になるため、フリーワード検索の場合は似たキーワードでの検索結果も表示する ・検索軸(金額、商品ジャンル、商品サイズ)を選択させる場合は、10件以上の検索結果を表示する ・一覧ページには文章と画像を表示する。文章だけではアピール度が弱い ・一覧項目はソートできるようにする(利便性が悪いと離脱してしまう)
詳細ページ	・大きな画像を表示する ・必要な情報(商品画像、商品説明、金額、サイズ、色、送料、付帯条件など)をすべて記載する ・関連商品を表示する(何度も検索させないほうが良い) ・別ウィンドウで表示する ・カートへの追加・購入プロセスを明確にする ・カートの中身を確認するリンクを用意するか、ページ上にカートに入っている商品を表示する ・お気に入り登録機能を追加する(お気に入り登録機能があると、そのときはコンバージョンしなくても、次回以降にコンバージョンする可能性が高くなる)
入力フォーム	・本当に必要な情報だけを取得する ・入力内容がわかるような項目名を付ける ・入力項目に条件がある場合はその内容を明記する ・必須項目は上部にまとめて、わかりやすいアイコンや記述を加える ・選択項目が多いと正しい項目が選ばれない可能性が高い ・複数のドロップダウンリストがあると正しい項目が選ばれない可能性が高い ・プロセスの途中で「戻る」ボタンを押しても入力項目が消えないようにする ・郵便番号からの住所検索機能を追加する ・複数のプロセスや入力ページがある場合は、ユーザーの現在位置を視覚的に表現する

入力フォーム

　入力フォームはコンバージョン達成への最後のハードルです。このハードルを越えなければコンバージョン数を増やすことはできません。どれほど多くのユーザーが訪問して商品やサービスを選んでも、入力フォームの内容がわかりにくかったり、使いにくかったりするとユーザーは離脱してしまうのです。サイトのKGIを達成するためにも、ユーザーにとって使いやすい入力フォームを用意しましょう。

　入力フォームの改善ポイントは以下の2つです。他のページとは異なり、2つのアプローチがあります。

- 入力フォームへの遷移※
- 入力フォーム内の遷移

※ 入力フォームへ遷移するすべてのページを分析する必要はありません。入力フォームへ遷移するページの中には、本来なら入力フォームの次の画面である「データ入力画面」が含まれていることもあります。これはユーザーがデータ入力画面で「戻る」ボタンをクリックしたために遷移しています。分析対象からは外したほうが良いでしょう。同様に「入力エラー画面」からの遷移も分析対象から外しましょう。

● 入力フォームの改善ポイント

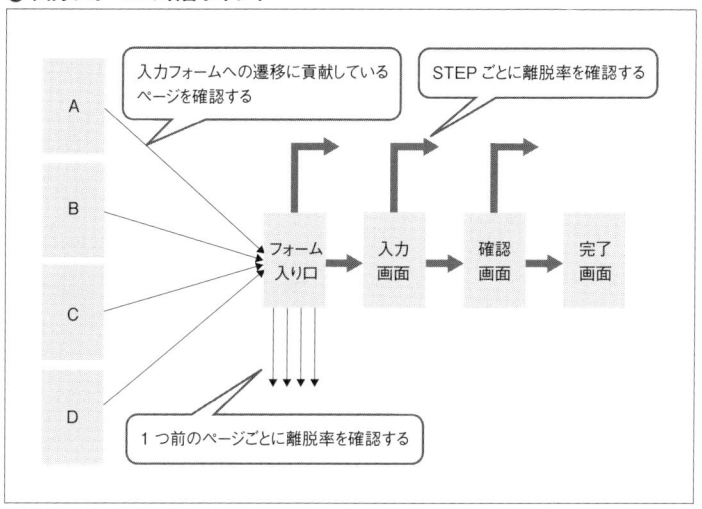

入力フォームへの遷移

　まずは、入力フォームの1つ前のページの内訳を見て、「入力フォームへの遷移」(どのページから入力フォームに流入しているのか)を確認します。また、そのページから入力フォームへの遷移率も確認します。この2つを確認することで、入力フォームへの貢献度合いがわかります。

● 入力フォームへの流入比率と遷移率

入力フォームの1つ前のページ	流入比率	ページビュー数	入力フォームへの遷移率
a.html	22.32%	4,102	17.25%
b.html	9.08%	27,855	1.03%
c.html	7.21%	1,046	21.85%
d.html	3.53%	16,562	0.68%
e.html	3.46%	38,108	0.29%
f.html	2.90%	13,388	0.69%

　「入力フォームへの遷移」の改善方法は2つあります。1つ目は「入力フォームへの遷移率が高いページへの流入数を増やす」です。このページへの流入数の増加は、入力フォームへの流入数の増加に直結するので、該当ページに改善の余地がある場合は見直すことをお勧めします。上表の中ではa.htmlやc.htmlが対象になります。

　2つ目は「ページビュー数が多く、遷移率が低いページのコンテンツを見直す」です。このページを閲覧しているユーザーは多いので、遷移率を上げることができれば、入力フォームへの流入数を一気に増やすことができます。上表の中ではb.htmlやe.htmlが対象になります。遷移率が高いページを参考にして、レイアウトや文言を改善しましょう。例えば、遷移率の高いa.htmlとc.htmlに入力フォームに遷移する共通のボタンがある場合は、そのボタンをb.htmlやe.htmlにも配置するなどの施策が考えられます。

入力フォーム内の遷移

　通常、入力フォームは「利用規約画面」→「入力画面1」→「入力画面2」→「確認画面」→「完了画面」のように複数のページ群で構成されます。そこで、各ページの遷移率を確認して問題点を洗い出します。一般的な傾向として、入力項目の多い前半部分の遷移率は低くなりがちです。しかし、もし特定のページの遷移率だけが低かったとしたら、そのページがボトルネックになり、サイト全体のコンバージョン率を下げていることになります。

　以下のようなケースは遷移率を下げる要因になります。遷移率が低いページに以下のケースが当てはまらないか確認してください。

1. ユーザーの想像以上に入力項目が多い
2. 入力をする意味がわからない（その情報が必要である理由をユーザーが理解できない）
3. 入力項目に制限や必須項目が多く、入力ミスを繰り返してしまう
4. 入力フォームが複数ページに分かれている
5. 「入力確認」や「次のページに進む」以外のリンクがある
6. 登録を完了するのにメールを開く必要がある（メール内のリンクをクリックさせる）
7. 残りの入力フォームのページ数がわからない

　上記の7つのケースに該当するものがあれば、まずはその修正案を作成し、A/Bテストなどを行います。少しでも直帰率を下げられればそれだけコンバージョン数の増加につながります。

　また、入力フォームの最初のページの離脱率が高い場合は、入力フォームそのものだけではなく、流入元のページにも問題がある可能性が高いです。遷移先（入力フォーム）について十分な解説がないと、ユーザーのニーズとマッチしないため離脱率が高くなるのです。流入元ごとに離脱率を確認して離脱率が高いページを見つけ、そのページと他の流入元に違いがある場合は修正します。

　項目ごとの入力率やエラー率など、導線最適化を行うためにさらに分析を行う場合は、P.238で紹介する、エントリーフォーム最適化（EFO）ツールを利用してください。

キャンペーンの最適化

　本章の最後に、「キャンペーンの最適化」について解説します。キャンペーンとは「サイトのKPIを達成するためにサイト内外で行う一時的な施策」です。サイト外で行う「プレゼントキャンペーン」やサイト内で行う特集や「送料無料キャンペーン」が主な例です。集客最適化の1つである「外部広告（プロモーション）」も一時的なものであればキャンペーンに分類できます。

　キャンペーンには「成功法則」と呼べるものはありません。何度も繰り返して実施し、成功と失敗を経験しながら最適化していくしかないのです。少しずつ経験を積んで、ある程度結果を予測できるようになれば、徐々に費用対効果が良くなります。地道な作業ですが、これも立派な「最適化」です。

1つの失敗に落胆するのではなく、そこから何かを学び次につなげていくことが大切です。

キャンペーンの目的と施策

キャンペーンを実施する場合は事前にその目的を明確にします。ただし、「売上の向上」だけでは目的としては不十分です。Chapter01で解説した手順に沿って、より具体的な目的を設定してください。例えば、以下のような目的が挙げられると思います。

- 新規会員を獲得する
- 平均単価を上げる
- リピーターを増やす

上記の目的はどれも売上の向上につながりますが、内容が異なるため当然実施するキャンペーン施策も変わります。

続いて、その目的を達成するためのキャンペーン施策を考えます。過去の経験や競合他社のアイデアをもとに考えても良いですし、他業界や他媒体で行われているキャンペーン施策を参考にするのも良いと思います。ここで大切なのは「5W2H」を明確にすることです。5W2Hとは「When」、「What」、「Where」、「Why」、「Who」、「How」、「How Much」です。以下のようなシートを作成してください。以下の例は「新規会員を獲得する」場合のキャンペーン施策です。

● キャンペーン施策の5W2H（新規会員を獲得する場合）

項目名	概要
Why	新規会員を獲得するため
What	新規会員になると抽選で、海外旅行やサイト内で利用できる割引券が当たる
Where	TOPページとキャンペーンページ、プレスリリース、外部サイトのバナーで告知
Who	新規会員に向けて実施。社内ではウェブマーケティング部門と広報部が担当
When	9月1日から2週間
How	予算の確保→ページの作成とテスト→プレゼントの準備→プレスリリースの作成→リリース＋コンテンツUP
How Much	150万円（プレゼントの予算100万円とリリース作成やページ作成に50万円）

目的を指標に落とし込む

目的と施策を決めたら、次はその目的の達成具合を計測するための指標（KPI）を設定します。上記の「新規会員の獲得キャンペーン」の場合は「新規ユーザーの流入数」と「新規会員の獲得数」が計測する指標になります。一般的には以下の指標が対象になることが多いでしょう。

- 新規率／リピート率
- ページビュー数／訪問回数／訪問者数
- 滞在時間
- 申し込み数／資料請求数／会員獲得数

- 購入数／購入金額／平均単価

そして、それらの指標の目標値を設定します。過去に同様のキャンペーンを行っている場合はそのときの結果をもとに目標の値を設定してください。はじめてキャンペーンを行う場合は参考値がないので具体的な目標を設定しなくても構いません。

また、キャンペーンの効果を計測するために「集客ポートフォリオ」（P.187）と同様のシートを作成します。「売上」と「コスト」も忘れずに追加してください。

キャンペーンの実施と評価

目的と施策、目標がすべて決まったら、キャンペーンを実施します。キャンペーン実施中は毎日目標値を見て、達成しているかを確認することが大切です。仮に設定した目標値に届いていない場合は広告出稿を増やすなどの対策が必要になるかもしれません。

● 新規会員の登録者数

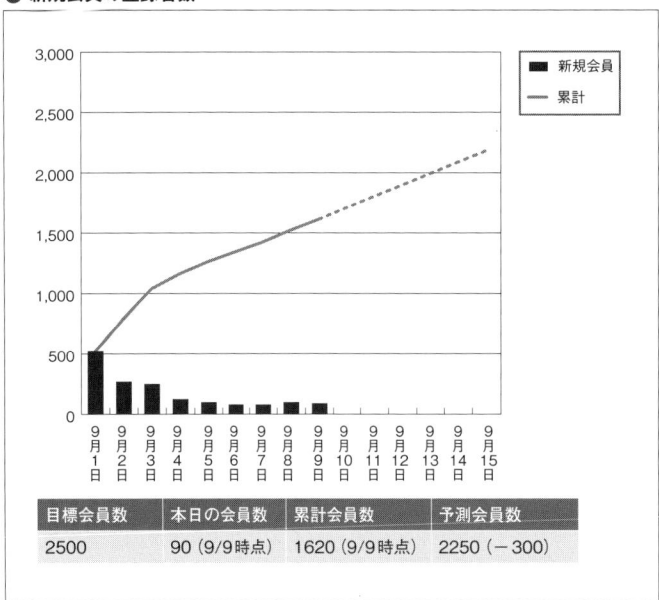

目標会員数	本日の会員数	累計会員数	予測会員数
2500	90（9/9時点）	1620（9/9時点）	2250（－300）

キャンペーンが終了したら必ずその結果を記録し、評価します。評価基準は3つあります。

● キャンペーンの評価基準

評価基準	説明
目標の達成度合い	目標を達成できたか否か。もっともわかりやすい評価基準。未達成の場合はその理由を考える
売上とコスト	売上とコストを評価する。目標を達成していても予定よりもコストがかかっている場合は改善策を検討する
他の集客施策との比較	他の集客施策と比較し、キャンペーンの成否を測る。売上額やコストを比較することで、より費用対効果の高い施策を把握する

評価シートの主な項目

目標と現状

	新規流入数	新規会員数
目標	60,000	2,500
実際	65,000	2,300
達成率	108.3%	92.0%

コスト

作成コスト	¥300,000
集客コスト	¥1,200,000
合計コスト	¥1,500,000

売上

新規会員	¥2,300
会員あたりの想定売上	¥600
売上想定	¥1,380,000
売上ーコスト	¥－120,000

コンバージョン率

キャンペーン	3.54%

会員獲得コスト

キャンペーン	¥652

その他施策のコンバージョン率

過去のキャンペーンA	5.24%
リスティング広告	3.82%
アフィリエイト	2.59%
検索エンジン	3.12%

過去のキャンペーンA	¥612
リスティング広告	¥750
アフィリエイト	¥650
検索エンジン	¥ －

　上記の表を見ると、流入数は目標を達成したのですが、新規会員数の目標は達成できていないことがわかります。過去のキャンペーンや他の集客施策と比較するとコンバージョン率の低下が失敗の要因だと判断できます。キャンペーン内容そのものの魅力が低かったのか、あるいはサイトに入った後の離脱率が高かった可能性があります。

　評価シートは「キャンペーン管理シート」に落とし込んで、過去のキャンペーンとして保管しておきましょう。次回同様のキャンペーンを実施する際に目標の目安となります。評価シートが蓄積されてくれば、予測の精度も上がってきます。

キャンペーン管理シート

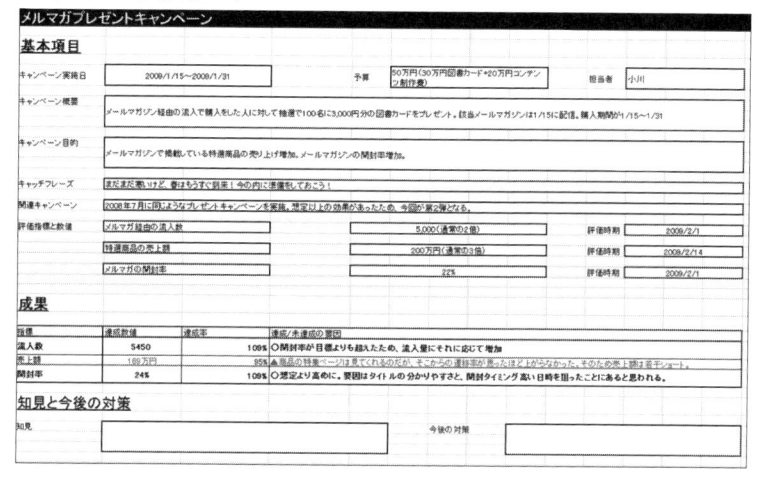

Column プレゼントキャンペーンの導線最適化

　導線最適化を行ったあるプレゼントキャンペーンの事例を紹介します。

　サイトAは、資料請求数を増やすために「資料請求をしてくれた人の中から抽選で1名様に50,000円相当の商品をプレゼント」というキャンペーンを計画しました。キャンペーン専用のシンプルなページを作成し、キャンペーンの告知を「Yahoo!懸賞」で行いました。

　その結果、大量の流入に成功し、キャンペーン自体も盛況の中で終了しました。しかし、キャンペーン終了後にある問題が発覚しました。「Yahoo!懸賞」用に作成したページが、入り口ページの第4位に入っており、直帰率が85%を超えていたのです。サイトの平均直帰率が45%であることを考えると異常に高い値です。

　そこで、流入元別に流入数と直帰率を算出してみました。すると1つの事実が判明しました。なんとキャンペーン専用ページへの流入数がもっとも多かったのは「検索エンジン」からの流入だったのです。キャンペーン中にこまめにデータを計測していなかったために気づかなかったのですが、実は検索エンジンのクローラーがキャンペーン専用ページをクロールし、検索結果画面の上位に表示していたようです。しかし、今回作成したキャンペーン専用ページは「Yahoo!懸賞」からの流入を前提としていたため、詳しい応募方法などを「Yahoo!懸賞」側にのみ明記し、また入力フォームへの遷移しか用意していませんでした。その結果、検索エンジンから流入したユーザーは何をするページなのか理解できず、直帰するしかなかったのです。

　これは非常にもったいないことです。より多くの人にサイトを見てもらうチャンスがありながら、それを活かすことができなかったのです。この事例が示す大切な教訓は以下の2つです。

1. どのページも入り口ページになりうる（想定していないユーザーが流入することがある）
2. 流入元を見ると直帰率が高い原因がわかる

　上記2つの教訓を忘れずに、ページの作成・修正をするようにしてください。新規ユーザーが大量に流入していることがわかれば、そのユーザーに向けたコンテンツを作成することもできます。また、今回紹介したキャンペーン専用ページには入力フォームへの遷移しか用意していませんでしたが、グローバルナビゲーションやサイトを内容を説明するコンテンツを用意しておけば別のページに遷移できた可能性もあります。

Part 04

一歩先のウェブ分析手法

| **Chapter 10** ≫ アクセス解析ツール以外のウェブ分析ツール |
| **Chapter 11** ≫ 12のアドバンスドウェブ分析手法 |

Chapter 10 アクセス解析ツール以外のウェブ分析ツール

　本章では、アクセス解析ツール以外のツールを使用したウェブ分析やサイトの改善方法を解説します。ウェブ分析はアクセス解析ツールで取得した各種データを分析することからはじめますが、その他のツールも利用します。ここでは、最初にアクセス解析ツールで取得できるデータの範囲をおさらいしたうえで、その不足分を補うことができる便利なツールを紹介します。

アクセス解析ツールの計測範囲

　アクセス解析ツールは主に以下の3種類のデータを計測できます。

- サイト外からの流入と、サイト外への離脱に関する情報
- サイト内のページに関する情報
- サイト内の導線に関する情報

　しかし、サイトに関連する情報は上記だけではありません。その他に以下のような情報があります。これらは一般的なアクセス解析ツールでは計測できない情報です。

- 世の中のトレンド(ブログやウェブで話題になっている人や物など)
- 競合サイトの情報(競合サイトの流入数やユーザー属性)
- 検索エンジンに関する情報(特定検索ワードの検索回数、トレンド、検索している人の属性)
- 検索エンジン以外の流入元に関する情報(SNS、Twitter、外部サイトなど)
- ユーザー属性に関する情報(性別や年代、地域情報、流入元の企業など)
- 利用者の声(感想や不満など)
- サイト内の閲覧場所やクリック場所
- 他のサイトやブログとの関係(一緒に使われているサイトや人気ランキングなど)

　上記の情報を計測するには、アクセス解析ツール以外のツールを使用する必要があります。本章では、上記の情報を「検索エンジン関連の情報」、「サイト内のユーザー情報」、「サイト外の情報」の3種類に分類して、取得する方法と活用する方法を解説します。

◉ 検索エンジン関連の情報

検索ワードや検索エンジンからの流入数はアクセス解析ツールで計測できますが、これらの情報だけでは不十分です。より深くサイトの現状を把握し、将来につなげるためには、来訪者の年代や性別などの属性、競合サイトとの流入数比率なども必要になります。これらの情報を利用すると以下のシーンに応用できます。

- SEO対策やリスティング広告の最適化
- 新しい検索ワードの発見
- 競合サイトとの比較
- 被リンク数などの検索結果順位に影響を与える数値の把握

本章では検索エンジン関連情報を計測できるツールやサービスを4種類ほど紹介します。これらのツールを定期的に使用し、検索エンジンからの流入を最適化してください。

◉ サイト内のユーザー情報

サイト内のユーザー情報の多くはアクセス解析ツールでも取得できます。しかし、より深くサイト内の状況を把握する際に有用なツールは他にもたくさんあります。本章では、以下のシーンで応用できる便利なツールを4種類ほど紹介します。

- 導線の改善
- コンテンツの改善
- デザインやレイアウトの改善

◉ サイト外の情報

検索エンジン以外の外部サイトに関する情報を取得すると、以下のシーンに応用できます。本章ではサイト外の情報を計測できるツールやサービスを3種類ほど紹介します。

- 世の中のトレンドの把握
- ブログやサイトの評価の把握
- Twitter分析

検索エンジン関連の情報 ― キーワードツール

キーワードツールは、Google社が提供している検索ワードの分析ツールです。特定の検索ワード（やURL）に関する以下の情報を確認することができます。ただし、キーワードツールは、GoogleやAdwordsに特化しているため、他の検索エンジンに関する情報を取得することはできません。

- 特定の検索ワードの検索数や検索トレンド
- 自社サイトや競合サイトに関連する検索ワード
- リスティング広告（Google Adwords）の平均クリック単価
- モバイルの検索ワード

>>> キーワードツール
URL https://adwords.google.com/select/KeywordToolExternal

検索ワードの検索数の調査・分析

キーワードツールを使用して、ある検索ワードの検索数とトレンドを調査・分析する方法を解説します。

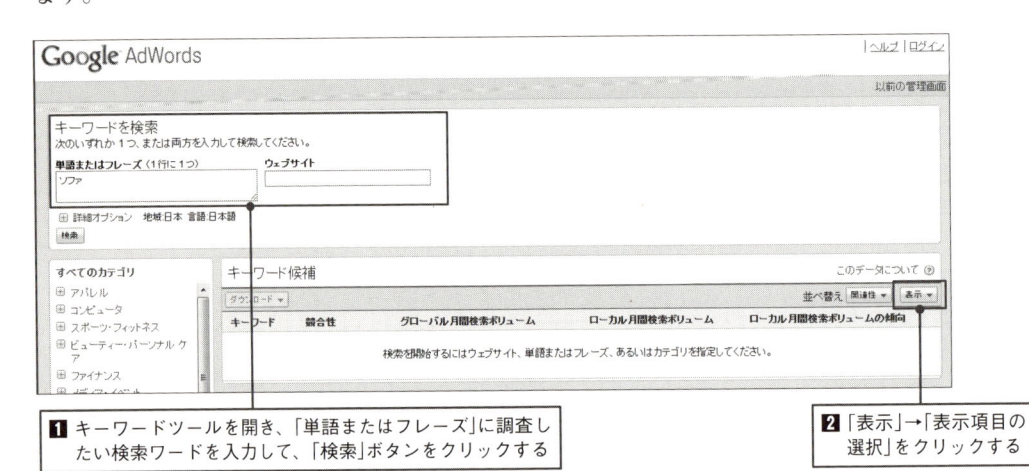

1 キーワードツールを開き、「単語またはフレーズ」に調査したい検索ワードを入力して、「検索」ボタンをクリックする

2 「表示」→「表示項目の選択」をクリックする

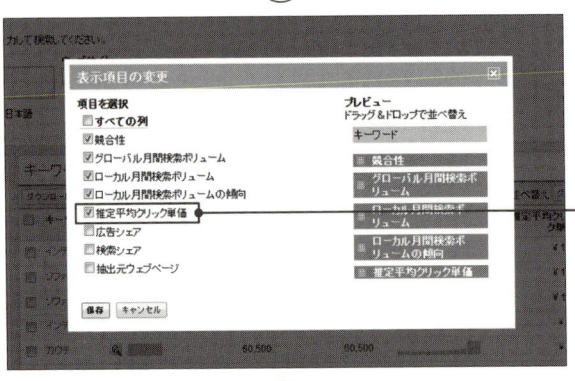

3 「推定平均クリック単価」にチェックを入れ、「保存」ボタンをクリックする

Chapter 10 アクセス解析ツール以外のウェブ分析ツール

❹ 各データを確認する

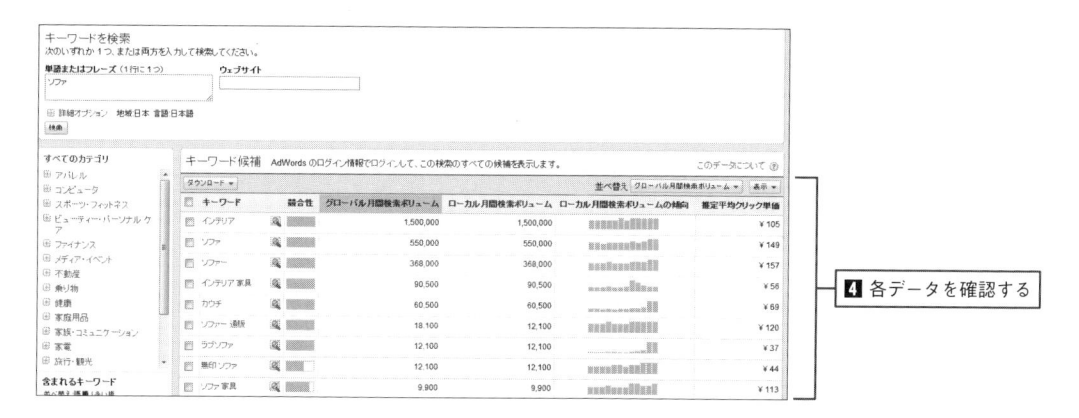

● キーワード候補の表示項目

表示項目	内容
キーワード	この検索ワードと関連性のある検索ワードの一覧
競合性	この検索ワードに入札している広告主の相対数(Adwords)
グローバル月間検索ボリューム	この検索ワードの世界中の月間検索数
ローカル月間検索ボリューム	この検索ワードのローカル(日本語表示している場合は日本)の月間検索数
ローカル月間検索ボリュームの傾向	この検索ワードの直近12カ月の相対的な検索数(右端の棒が先月)
推定平均クリック単価	Adwordsで上位3件に掲載されるために必要な平均クリック単価

　検索数が多い検索ワードの中から、自社サイトと関連性の高い検索ワードを選んでGoogle検索を行い、その検索結果の上位に自社サイトが表示されるのかを確認してください。もし下位に表示されたり、全く表示されない場合は、この検索ワードからの流入を増やすためのコンテンツを作成することを検討してください。

検索ワードのトレンドの調査・分析

　検索ワードのトレンドは、「ローカル月間検索ボリュームの傾向」を見ると確認できます。以下は「バーゲン」を検索した結果です。傾向の期間は、2009年6月～2010年5月です。黒枠で囲ってあるキーワードの傾向を確認してみましょう。

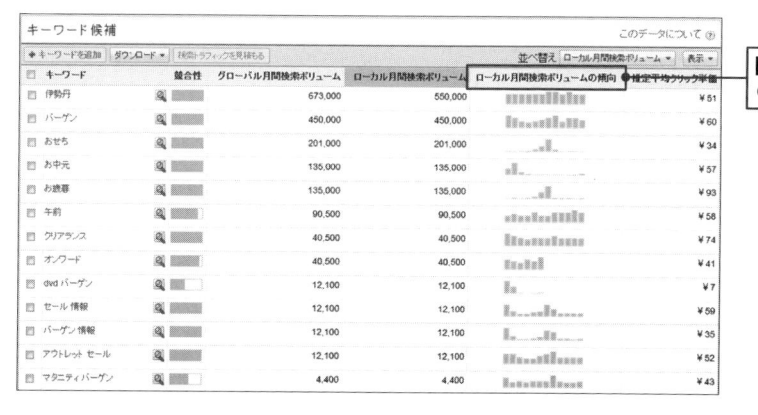

解説 ローカル月間検索ボリュームの傾向を確認する

217

「お中元」は6月から検索数が増え、7月がピークになります。実際にお中元を贈る期間よりも前に検索数が増えているのがわかります。このことから、お中元に関するバーゲン情報を出すタイミングを測ることができます。つまり、該当の検索ワードのコンテンツ作成やリスティング広告の出稿は6月～7月に行う必要があると判断できます。「バーゲン情報」も年2回、バーゲンがはじまる前(6月と12月)に検索が増えています。

自社サイトや競合サイトと関連性のある検索ワード

自社サイトや競合サイトと関連性のある検索ワードを調べる場合は、キーワードツールの「ウェブサイト」の欄に自社サイトのURLを入れて「検索」ボタンをクリックします。これで自社サイトに関する検索ワードの一覧が表示されます。「ローカル月間検索ボリューム」で降順にソートすると、自社サイトの強みがわかります。

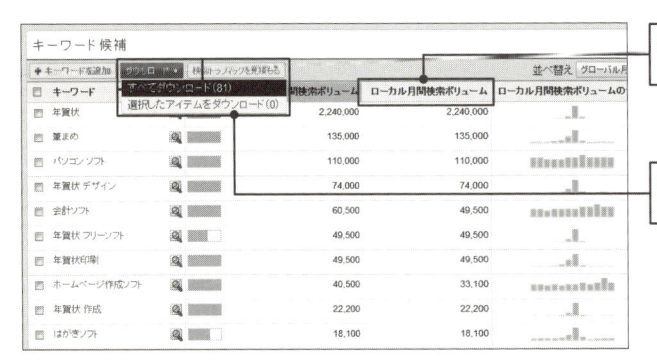

1「ローカル月間検索ボリューム」をクリックして降順にソートする

2「ダウンロード」ボタンをクリックして、データをダウンロードする

同様の手順で競合サイトのデータもダウンロードして結果をまとめると、自社サイトや競合サイトと関連性のある検索ワードや、それぞれの強み、またブランド力などを把握できます。以下は年賀状作成ソフトの「筆まめ」と「筆ぐるめ」について、関連性のある検索ワードをまとめた表です(左:筆まめ　右:筆ぐるめ)。

● 筆まめ、筆ぐるめに関連する検索ワード一覧

順位	キーワード	推定平均単価	月間	キーワード	推定平均単価	月間
1	年賀状	75	2,240,000	年賀状	75	2,240,000
2	筆まめ	16	135,000	PCソフト	74	165,000
3	パソコンソフト	87	110,000	パソコンソフト	87	110,000
4	年賀状デザイン	210	74,000	ソフト販売	160	905,000
5	会計ソフト	125	49,500	動画編集ソフト	36	74,000
6	年賀状 フリーソフト	19	49,500	筆ぐるめ	25	74,000
7	年賀状印刷	126	49,500	印刷 ソフト	111	60,500
8	ホームページ作成ソフト	166	33,100	ds ソフト 一覧	38	49,500
9	年賀状 作成	24	22,200	会計ソフト	125	49,500
10	はがきソフト	87	18,100	年賀状 フリーソフト	19	49,500
11	顧客管理ソフト	241	14,800	中古ソフト	44	40,500
12	フリーソフト dvd作成	35	9,900	ホームページ作成ソフト	166	40,500
13	pdf 作成 ソフト	55	9,900	年賀状作成	24	40,500

※ 月間とは「ローカル月間検索ボリューム」を意味します

上表の中でハイライトされたワードがブランドワードです。ブランドワードの検索数を比較すると、「筆まめ」は135,000回／月、「筆ぐるめ」は74,000回／月であることがわかります。このことからこれら両者に関していえば、「筆まめ」のほうがブランド力（知名度）は高いであろうと判断できます。一方で、13位のワード（表の一番下）の「ローカル月間検索ボリューム数」を比較すると「筆ぐるめ」のほうが「筆まめ」よりも多くなっています（筆ぐるめ：40,500、筆まめ：9,900）。このことから、検索数が多いワードがより「筆ぐるめ」に紐付いているといえます。

また、この表を利用すると「流入数を増やすために利用できる検索ワード」を探すこともできます。例えば、上表の中で競合他社にだけに出てくる「検索数が多いキーワード」を含むコンテンツを作成し、流入数につなげることが可能です。ただし、すべての検索ワードに対応するコンテンツを作成する必要はありません。あまり関係のない検索ワード用のコンテンツを作成しても直帰率が高くなるだけです。

> **Tips** 見てのとおり、「ローカル月間検索ボリューム数」は実際の検索数ではなく、Googleのロジック（非公開）を使って計算されたものです。検索数が10,000を切るような数値は、それほど信頼性が高くないので、なるべく利用しないようにしましょう。

検索ワードのCTRの把握

CTRは「クリックスルーレート」の略で、検索エンジンの文脈においては以下の式で計算されます。

サイトへの流入数÷検索回数

キーワードツールから検索数を、アクセス解析ツールから流入数を取得することでCTRを調べることができます。CTRを確認すると表示回数に対する流入数を把握できるため「CTRが高く効率の良いワード」や「検索数が多くて流入数が少ない（CTRが低い）ワード」を見つけることができます。

そして、これらの数値を直帰率やコンバージョン率と併せると、サイト外からコンバージョンまでを通して評価することができるので、強化・改善したいワードを特定することができます。

1 「ウェブサイト」に調査をしたいサイトのURLを追加して「検索」ボタンをクリックする

2「Download」ボタンをクリックして、データをダウンロードしてCTRを計算する

● キーワードのCTR

キーワード	検索数	流入数	CTR
ソファ	550,000	8,452	1.5%
ソファー	368,000	4,985	1.4%
ソファベッド	74,000	549	0.7%
ソファーベッド	49,500	892	1.8%
ソファ カウチ	22,200	983	4.4%
ソファー カバー	27,100	129	0.5%
ソファー激安	14,800	51	0.3%
カウチソファー	14,800	748	5.1%
ソファ カバー	12,100	329	2.7%

> **Tips** 本章で紹介する「GRC」というツールを利用すると、検索結果の順位もわかります（P.225）。CTRと検索順位の相関関係を確認すると、サイトの改善策を考えるときの参考になります。

リスティング広告の入札ワードの決定

　Google社が提供するリスティング広告サービス「Adwords」を利用する場合は、「キーワードツール」を使用して入札ワードを決めます。入札するべきワードは、検索数が多くかつ推定平均クリック単価が安いワードか、競合が少ないワードです。

　キーワードツールで、自社サイトに関連する検索ワードか、自社サイトのURLを指定して関連検索ワードを取得して、以下の式で「リスティング有効度数」を計算します。

（1÷競合性）×（1÷推定平均クリック単価）×ローカル月間検索ボリューム

● リスティング有効度数の計算

キーワード	競合性	推定平均クリック単価	ローカル月間検索ボリューム	リスティング有効度
バラ	100%	¥38	1,000,000	26,316
花束	100%	¥84	301,000	3,583
お花	100%	¥56	60,500	1,080
バラ 大苗	27%	¥15	15,900	3,926

モバイルユーザーの検索ワード

キーワードツールではモバイルユーザーの検索ワードを調べることもできます。モバイルサイトを持っている人はぜひ活用してください。

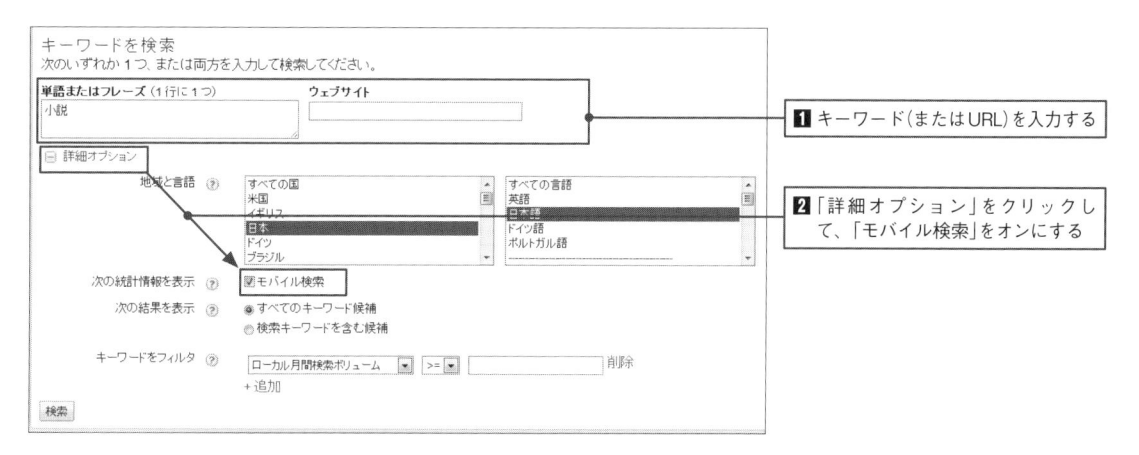

1 キーワード（またはURL）を入力する

2「詳細オプション」をクリックして、「モバイル検索」をオンにする

● PCサイト（左）とモバイルサイト（右）の検索ワード「音楽」に関するデータ

検索エンジン関連の情報　Google Insights for Search

Google Insights for Searchは、Google社が提供しているキーワード分析ツールです。「キーワードツール」（P.215）とは異なり、以下の視点でウェブ分析を行うことができます。

- 特定の検索ワードの検索トレンドを比較できる
- 地域ごとの検索数を確認できる
- 人気検索クエリと注目検索クエリを確認できる

Google Insights for Search
URL http://www.google.com/insights/search/?hl=ja#

　なお、Google Insights for Searchは非常に強力なキーワード分析ツールですが、やみくもに使用しても有用なデータを取得することはできません。事前にキーワードツールで分析する検索ワードをある程度絞り込んでから使用してください。

> **Tips** Yahoo!Japanにも「キーワードアドバイスツール」という同様の機能をもったツールが存在します。ただし、このツールを利用するには法人向けのアカウントである「Yahoo!JapanビジネスID」が必要です。このIDを取得すると、Yahoo!リスティング広告公式サイト内のクライアントセンターにある「キーワードアドバイスツール」ボタンを選択できるようになります。また、他にもログインいらずで利用できる「Yahoo!Japan検索ランキング(http://searchranking.yahoo.co.jp)」や、Biglobeの旬感ランキング(http://search.biglobe.ne.jp/ranking)などもあります。

検索ワードの検索トレンドを比較する

　Google Insights for Search を使用すると、2004年以降の検索数のトレンドや最近のトレンドを把握することができます。こういった情報を活かせば、製品投入や告知のタイミングの調整や、競合サイトとのブランド力の比較などが行えます。

解説 「検索クエリ」にキーワードを入力する(比較する場合は「検索クエリを追加」をクリックして、複数ワードを入力する)

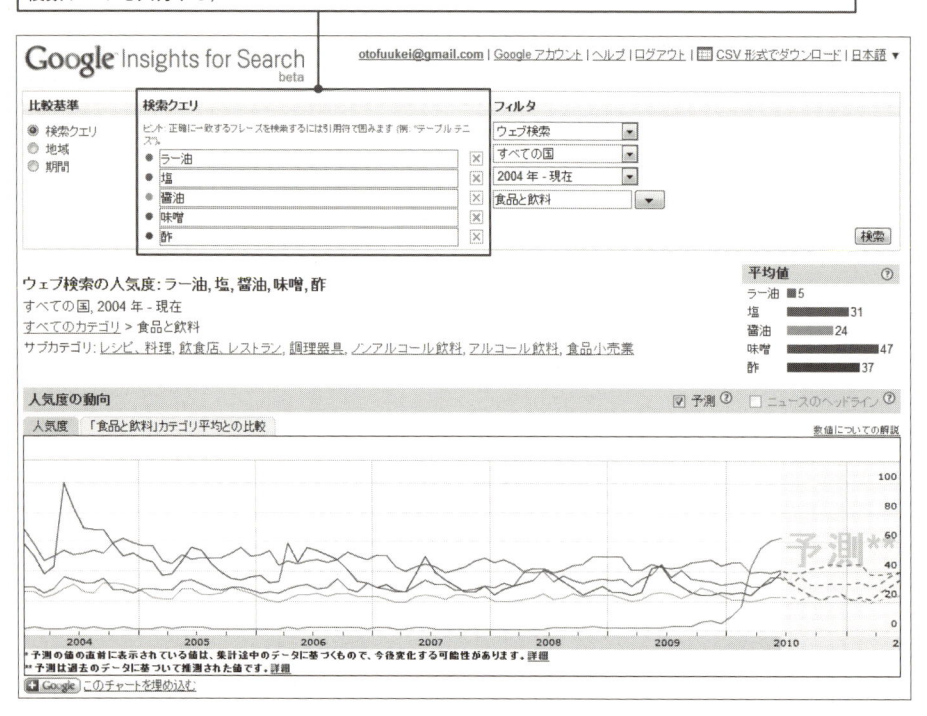

Chapter 10 アクセス解析ツール以外のウェブ分析ツール

● 「フィルタ」の設定可能オプション

オプション	内容
検索の種類	検索の種類を「ウェブ検索」、「画像検索」、「ニュース検索」、「製品検索」などから選択できる
検索エリア	検索ワードを国別で絞り込むことができる。例えば、英語の検索ワードが日本でどの程度検索されているのかを調査したい場合は「日本」を選択する
期間	データを取得する期間を設定できる。日単位で流行を把握する場合に便利
カテゴリ	カテゴリを設定できる。複数のジャンルにまたがるような検索ワードを調査する場合に利用する。例えば「旅行」に関するトレンドを調べたい場合は「旅行」を選択する

　表示される「人気度の傾向」や「平均値」を確認すると、検索ワードのトレンドが見えてきます。例えば、上図を見ると、2004年5月に「酢」に関する大きなピーク（上記グラフの最大のピーク）があることがわかります。また、2010年に入って「ラー油」の検索数が大幅に増えていることがわかります（今まで検索数がもっとも少なかったのに、2010年に入って最大になっている）。各検索ワードのトレンドを分析していくことで、将来的に利用できそうな検索ワードを見つけることもできます。

> **Tips** ピーク時に何があったかを把握する場合は、「キーワード」と「年月」を入れて検索します（例：「2004年5月　お酢」や「2010年3月　ラー油」など）。

地域ごとの検索数を確認する

　Google Insights for Search を使用すると、地域ごとの検索数を確認・比較することができます。日本国内の複数地域に店舗を展開している場合や、地域の特性を把握する場合に便利です。
　まずは、検索ワードの地域性を見てみましょう。以下は「ディズニーランド」、「USJ」を検索した結果です。

● 検索ワードの地域性の確認

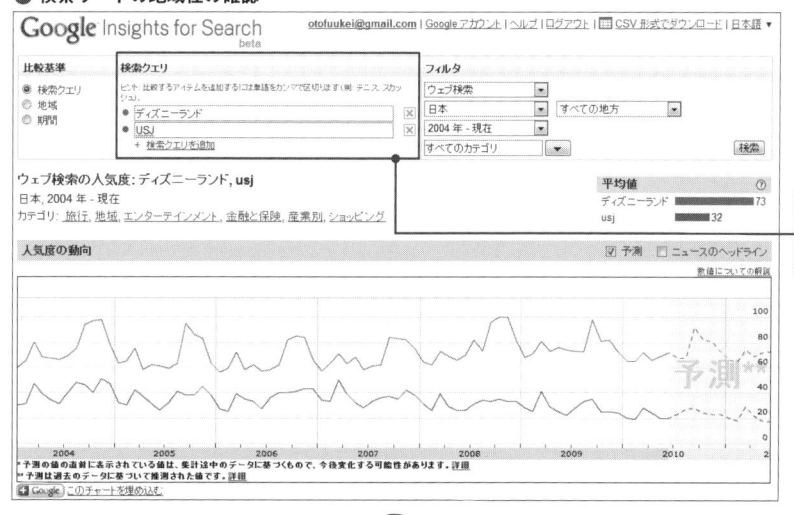

1. 検索クエリに「ディズニーランド」、「USJ」を入力し、「検索」ボタンをクリックする

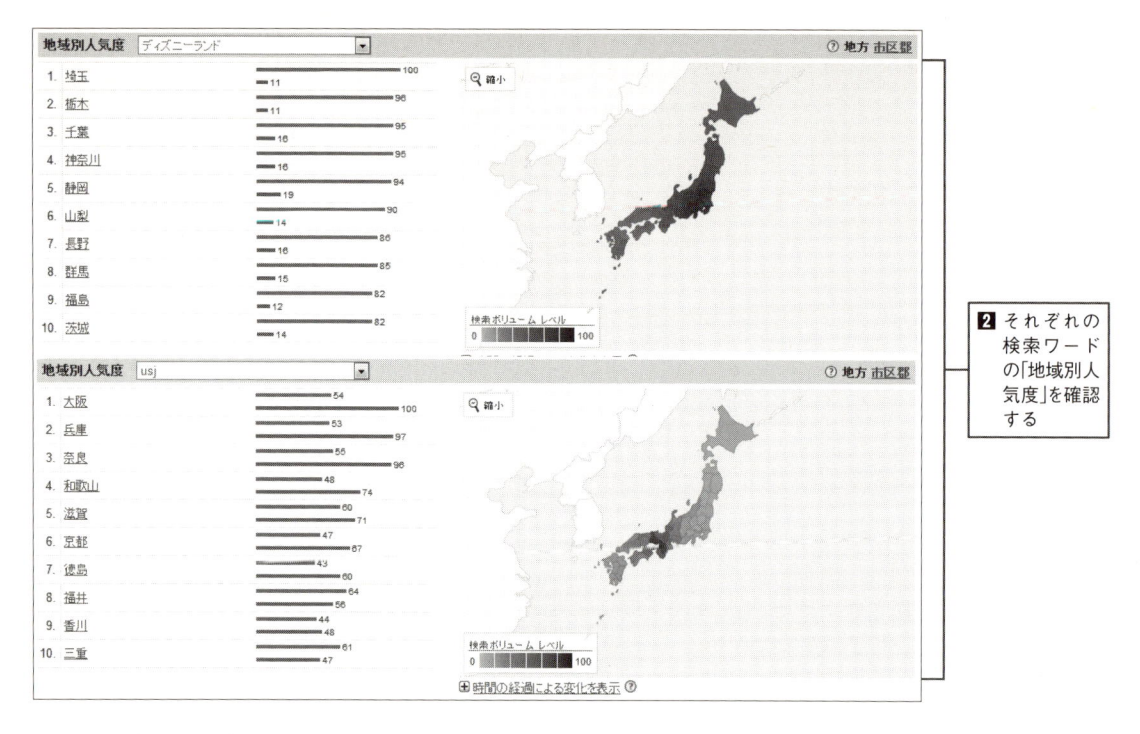

上図を見ると、「ディズニーランド」の検索数が多いのは関東、「USJ」の検索数が多いのは関西であることがわかります。また、USJのほうが地域性は強く(USJの検索数が多いのは関西または西日本)、ディズニーランドのほうが全国区であることがわかります。今回の例はある程度予想できるものかもしれませんが、具体的なデータを改めて見ることで確固たる情報として把握できます。

また、同様の手順を行うことで、予想できない商品群の地域間の特徴を洗い出すこともできます。例えば、ある商品を東京から発送しているサイトにおいて、北海道や沖縄などの遠方からの検索が多いことがわかれば、送料実費を請求するのではなく、送料を無料にすることで遠方からの注文が増えるかもしれません(送料無料の最低購入金額を上げて収支を調整する必要はあります)。

人気検索クエリと注目検索クエリを確認する

Google Insights for Search を使用すると、人気検索クエリや注目検索クエリを容易に確認できます。

● 人気検索クエリと注目検索クエリ

種類	内容
人気検索クエリ	調査期間で検索数が多かったワード。1位を「100」とした相対値で表される
注目検索クエリ	調査期間とその期間より1カ月前の期間を比較し、調査期間に検索数が大幅に上がったワード

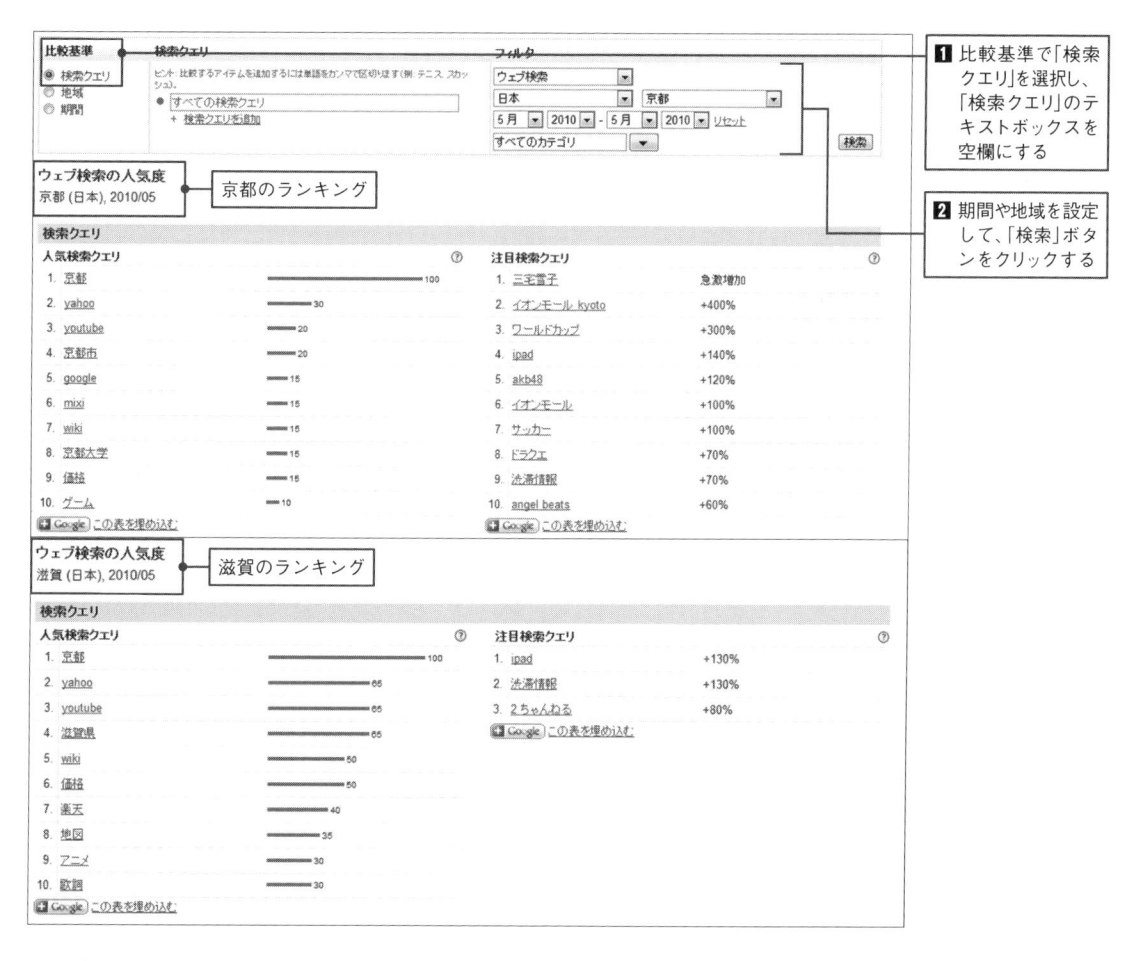

上図では、期間を2010年5月の1カ月間、対象エリアを「京都」と「滋賀」に設定して、人気検索クエリと注目検索クエリを確認しています。上図で特徴的なのは、「京都」、「滋賀」の両エリアにおいて、人気検索クエリの1位が「京都」になっている点です。また、「京都」の注目検索クエリの2位と6位に「イオンモール」が入っていることがわかります。このように地域ごとの特性を把握しておけば、特定の地域にアピールできる検索ワードを探すことができます。他にも期間ごとや国ごとのトレンドを確認することもできます。

検索エンジン関連の情報　GRC

「GRC」は、有限会社シェルウェアが提供している検索順位チェックツールです。3つの検索エンジン（Google、Yahoo!、bing）での自サイトの検索順位を確認できます。定期的にデータを取得し、グラフを作成することもできます。SEO対策の効果測定や競合サイトとの順位比較などが簡単に行え

る便利なツールです。ただし、GRCを利用するには、事前に以下のサイトにアクセスしてGRCをインストールする必要があります。

>>> GRC
URL http://seopro.jp/grc/

GRCの利用方法

GRCを利用するには、インストールしたGRCを起動し、以下の手順を実行します。

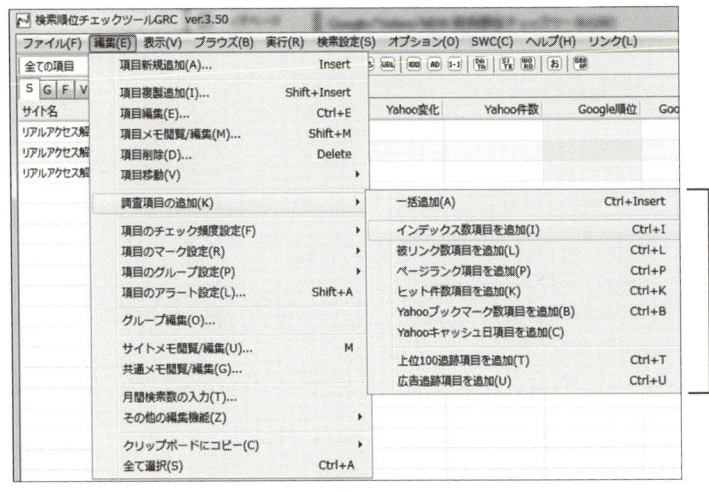

1「編集」→「項目新規追加」を選択する

2 サイト名やURL、検索ワードを入力して、「OK」ボタンをクリックする

3「編集」→「調査項目の追加」から「インデックス数項目を追加」、「被リンク数項目を追加」、「ページランク項目を追加」を選択する

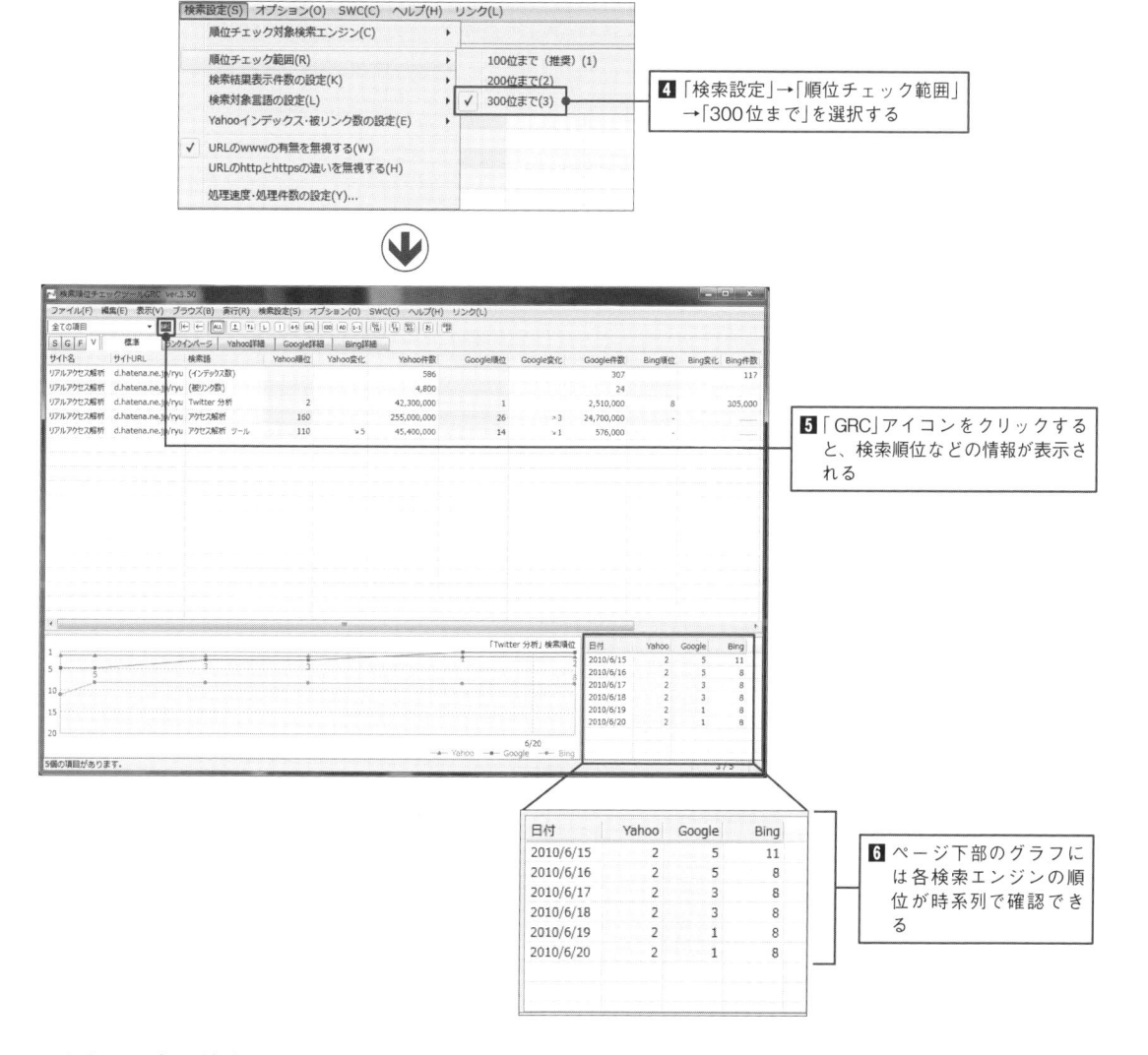

Chapter 10 アクセス解析ツール以外のウェブ分析ツール

4 「検索設定」→「順位チェック範囲」→「300位まで」を選択する

5 「GRC」アイコンをクリックすると、検索順位などの情報が表示される

6 ページ下部のグラフには各検索エンジンの順位が時系列で確認できる

日付	Yahoo	Google	Bing
2010/6/15	2	5	11
2010/6/16	2	5	8
2010/6/17	2	3	8
2010/6/18	2	3	8
2010/6/19	2	1	8
2010/6/20	2	1	8

　上記のように検索順位を確認し、仮に順位が大きく落ちている箇所を発見した場合は、アクセス解析ツールでその検索ワードからの流入数をチェックします。流入数とコンバージョン数は密接に関係しているため、このような視点から検索順位と流入数、コンバージョン数の変遷を把握し、サイトの改善に活用してください。

検索エンジン関連の情報　その他の一芸ツール

　ここまで、検索エンジン関連の情報を取得できる3つのツールを紹介してきましたが、上記の3つ以外にも便利な一芸ツールがいくつかあります。ここで概要と簡単な使い方をまとめて紹介します。

SEO TOOL DW230

　SEO TOOL DW230は、3つの検索エンジン（Google、Yahoo、bing）での検索順位を1つの画面で確認できるツールです。SEO TOOL DW230のサイトにアクセスして、検索ワードとサイトのURLを入力すると、各検索エンジンの検索順位が表示され、自サイトがハイライトされます。自社サイトや競合サイトのランキングを定期的にチェックすることで、SEO対策の効果測定や優良検索ワードを探すことができます。

URL http://seo.dw230.com/rank/

SEOアクセス解析ツール

　SEOアクセス解析ツールは、自社サイトをSEOの観点から総合的に診断してくれるツールです。GoogleのPageRankや各種カテゴリの登録状況、ドメインのトラフィックランキング、設定キーワードの検索ボリューム数、掲載順位、インデックス数、被リンク数などさまざまなデータを一覧で確認できます。定期的に確認することで、SEO対策の効果測定を行うことができます。

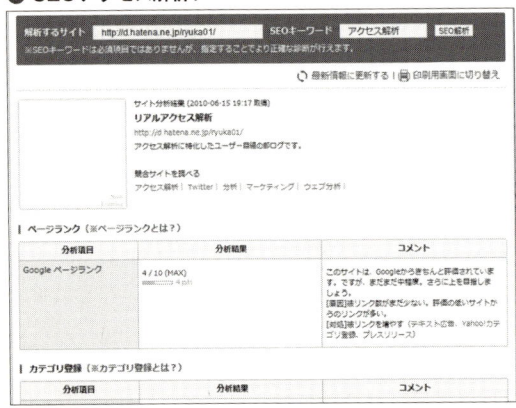

URL http://www.seotools.jp/001_seoanalyze/

キーワード出現頻度解析

キーワード出現頻度解析は、ページ内のキーワード出現頻度を計測できるツールです。キーワード出現頻度を確認することで、リスティング広告向けのページを作成した際に、その単語の出現頻度が十分であるか判断できます。通常は、対象の検索ワードが上位5位に入っていることを推奨します（接頭語などは含まない）。

● キーワード出現頻度解析

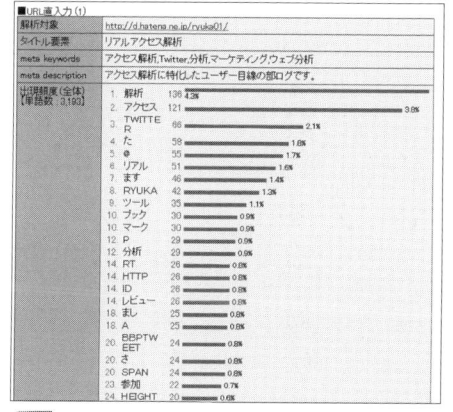

URL http://www.searchengineoptimization.jp/tools/keyword_density_analyzer.html

ライバルサイトチェッカーβ

ライバルサイトチェッカーβは、自社サイトとGoogle、Yahooの検索結果上位30サイトの検索順位、被リンク数、インデックス数、キーワード出現頻度、ソーシャルブックマーク数などを確認できるツールです。これらの情報をもとに自社サイトと競合サイトの現状を比較すれば、自社サイトが優れている点や劣っている点を容易に把握できます。

● ライバルサイトチェッカーβ

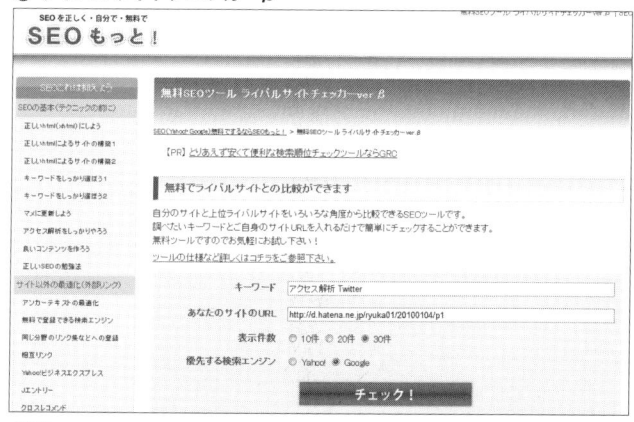

URL http://www.seo-motto.com/tool/sitecheck.html

UnitSearch

　UnitSearchは、Yahoo!Japanを利用したユーザーが実際に組み合わせて検索した検索ワードを表示するツールです。Yahoo!ユーザー向けのSEO対策や、リスティング広告を作成する際に参考になります。

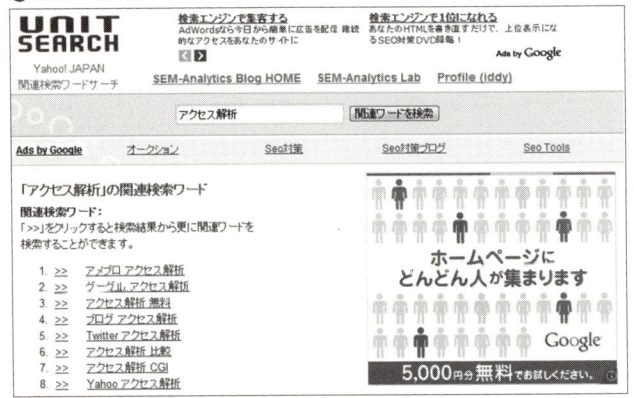

URL http://www.sem-analytics.com/lab/unitsearch.php

itomakihitode.jp

　itomakihitode.jpは、自社サイトと検索結果上位10社とのSEO効果（サマリー、基本情報、被リンク数、単語数、リンク数、キーワード比率、キーワード出現数など）を比較するツールです。検索結果上位10社と比較することで、自社サイトの強みや弱みを明確にできます。

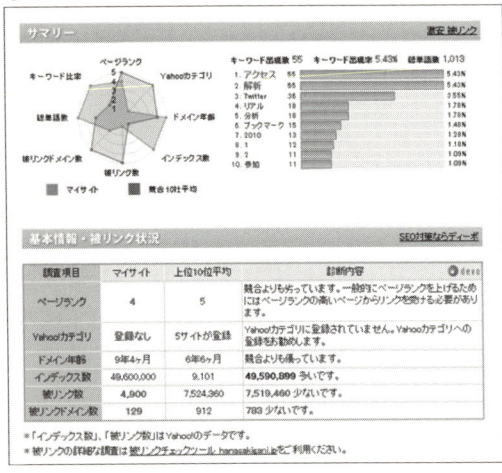

URL http://itomakihitode.jp/

サイト内のユーザー情報　UserHeat

　UserHeatは、ページ上のマウスの軌跡やクリック箇所、読まれた場所などを調査できるツールです。「ヒートマップツール」と呼ばれるツールの一種です。株式会社ユーザーローカルが提供しています。UserHeatを使用すると以下の3種類の分析を実施できます[※]。

● UserHeatで実施できる分析項目

種類	内容
マウストラック分析	訪問者が来訪してから離脱する間にページ上で動かしたマウスの軌跡を確認できる（ページを開いたときのマウス位置や移動箇所、クリックした場所）。結果画像上には、一度に5人分の動きをピックアップして表示する
クリックマップ分析	多くの訪問者がクリックしている場所を確認できる。サーモグラフィのように、よくクリックされている場所ほど赤く表示される
熟読エリア分析	訪問者がよく読んでいると思われる場所を確認できる。訪問者のマウスの動きやスクロール操作、文中のキーワードなどをもとに独自のアルゴリズムを用いて統合的に「読まれている場所」を推測する

UserHeatの使用方法

　UserHeatを使用するには、事前にユーザー登録を行う必要があります。UserHeatのサイト（http://userheat.com/）にアクセスして、登録を行ってください。登録が完了すると、メニューから「HTMLタグ発行」をクリックして、「埋め込みタグ」内に書かれている内容をコピーして、計測するページのHTMLの中に貼り付けます。

● UserHeatの埋め込みタグ

　タグを埋め込んだらデータがたまるのを待ちます。おおよそ1ページあたり1,000～1,500PVほどのアクセスが必要です。データがたまったら「解析結果の一覧」をクリックします。すると分析結果が一覧で表示されます。「Mouse」、「Click」、「View」の3つのボタンがそれぞれ上表の分析内容に対応しています。

※ 出所：UserHeatのサイト（http://userheat.com/）

● 解析結果の一覧

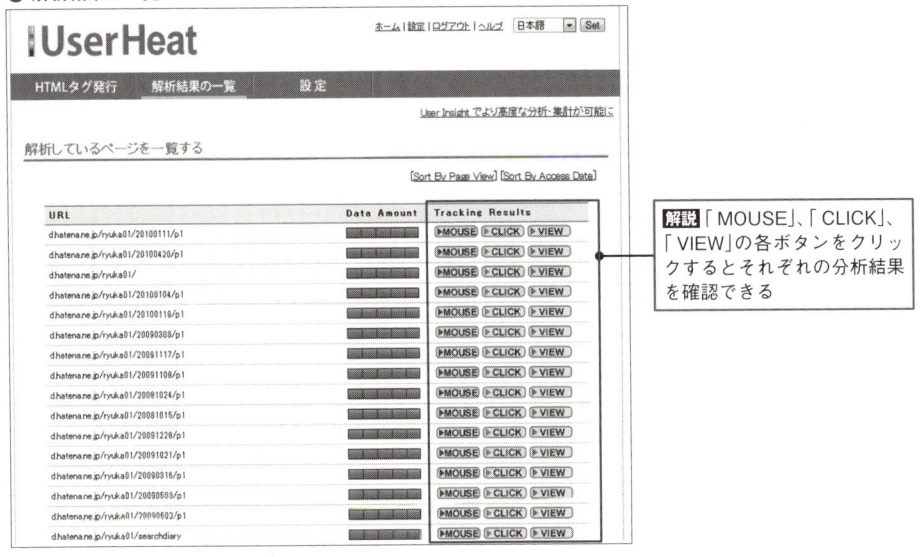

解説 「MOUSE」、「CLICK」、「VIEW」の各ボタンをクリックするとそれぞれの分析結果を確認できる

マウストラック分析の結果画面

　マウストラック分析の結果画面では、訪問者がページ上で動かしたマウスの軌跡を確認できます。数字が記載されている箇所が停止した場所を表し、その数字が停止した順番を表します。

　マウスの軌跡は、つまり「ユーザーの目線」です。マウスの軌跡を確認することで、ユーザーがページ内を閲覧している順番や、目に留まった画像などを把握できます。事前に仮説を立ててから調査することで、サイト制作者側の意図どおりにユーザーがページ上を動いているのか検証できます。もし、意図する動きになっていないのであれば原因を考える必要があります。

● マウストラック分析の結果画面

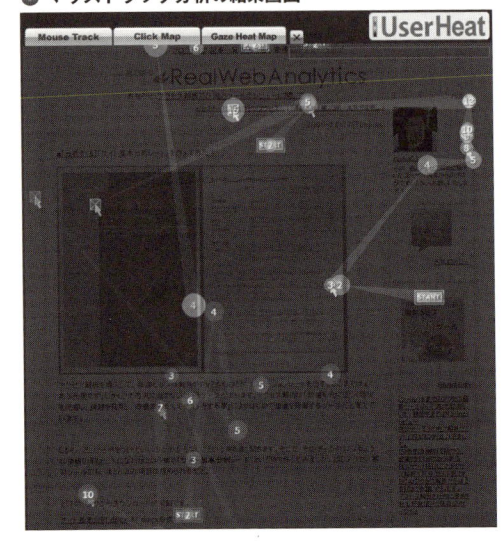

クリックマップ分析の結果画面

クリックマップ分析の結果画面では、来訪者がクリックした場所を確認できます。頻繁にクリックされている場所ほど赤く表示されます。

● **クリックマップ分析の結果画面**

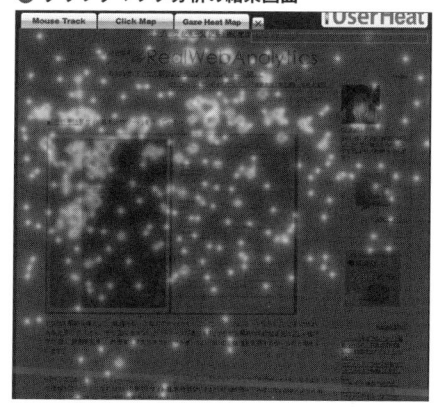

実際にクリックされている場所を確認することで、サイト作成者側の意図がユーザーに伝わっているかを判断することができます。A/Bテスト(P.149)やマルチバリエイトテスト(P.154)などを行って、レイアウトごとにクリックされている場所を確認してください。また、リンクが設定されていないのに頻繁にクリックされている画像や文字列がある場合は、ユーザーが勘違いをしている可能性が高いので、デザインを見直す必要があります。

熟読エリア分析の結果画面

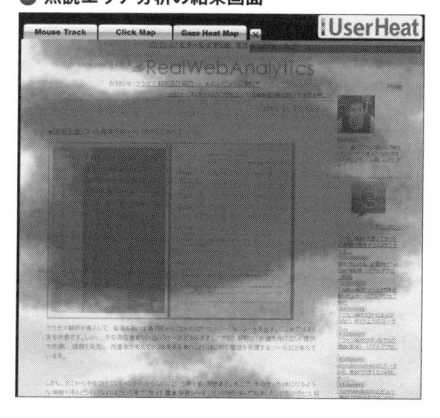

熟読エリア分析の結果画面では、来訪者が熟読した場所を確認できます。マウスの軌跡データの中で密度の高い部分が赤で表示されます。

● **熟読エリア分析の結果画面**

読み物ページや一覧ページのような縦スクロールが多いページを分析する際に有効です。また、前述のクリックマップ(P.233)と併用することで「よく見られているけれどクリックされていない場所」や「あまり見られていないけどよくクリックされている場所」を可視化できます。熟読エリア分析をさまざまなページに対して行い、ナレッジを積み重ねることで、効果的なレイアウトや画像などを把握できるようになります。

サイト内のユーザー情報　なかのひと

　なかのひとは、サイトにアクセスしてきた企業の情報を収集するツールです。訪問回数や最終訪問日、累計訪問回数などを確認できます。株式会社ユーザーローカルが提供しています。
　このツールは、サイトの改善に利用するというよりは、営業用途(営業をした会社が自社サイトを見にきてくれているかの確認)や競合サイトからのアクセスの確認に利用することが多いといえます。

なかのひとの使用方法

　なかのひとを使用するには、事前にユーザー登録を行う必要があります。なかのひとのサイト(http://nakanohito.jp/)にアクセスして、登録を行ってください。登録が完了すると、メニューから「解析HTMLタグ」をクリックして、「貼り付けコード」内に書かれている内容をコピーして、計測するページのHTMLの中に貼り付けます。

● なかのひとの貼り付けコード

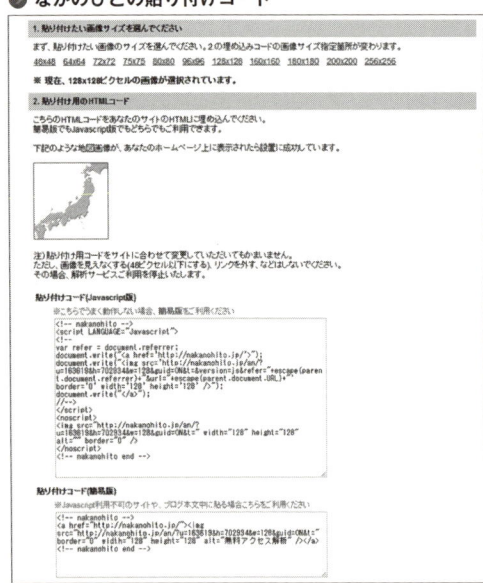

タグを埋め込んだらデータがたまるのを待ちます。1,000～1,500PVほどのアクセスが必要です。データがたまったら「解析結果」をクリックします。すると分析結果が一覧で表示されます。確認できるデータは「アクセス企業一覧」、「あしあと表示」、「サイトを訪れている人の性別と年齢推計」の3種類です。

● 「アクセス企業一覧」と「あしあと表示」

サイト内のユーザー情報 4Q

4Qは、サイト内でリアルタイムにアンケートを取ることができるサービスです。アクセス解析ツールでは取得できない「ユーザーの声」（サイトの感想や来訪の目的など）を取得できる、非常に有用なサービスです。英語のサービスですが、日本語のメニューもあるので利用上の不便はあまりありません。

4Qの使用方法

4Qを使用するには、事前にユーザー登録を行う必要があります。4Qのサイト（http://www.4qsurvey.com/jp/）にアクセスして、登録を行ってください。登録が完了したら、メニューから「調査に関する情報」→「サーベイを新規に作成する」をクリックして、アンケートを作成します。

4Q

1 「調査に関する情報」→「サーベイを新規に作成する」を選択する

2 指示に従ってアンケートを作成する。設定できる質問はある程度決まっている

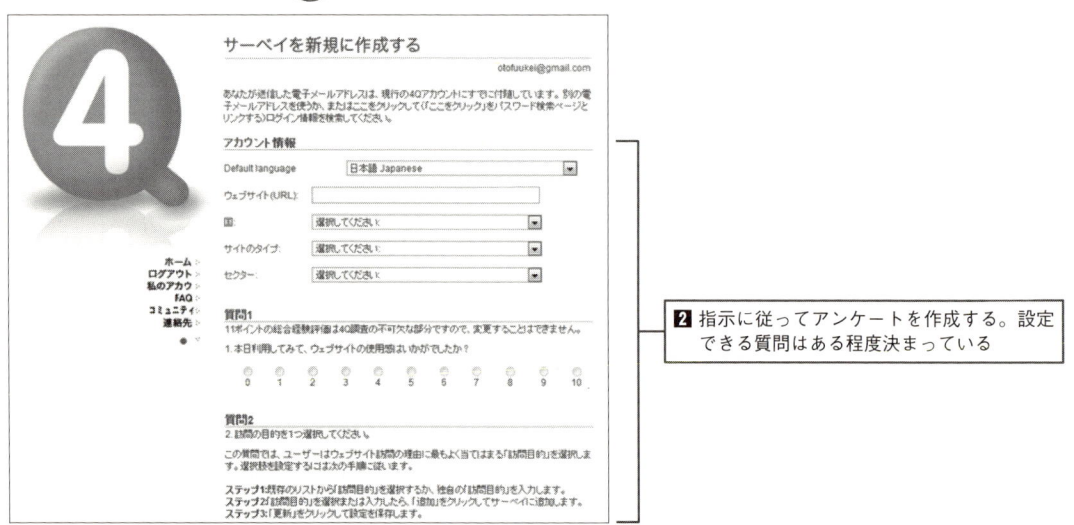

　設定したら「調査に関する情報」→「調査招待率の調整」をクリックして、サイト訪問者の何％の人にアンケートの回答をお願いするか記入してください（一度回答した人にはアンケートは再表示されません）。

　最後に「調査に関する情報」→「調査コードの取得」をクリックしてタグを表示し、アンケートを設置するページに埋め込みます。

● 4Qのタグ

3 表示されるタグをアンケートを設置するページに埋め込む

4Qにログインして「結果」をクリックすると、アンケート結果を確認できます。レポートは5つに分かれています。

● 4Qによるアンケート結果

解説 5種類のレポートを確認できる

● 4Qのレポート

種類	内容
ダッシュボード	アンケート結果のまとめ。「満足度」、「作業の完成度」、「閲覧目的」の3項目から構成される。満足度は10段階評価
POV	訪問の目的(Purpose of Visit)。月単位の比率で確認できる。来訪者のニーズを把握して、コンテンツやメニューを見直す際に利用する
TASK	目的の達成度合いと、目的ごとの達成度合い。目的達成率が低い作業を確認し、改善する
SAT	満足度(Satisfaction)。全体の満足度と目的ごとの満足度を確認できる
ユーザーコメント	目的完了の有無と目的ごとのコメントを確認できる

> **Tips**
> 4Qでは細かいアンケートを取ることはできません。より詳細なアンケートを取りたい場合は、「カンパイル・フォー・ウェブサイト」(http://www.kampyle.jp/website-feedback-analytics/index.html)などの導入を検討してください(有償)。

サイト内のユーザー情報　FormAnalytics

FormAnalyticsは、入力フォームを分析できる「入力フォーム最適化ツール」(以下、EFO)です。アクセス解析ツールでは取得できない「入力項目の入力率」や「頻繁に入力エラーが発生している箇所」、「総入力時間」などを特定できます。株式会社ベースキャンプが提供しており、月間500PV／100ユーザーまで無料で利用できます。

タグを入れるだけで計測でき、取得できる項目も豊富です。またインターフェースもわかりやすく使いやすいので、今までEFOを使ったことがない人は、まず無料版でも良いのでぜひ試してみてください。今まで気づかなかったフォームの穴が見つかると思います。

FormAnalyticsの使用方法

FormAnalyticsを使用するには、事前にユーザー登録を行う必要があります。FormAnalyticsのサイト(http://jp.form-analytics.com/)にアクセスして、登録を行ってください。登録が完了したら、メニューから「フォーム追加」をクリックして、「フォーム名」、「プラン」、「フォームの種類」を選択し、以下の手順を実行します。

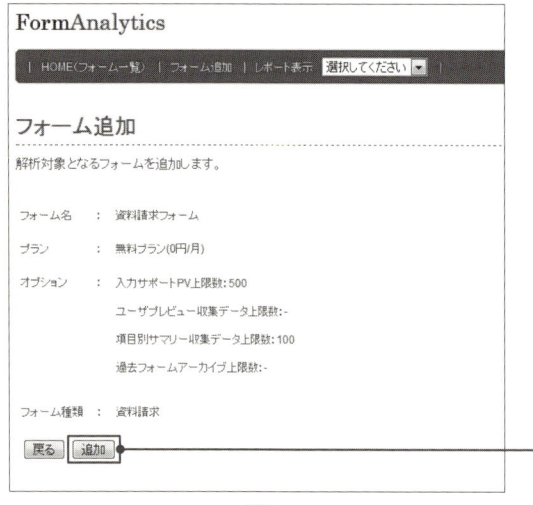

1「追加」ボタンをクリックする

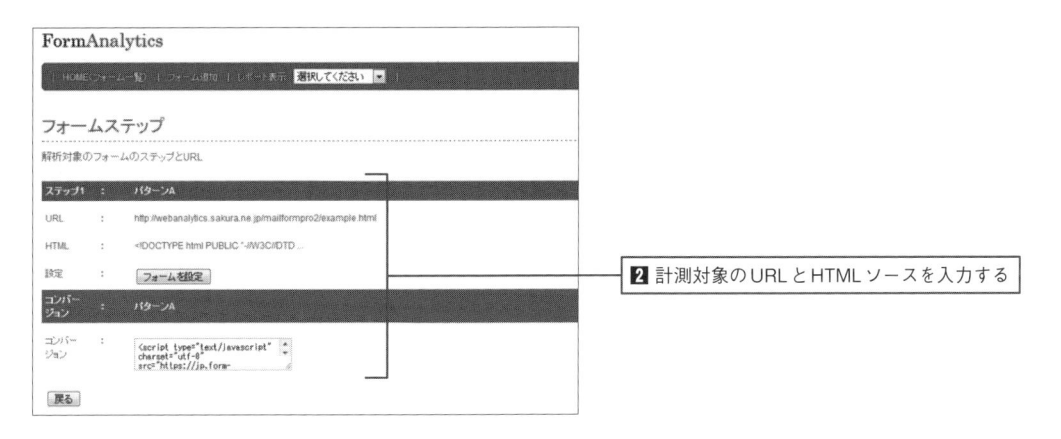

レポートの集計結果

フォーム一覧の画面で「レポート」を選択すると、集計結果を確認できます。

›››　サマリーレポート

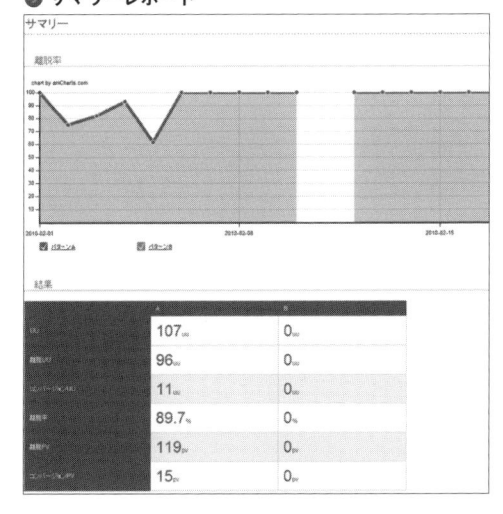

　サマリーレポートには、日ごとの離脱率、該当期間の来訪者数、離脱数、コンバージョン数、離脱率、離脱PV数、コンバージョン数が表示されます。また、離脱ユーザーとコンバージョンユーザーそれぞれのブラウザの種類やブラウザ平均サイズの情報も表示されます。まずは、この画面でトレンドを把握しましょう。何かしら集客施策を行ったときなど、普段と違う流入があるとフォームの離脱率は変化します。

● サマリーレポート

ユーザー平均のレポート

　ユーザー平均のレポートには、全体、コンバージョンユーザー、非コンバージョンユーザーの入力項目数、修正回数、エラー回数、総入力時間を確認できます。コンバージョンと非コンバージョンを比べてみると大きな違いがあることがわかります。フォームを改善するためには「修正回数」や「エラー回数」を減らして、エラーによる離脱を防ぎたいところです。なお、「修正回数」は再入力を繰り返した回数、「エラー回数」は項目単位でエラーがでた回数になります。

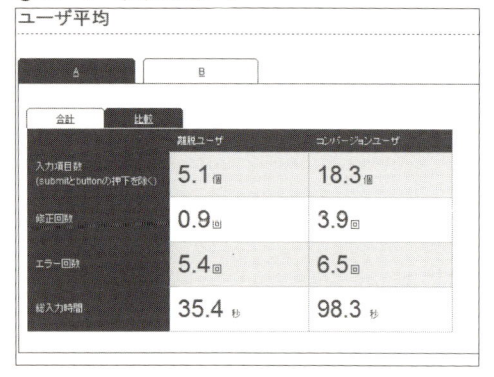

● ユーザー平均のレポート

ユーザ平均	離脱ユーザ	コンバージョンユーザ
入力項目数（submitとbuttonの押下を除く）	5.1 個	18.3 個
修正回数	0.9 回	3.9 回
エラー回数	5.4 回	6.5 回
総入力時間	35.4 秒	98.3 秒

項目別詳細（リスト）レポート

　項目別詳細（リスト）レポートには、入力項目単位の情報が表示されます。コンバージョンユーザーと非コンバージョンユーザーを比較できます。

● 項目別詳細（リスト）レポート

		基本データ			エラーデータ		
FID	name値	入力率	非入力率	最終入力者率	エラー表示者率	平均エラー回数	送信時エラー率
input_0	id_nmknji_sei	43.9%（47uu）	56.1%（60uu）	10.3%（11uu）	54.8%（40uu）	0.9回	28.8%
input_1	id_nmknji_mei	31.8%（34uu）	68.2%（73uu）	2.8%（3uu）	56.9%（33uu）	1.4回	44.6%
input_2	id_nmkana_sei	28%（30uu）	72%（77uu）	2.8%（3uu）	66.7%（36uu）	1回	28.6%
input_3	id_nmkana_mei	23.4%（25uu）	76.5%（82uu）	3.7%（4uu）	59.6%（28uu）	0.9回	35.7%
input_4	id_mail	37.4%（40uu）	62.6%（67uu）	8.4%（9uu）	90%（54uu）	1.8回	58.9%
input_5	id_mail2	24.3%（26uu）	75.7%（81uu）	0.9%（1uu）	88.9%（40uu）	1.6回	69.6%
input_6	id_zip1	36.4%（39uu）	63.6%（68uu）	1.9%（2uu）	51.9%（27uu）	0.9回	46.4%

	入力アクションデータ		
修正者率	平均フォーカス回数	平均入力回数	平均入力時間
21.3%（10uu）	1.9回	1.4回	8.8秒
11.8%（4uu）	2.3回	1.3回	10秒
20%（6uu）	1.9回	1.3回	6.7秒
24%（6uu）	1.7回	1.3回	5.2秒
55%（22uu）	2.8回	2.3回	9.3秒
34.6%（9uu）	2.1回	1.4回	10.7秒
17.9%（7uu）	1.7回	1.4回	6.2秒

Chapter 10 アクセス解析ツール以外のウェブ分析ツール

● **項目別詳細（リスト）レポートの表示項目**

項目名	データの見方と活用方法
name値	入力フォームに設定されているname属性の値
入力率	入力訪問者数÷フォームに訪れた訪問者数。該当項目を入力した比率
非入力率	100％－入力率
最終入力者率	入力項目で最後に記述した項目。通常は上から順に入力していくので、最後の項目がもっとも多くなると思いがちだが、エラー修正後にフォーム入力が完了した場合はその項目が多くなる
エラー表示率	エラー訪問者数÷入力訪問者数。該当項目でエラーが表示された割合。割合の高い項目がある場合、真っ先にフォーム修正を行うべき。パスワードなどでの入力制限の記述、必須の部分を目立つようにするなど
平均エラー回数	項目を入力したユーザーあたりに表示されるエラー回数。1以上の場合は複数回入力を間違えていることになるので、要対策項目になる
送信時エラー率	送信時エラー回数÷送信回数。送信時にエラーの状態で送られている率。つまり注意が出たにもかかわらず、送信ボタンを押してしまった場合を意味し、エラーメッセージにユーザーが気づいていない可能性があるため、メッセージの視認性を上げる必要がある
修正者率	項目に対して、修正を行った訪問者数がどれくらいあったかを示す。こちらも低いに越したことはない数字で、平均エラー回数と連動している可能性が高い
平均フォーカス回数	ユーザーが入力ボックスを選択あるいは入力した回数。エラー回数と連動するが、平均フォーカス回数がエラー回数より極端に低い場合、修正しないで送信したり、エラーが出てあきらめたりしている可能性がある
平均入力回数	ユーザーが入力ボックスを選択しただけではなく入力した平均回数。平均フォーカス回数との差分が、選択をしたが入力をしていない率を表す
平均入力時間	項目を入力するのにかかった時間。平均入力時間は、入力した訪問者数を総入力時間で割る

　入力フォームを最適化するには、何度も繰り返して改善策を実施する必要があります。考え方はアクセス解析ツールを使ったサイトの改善方法と同じです。以下のフローを参考に入力フォームを改善してください。

1. FormAnalyticsを使って課題を見つける
2. 入力フォームを修正する
3. テストを行う(有料プランではA/Bテストの同時テストも実行可能)
4. データがたまるのを待つ(最低100入力くらいは欲しい)
5. 修正前後の結果を比較し、次の改善策を考える

　EFOを使う際のもう1つの注意点は「EFOだけに頼らない」ことです。フォームそのものに問題がある場合もありますが、フォームへの遷移前に問題が潜んでいることも多々あります。例えば、前のページでフォームに遷移しようと思っていない人がフォームに遷移していたり、前ページでフォーム入力の目的などが説明されていなかったり、サイト外部からいきなり入力フォームに飛んできたりします。入力する動機づけを行っていないと、フォームを見るだけで離脱してしまいます。これらはEFOを使う前の問題です。アクセス解析ツールとセットで課題を見つけるようにしましょう。

> **Tips** FormAnalyticsの有料プラン（月額25,200円）を利用すると、ユーザーが実際にどのように項目を入力したかを動画で確認できます。

外部サイトの情報　kizasi.jp

　kizasi.jpは、ブログに関する情報を収集するツールです。現在話題になっているキーワードをジャンルごとに確認したり、特定のキーワードが話題になった日をチェックしたりできます。流行に敏感なブログに関する情報を把握することで世の中のトレンドや話題になりそうなトピックの兆しをいち早く見つけることができます。

　また、自社製品やブランド名を指定することで、世の中における話題性や評価を確認できます。実際ブログに書かれている内容を読むこともできます。ブログにはユーザーの率直な意見が書かれています。これらの情報を活用して、コンテンツや商品設計を見直し、より良いサイトやサービスを作っていきましょう。

● kizasi.jpの「注目ランキング」と「フォークソノミー検索」

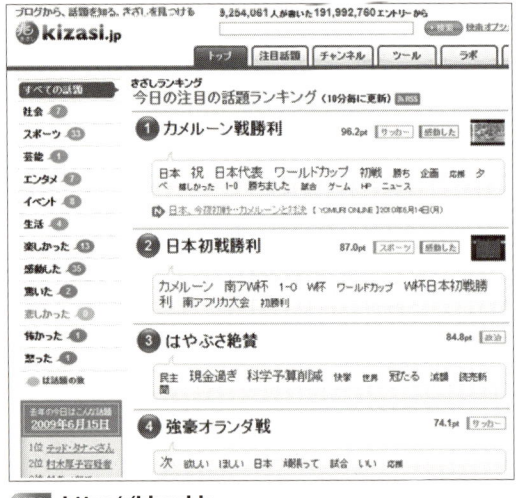

URL http://kizasi.jp

外部サイトの情報　TopHatenar ＋ Blogpolis

　TopHatenar は、RSSリーダー「Livedoor Reader」、「FastLadder」の登録数と、はてなブックマーク数をもとに、ブログをランク付けするサービスです。集計対象は約33万ブログです（2010年8月時点）。

● TopHatenar

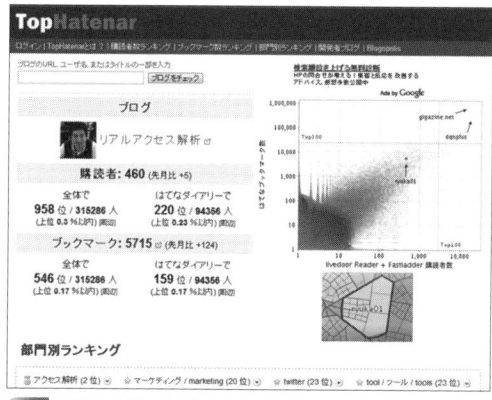

URL http://tophatenar.com/

TopHatenarを利用することで以下の情報を計測することができます。

- 自社ブログや個人ブログのランキング
- 購読者やブックマーク数の増加につながった記事の確認
- 書いているブログと関連性のあるブログの確認

自社ブログや個人ブログのランキング

TopHatenarの結果画面を見ると、自社ブログの人気がわかります。また「はてなダイアリー」というブログサービスを使用していれば、その中での順位も確認できます。この中で特に活用すべきなのは「部門別ランキング」です。まずは、自社よりも上位にいるブログを把握しましょう。そのうえで、人気の記事を参考に自社ブログを見直します。また、自社ブログが属しているジャンルも確認してください。想定しているジャンルと異なるジャンルに入っている場合は、記事の内容を見直す必要もあります。

● TopHatenarの部門別ランキング

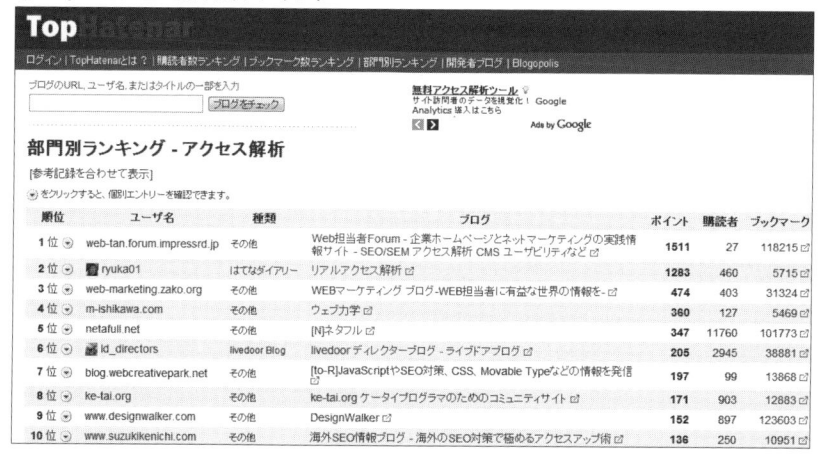

購読者やブックマーク数の増加につながった記事の確認

　TopHatenarを使用すると、定期購読につながった記事や多くの共感を集めた記事を確認することもできます。これまでのウェブ分析で行ってきたページビュー数や訪問者数とは異なった視点でブログを評価できます。

● 購読者やブックマーク数の増加につながった記事の確認

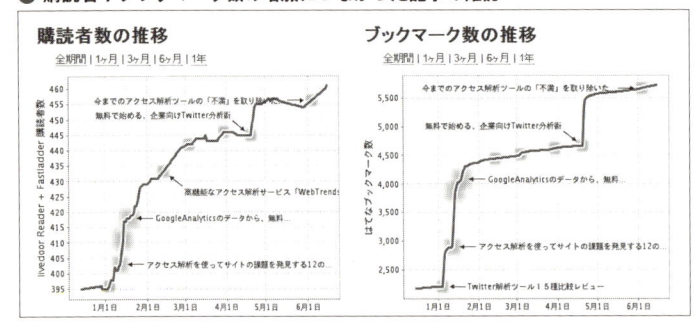

　上図を見ると、「Twitter解析ツール15種比較レビュー」という記事によってブックマーク数は増えましたが、購読者数はあまり増えていないことがわかります。商品やサービスなどを紹介する記事にはこのような傾向があります。一方、「アクセス解析を使ってサイトの課題を発見する12の方法」という記事を掲載した後は購読者数、ブックマーク数ともに増えていることがわかります。ノウハウ系の記事にはこのような傾向があります。

書いているブログと関連性のあるブログの確認

　TopHatenarの「Blogpolis」と呼ばれるマップを見ると、指定したブログと関連性のあるブログや話題のジャンルなどを確認できます。自社ブログの位置づけや、同じジャンルのブログの内容を把握して、コンテンツ作成に活かしてください。

● Blogpolis

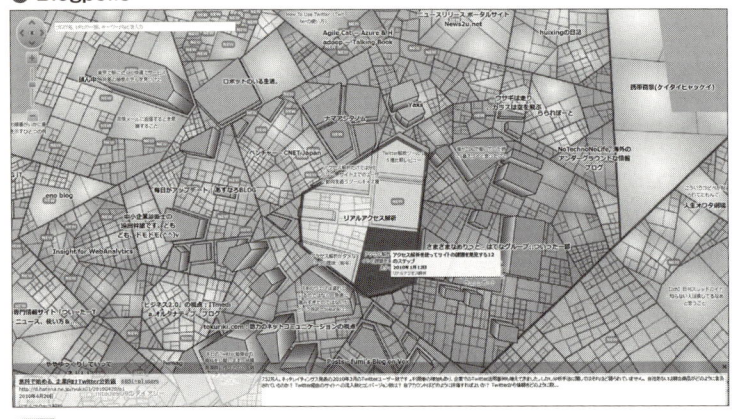

URL http://blogpolis.jp/

また、キーワードを入力すると、それが話題になっている場所やそのキーワードの中で人気があるブログを視覚的に把握できます。下図は「アクセス解析」というキーワードで検索した結果です。

●Blogpolisで「アクセス解析」と検索した結果

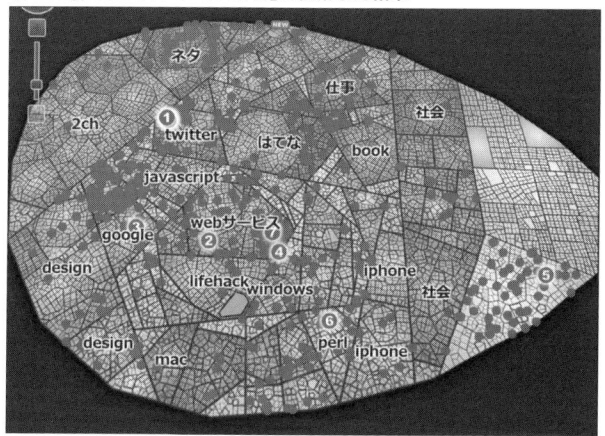

外部サイトの情報　アドプランナー

アドプランナーは、サイトに関するさまざまな情報を確認できる無料サービスです。Google社が提供しています。英語のツールですが、自社サイトや競合サイトの現状を調査するのに最適なサービスです。もともとアドプランナーはその名のとおり、広告掲載を考えている人が出稿先を調査するために提供されているツールです。そのため、このツールを利用すれば最適な広告出稿先を選定できます[※]。ドメインを指定すると以下の情報を確認できます。

- ページビュー数／訪問回数／訪問者数
- 訪問者あたりの訪問回数
- 訪問あたりの平均滞在時間
- リーチ（インターネットユーザーを100%とした場合の到達率）
- 性別／年代／最終学歴／年収
- 閲覧者が興味を持っているもの
- サブドメイン単位の訪問者数
- 同時に閲覧しているサイト
- サイト関連のキーワード

上記の情報をすべて無料で確認できます。ただし、アクセス数が少ないドメインの情報は取得できない場合があります（"少ない"の定義は不明確）。

※ 広告掲載を検討していなくても利用できます。

Part 04 一歩先のウェブ分析手法

● アドプランナー

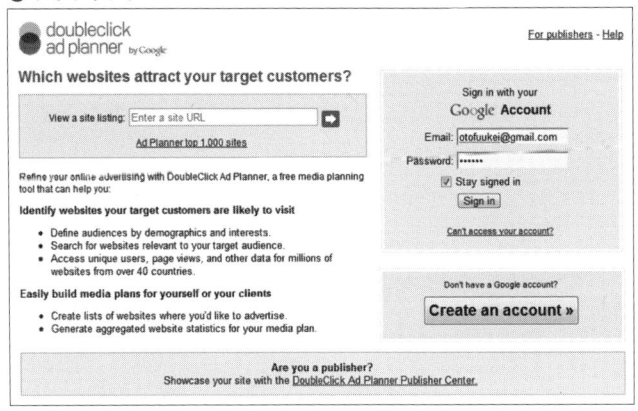

URL https://www.google.com/adplanner/

アドプランナーの使用方法

　アドプランナーはGoogleのアカウントさえ持っていれば、すぐに利用できます。ここではレシピサイトの「クックパッド」（http://cookpad.com/）を例に、アドプランナーの使用方法を解説します。

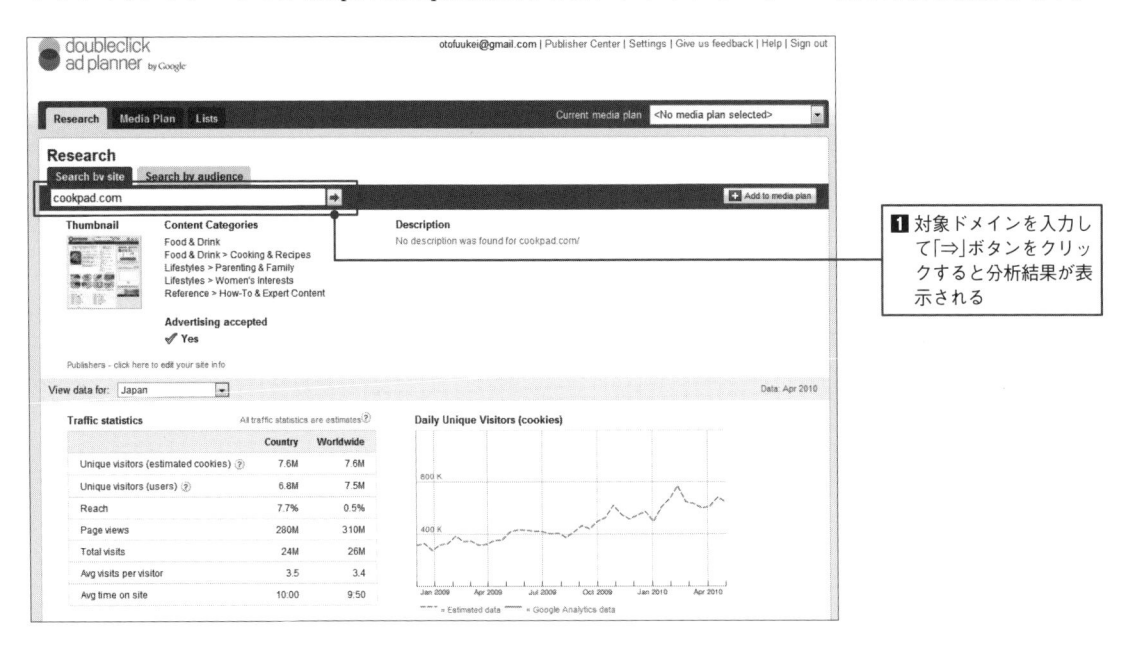

1 対象ドメインを入力して「⇒」ボタンをクリックすると分析結果が表示される

Traffic Statistics

　Traffic Statisticsには、アクセス数に関する情報がまとまっています。過去1カ月分のデータをもとに計算されています。

Traffic Statistics

Traffic statistics の表:
- 選択した国（日本） = Country
- 全世界 = Worldwide

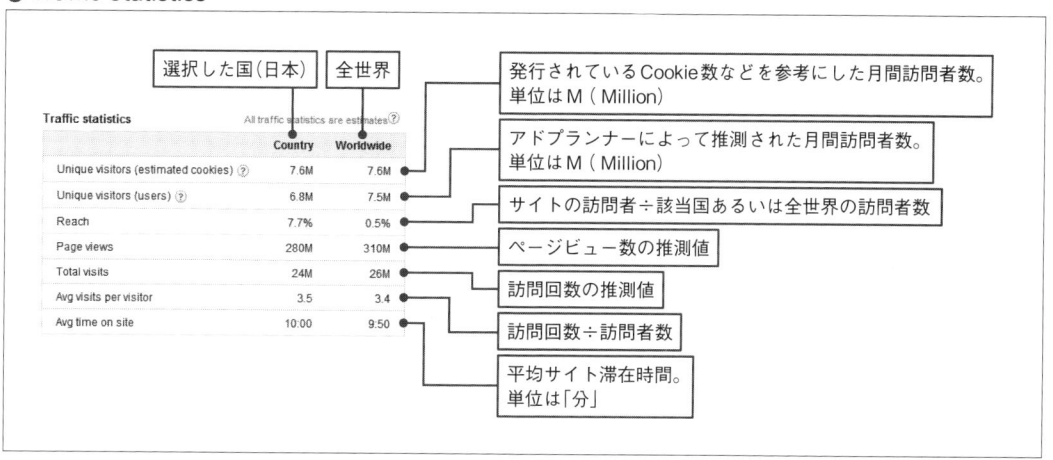

項目	Country	Worldwide	説明
Unique visitors (estimated cookies)	7.6M	7.6M	発行されているCookie数などを参考にした月間訪問者数。単位はM（Million）
Unique visitors (users)	6.8M	7.5M	アドプランナーによって推測された月間訪問者数。単位はM（Million）
Reach	7.7%	0.5%	サイトの訪問者÷該当国あるいは全世界の訪問者数
Page views	280M	310M	ページビュー数の推測値
Total visits	24M	26M	訪問回数の推測値
Avg visits per visitor	3.5	3.4	訪問回数÷訪問者数
Avg time on site	10:00	9:50	平均サイト滞在時間。単位は「分」

ほとんどが推測値ですが、自社サイトと競合サイトの数値を比較して、異なる点を把握しておきましょう。なお、このツールの精度を確認するためにも、自社サイトの情報を他のアクセス解析ツールで取得したデータを比較することをお勧めします。筆者がいくつかのサイトで調査した限りでは、実数の75～150%程度の精度になっていました。

Gender／Education／Age／Household income

Gender／Education／Age／Household incomeには、それぞれ性別、学歴、年代、収入の比率がまとまっています。

Gender／Education／Age／Household income

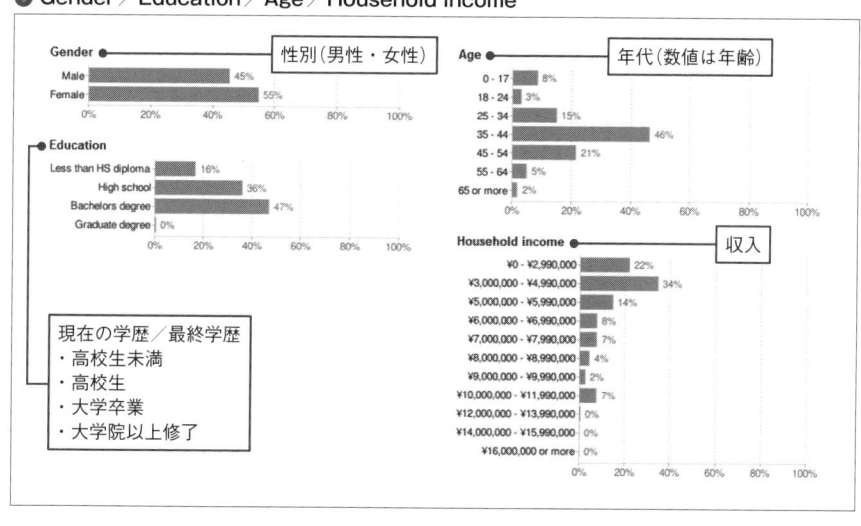

Gender（性別（男性・女性））
- Male: 45%
- Female: 55%

Education（現在の学歴／最終学歴）
- Less than HS diploma（高校生未満）: 16%
- High school（高校生）: 36%
- Bachelors degree（大学卒業）: 47%
- Graduate degree（大学院以上修了）: 0%

Age（年代（数値は年齢））
- 0 - 17: 8%
- 18 - 24: 3%
- 25 - 34: 15%
- 35 - 44: 46%
- 45 - 54: 21%
- 55 - 64: 5%
- 65 or more: 2%

Household income（収入）
- ¥0 - ¥2,990,000: 22%
- ¥3,000,000 - ¥4,990,000: 34%
- ¥5,000,000 - ¥5,990,000: 14%
- ¥6,000,000 - ¥6,990,000: 8%
- ¥7,000,000 - ¥7,990,000: 7%
- ¥8,000,000 - ¥8,990,000: 4%
- ¥9,000,000 - ¥9,990,000: 2%
- ¥10,000,000 - ¥11,990,000: 7%
- ¥12,000,000 - ¥13,990,000: 0%
- ¥14,000,000 - ¥15,990,000: 0%
- ¥16,000,000 or more: 0%

上記の中でも、特に性別と年代はコンテンツの作成時に参考になります。データをもとにA/Bテストなどを行って、効果を測定してみましょう。年収や学歴をサイトの改善に役立てるのは困難です

が、年収が高い人の比率が多いことがわかれば、高級品をラインナップに加えて、コンバージョン数を計測してみると面白いと思います。

▶▶▶ Audience Interests

Audience Interestsには、ユーザーが興味を持っているジャンルが表示されます。クックパッドを利用しているユーザーは以下のようなジャンルに興味を持っていることがわかります。1位が「Cooking & Recipes」であることから、このツールがある程度の精度を持っていることがわかります。

● Audience Interests

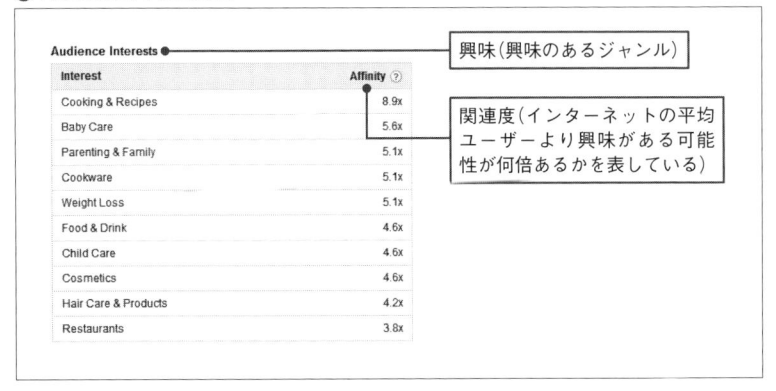 Audience Interests	
Interest	Affinity
Cooking & Recipes	8.9x
Baby Care	5.6x
Parenting & Family	5.1x
Cookware	5.1x
Weight Loss	5.1x
Food & Drink	4.6x
Child Care	4.6x
Cosmetics	4.6x
Hair Care & Products	4.2x
Restaurants	3.8x

- 興味（興味のあるジャンル）
- 関連度（インターネットの平均ユーザーより興味がある可能性が何倍あるかを表している）

通常、上記のようなデータは「ユーザーインタビュー」（P.255）や「インターネット視聴率」（P.256）などを使用しないと取得できないのですが、アドプランナーを使用すれば簡単に取得できます。

▶▶▶ Site also visited と Keywords searched for

Site also visitedとKeywords searched forには、ユーザーが同時に閲覧している可能性が高いサイトと、検索する可能性が高い検索ワードが表示されています。データの意味は以下のとおりです。

● Site also visited と Keywords searched for

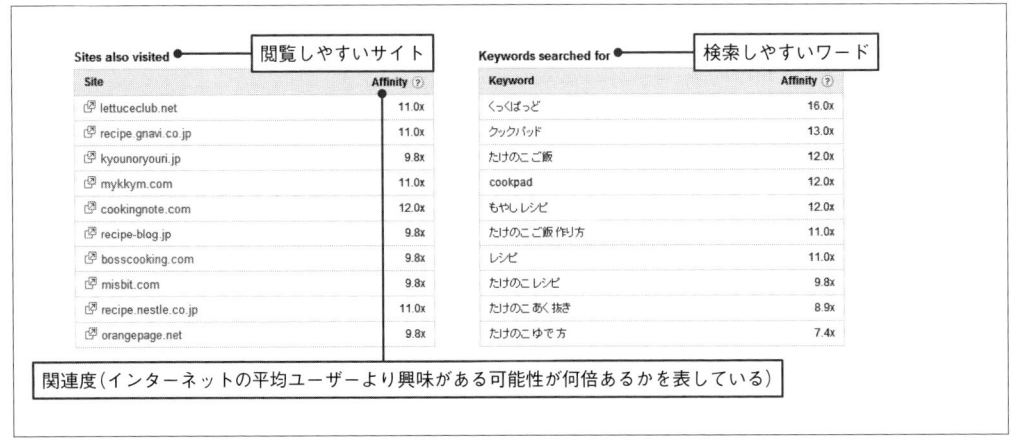

Sites also visited		Keywords searched for	
Site	Affinity	Keyword	Affinity
lettuceclub.net	11.0x	くっくぱっど	16.0x
recipe.gnavi.co.jp	11.0x	クックパッド	13.0x
kyounoryouri.jp	9.8x	たけのこご飯	12.0x
mykkym.com	11.0x	cookpad	12.0x
cookingnote.com	12.0x	もやしレシピ	12.0x
recipe-blog.jp	9.8x	たけのこご飯 作り方	11.0x
bosscooking.com	9.8x	レシピ	11.0x
misbit.com	9.8x	たけのこレシピ	9.8x
recipe.nestle.co.jp	11.0x	たけのこ あく 抜き	8.9x
orangepage.net	9.8x	たけのこゆで方	7.4x

- 閲覧しやすいサイト
- 検索しやすいワード
- 関連度（インターネットの平均ユーザーより興味がある可能性が何倍あるかを表している）

Site also visitedにリストアップされているサイトは、競合サイトかもしれません。ユーザーが比較している可能性が高いので、競合サイトでない場合でも、リストアップされているサイトが何を扱っているものなのかを確認し、良いところと悪いところを把握しておきましょう。

Keywords searched forにリストアップされているキーワードは、すでに流入数が多い検索ワードである可能性が高いです。もし、ここにリストアップされている検索ワードに対応するコンテンツがない場合はすぐに作成してください。多くの流入を逃している可能性があります。

Search by audience

Search by audienceには、属性ごとの人気サイトが表示されます。「位置（国・都道府県・市）」や「言語」、「性別・年代・学歴・年収」、「特定サイトを見ている人」、「特定キーワードを入れている人」、「興味」などを指定して、人気サイトをリストアップすることができます。

● Search by audience

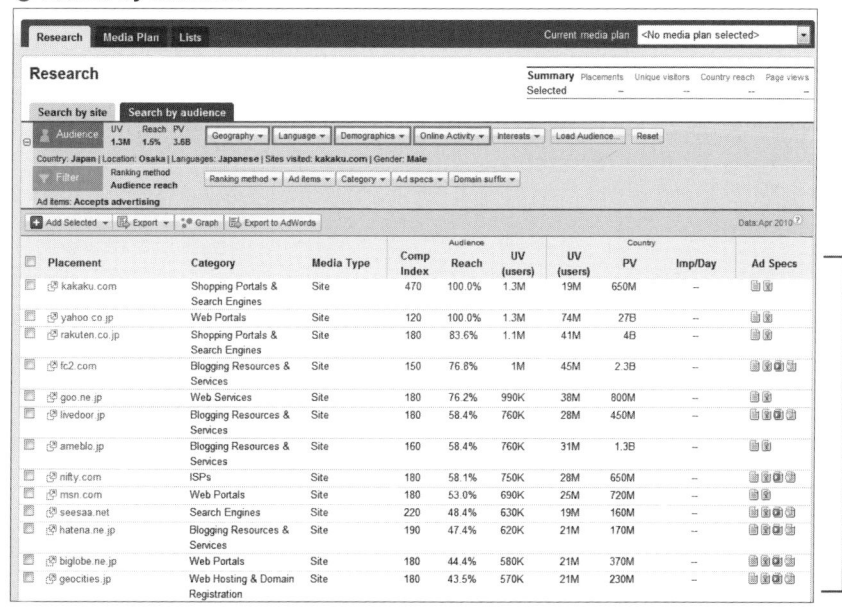

解説 「国：日本-大阪」、「言語：日本語」、「性別：男性」、「価格.comを見ている人」がよく見ているサイト

外部サイトの情報　Twitter分析

「外部サイトの情報」を取得する方法として、最後に「Twitter」を使用したウェブ分析手法を紹介します。Twitter分析はこれから本格化していく分析手法であり、現時点でTwitter分析を行っている企業は本場米国でもまだ少数です。しかし、今から準備をしてTwitterの特徴を把握し、またいくつかのTwitter分析を行っておけば、いち早くTwitterを活用したサイト改善を実施できるようになります。

Twitter分析とは

Twitter分析とは、2010年4月に大手SNSサイト「mixi」（http://mixi.jp/）の訪問者数を抜いた[※]新しいSNSサービスである「Twitter」（http://twitter.com/）の利用者を分析する手法です。Twitterのユーザーは今後も増え続けると予想されており、またユーザーの生の声が投稿されるという特徴もあるため、今後のウェブ分析には欠かすことのできない非常に有用なサービスであるといえます。

Twitter上の情報を取得する方法

Twitter分析を行ううえで利用できるTwitter上の情報は「つぶやき」、「Twitterアカウントに関する情報」、「Twitter経由の流入数やコンバージョン数」の3つです。それぞれの情報を取得する方法を解説します。

つぶやきの取得方法

自社サイトに関連する「つぶやき」は、Twitter専用の検索エンジンを使用して取得します。以下に便利な検索エンジンを紹介します。

● Twitter専用の検索エンジン

名前	特徴
Twitter公式検索エンジン	つぶやきに含まれる単語を検索するだけでなく、「言語」（日本語のつぶやきのみ取得可能）、「期間」、「Twitter ID」、「ハッシュタグ」、「OR/AND検索」などのさまざまな条件で検索できる。また、検索結果をRSSフィードで取得できるため、新しいつぶやきがあればすぐに確認できる URL http://search.twitter.com/
me*you	プロフィールを検索対象に含めることができる。また、検索結果に該当するユーザーを一括でフォローすることも可能。特定のキーワードと親和性が高い人たちを確保したい場合に便利 URL http://meyou.jp/
Twimono.com	モノに特化した検索エンジン。ジャンルごとに人気のある商品を検索できる。また、特定商品の言及数を確認することも可能。Amazonに掲載されている商品はすべて登録できる URL http://twimono.com/
Topsy	検索結果画面で、対象のキーワードがつぶやかれた回数（累計および月、週、日、時間単位）を確認できる。また、タグを指定するとURLも検索可能（短縮URLにも対応） URL http://topsy.com/

Twitterアカウントに関する情報の取得方法

Twitterアカウントに関する情報は、以下の専用ツールを使用します。ここでは主に企業向けのツールを紹介します。

※ 出所：「Nielsen Online NetView 2010年4月　家庭と職場のPCからのアクセス数」（http://japan.cnet.com/news/business/story/0,3800104746,20414363,00.htm）

Chapter 10 アクセス解析ツール以外のウェブ分析ツール

● Twitterアカウントに関する情報を取得できるツール

名前	特徴
TweetStats	あるユーザーのTweet数を取得できる。発言時期やコミュニケーション相手などを把握可能。また、自身のつぶやきも確認できるので、利用しているキーワードが一目でわかる URL http://tweetstats.com/
Tweeteffect	過去200発言のフォロワー数を表示する。フォローの増減につながったコメントを把握できる URL http://www.tweeteffect.com/
Twitalyzer	「GoogleAnalyticsとの連携」や「他アカウントとの分布での比較」、「目標設定やメモ機能」など、アクセス解析ツールに搭載されている機能を持った検索ツール。ただし、日本語検索やコメントのフィルタリングはできない URL http://twitalyzer.com/
Twimpact	RTされた発言のランキングを確認できる。また、RTの発言者や影響範囲をレーダーチャートで確認できる URL http://twimpact.jp/
TwiTraq	国産のTwitter分析ツール。アカウントに関する情報はもちろん、キーワードの発言数や関連ワードなども取得できる URL http://twitraq.userlocal.jp/

▶▶▶ Twitter経由の流入数やコンバージョン数などの取得方法

Twitter経由の流入数やコンバージョン数などの情報は、アクセス解析ツールを使用して取得します。Twitterからの流入には以下の特徴があります。

● Twitterの特徴とアクセス解析ツールでの見分け方

特徴	見分け方
URLには短縮URLが使われることが多い	短縮URLのリファラーは「twitter.com」ではなく短縮URLサービスのURLになる
発言はRTされて広まっていく	リンクがさまざまなところに張られるため、リンクURLをコントロールできない
Twitterにはさまざまなツールからアクセスできる	「リファラーなし」が多くなる

上記の特徴から、Twitterからの流入は通常のPCサイトや検索エンジンからの流入よりも実数を測りにくいことがわかります。そのため、Twitter経由の流入数やコンバージョン数を計測する際は、基本的には精度の低いリファラーは無視して、サイト制作者側が事前に作成した広告コード付きのURL（P.87）のみを対象にすることをお勧めします。

広告コード付きURLと短縮URLサービス

Twitterには、1回のつぶやきに140文字以下という制限があります。そのため、Google Analyticsの広告コード作成ツール（http://www.google.com/support/analytics/bin/answer.py?hl=jp&answer=55578）を使用して作成した以下のようなURLを張り付けることができません。

```
http://d.hatena.ne.jp/ryuka01/?utm_source=Twitter&utm_medium=%E3%83%86%E3%82%AD%E3
%82%B9%E3%83%88&utm_campaign=Twitter%E3%81%8B%E3%82%89%E3%83%96%E3%83%AD%E3%82%B0TOP%
E3%81%B8%E3%81%AE%E6%B5%81%E5%85%A5
```

そこで短縮URLサービス「Bit.ly」の登場です。Bit.lyを使用すると上記の広告コード付きURLが以下のように短縮されます。これで広告コード付きURLをTwitter上に流すことができます。

```
http://bit.ly/9AGHL0
```

Twitter分析の手法

Twitter分析の手法には以下の6種類があります。収集した情報をもとに各手法を用いてTwitter上のデータやTwitter経由の流入を分析してください。

- 自社アカウント分析
- 自社ブランディング分析
- 自社キャンペーン分析
- 競合分析
- 関連ワード分析
- 発言者分析

自社アカウント分析

自社アカウント分析では、自社のTwitterアカウントに関する「フォロワー数」、「RTされた回数」、「発言時間・曜日帯」、「流入数とコンバージョン数」の変化を以下の3つの観点から計測します。自社のTwitterアカウントを持っている場合に最初に行う分析です。

● 指標を計測する際の観点

観点	内容
発言した内容	発言内容を「宣伝・告知」や「アドバイス」、「役立つ情報紹介」、「挨拶」、「感謝」などのジャンルに分けて計測する
Twitter上のアクション	内容に関係なく「URLなしの発言」、「URLありの発言」、「誰かの発言のRT」、「RTされた」、「@で誰かに話しかけた」、「@で誰かに話しかけられた」などに分類して計測する
Twitter外のアクション	Twitter外のアクション(プレスリリースや取材記事の掲載、テレビで紹介されたなど)があった際の各指標値を計測する

それぞれの観点に立ち、専用ツールで各指標値の変化を計測し、その変遷を分析します。例えば、「Twitter上でアドバイスをしたらフォロワーが増えた」、「プレスリリースの告知はフォロワー増には効かないが、内容によってはRTが増える」といったように分析できます。そのうえで、良い結果を生むものと悪い結果を生むものをノウハウとして蓄積し、改善に活用します。

自社ブランディング分析

自社ブランディング分析では、自社の会社名や商品名などの「ブランドワード」を含むつぶやきを収集し、その内容を分析します。最初に確認すべき内容は「自社の商品やサービスの評判」です。ユーザーが自社の商品やサービスに対して持っている意見や印象を、投稿内容のタイプ(ポジティブ、ネガティブ、意見・要望、紹介など)に分類して、記録します。

「ブランドワード+第2ワード」による分析も有効です。自社の商品やサービスと一緒に使われているキーワードはユーザーの商品に対するイメージを端的に表しています。例えば、あるお菓子の第2ワードとしては「おいしい・まずい」、「味が濃い・薄い」、「値段が高い・安い」、「パッケージがオシャレ」などがあります。どのような形容詞や動詞と一緒に発言されているのか把握しておきましょう。

なお、Twitter上のつぶやきは流行に敏感なため、自社ブランディング分析は定期的に行う必要が

あります。また、ネガティブな意見は早く広まるので、迅速な対応も求められます。自社の商品やサービスの情報をいち早く収集し、必要に応じて対応することが大切です。一刻も早い対応が、被害を最小限に食い止めますし、ポジティブな情報を広めるきっかけにもなります。

自社ブランディング分析の一例を紹介します。以下は「シムシティ4 デラックス」という商品の言及数です。2010年4月12日頃に大きく増えていることがわかります。

●「シムシティ4 デラックス」の言及数

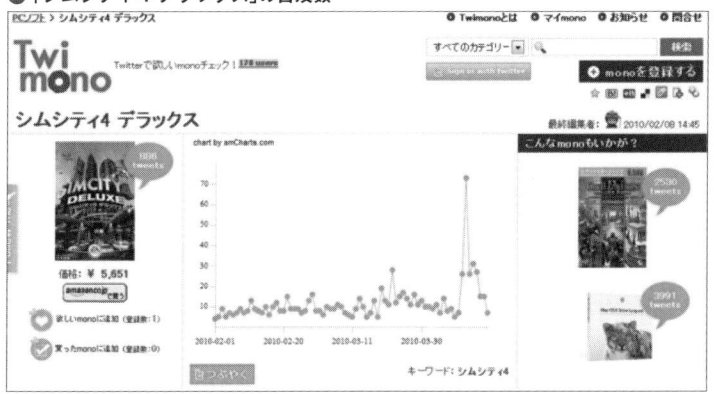

上記のように言及数が急増した原因を探ります。投稿されたコメントを追っていくと、この日に「ニコニコ動画」でシムシティ関連の動画がアップされていたことが判明しました。このことから「待ち遠しかった人たちがTwitterで言及した」と判断できます。このような「ちょっとした情報」をわざわざブログにアップする人は少ないので、Twitter分析を行わないと知ることはできなかったでしょう。このような事実を把握しておけば、サイト管理者はこの言及数の増加が流入数やコンバージョン数に与えた影響を調べることができます。また、もし影響力が大きい場合は、何らかの対応策を実施することでコンバージョン数をさらに増やすことにつなげることもできます。

自社キャンペーン分析

自社キャンペーン分析では、キャンペーンの告知媒体としてTwitterを利用し、その効果を測定します。PCサイト向けのキャンペーンと同様に流入数やコンバージョン数などを確認し、そのうえで、Twitter特有の「キャンペーン開始時と終了時のフォロワー数」や「Twitterでの言及数」、「紹介のされ方」、「ポジティブまたはネガティブな意見の件数」なども計測します。定期的に計測すれば、Twitterユーザーに好印象を与えるキャンペーン施策を打ち出すこともできます。

以下は株式会社リクルートが創立50周年記念に「50年の出来事を振り返るサイト」を立ち上げた際の投稿内容です。「これ面白い。家帰ったらみる」や「素敵。おしゃれで楽しい」、「コレをヒントに面白いこと想いつきました！！！感謝！！！」など、好意的な意見が多いようです。このような情報を蓄積し、次回コンテンツを作成する際の参考にしてください。

● 「50年の出来事を振り返るサイト」に関する投稿

競合分析

　競合分析では、競合他社の商品やサービス、キャンペーンがどのように受け止められているのかを分析します。取得するデータは「自社ブランディング分析」と基本的に同じです。競合他社の会社名やサービス名のつぶやきを定期的にチェックします。そのうえで、自社の商品やサービスよりも優れているものや、劣っているものを分類し、今後の改善に利用します。

　大切なのは、競合他社のサービスを利用しているユーザーの声をきちんと受け止めることです。Twitterが普及する以前は、ユーザーの声を入手するのがとても困難でした。アンケートを設置しても十分な回答数を得られず、その問題を解決するためにプレゼントを用意すると好意的な意見ばかりが集まってしまいます。この点を理解したうえで、良い意見、悪い意見ともに今後の改善に活用してください。

関連ワード分析

　関連ワード分析では、自社が属している業界に関連するワードを収集し、分析します。直接的に自社に対して発せられる発言も重要ですが、間接的に発せられる発言も参考になります。特に直接的な言及数が少ない場合は有効です。関連ワードを上手に活用すれば、流入数を増やすことができます。

　例えば、マンション領域のサービスを提供しているのであれば「マンション」、「賃貸」、「新築」、「戸建て」などが関連ワードになります。「新築マンションを探しているんだよな〜」というつぶやきに対して、自社のTwitterアカウントから新築マンションを紹介することも可能です。今まで行ってきた調査やアンケートと併用して利用してください。

発言者分析

　発言者分析では「発言した人」に注目します。自社のサービスや商品について、積極的に発言して

いる人をリストアップしましょう。自社のファンとアンチファンを把握しておき、特に影響力が大きい人にはコンタクトをとることも考えます。発言者分析の良例の1つに、アメリカの自動車メーカーFordのキャンペーンがあります。先日、Fordは影響力のある20人に新型車をプレゼントして、その感想を定期的にTwitter上で書いてもらうというキャンペーンを実施しました。このようなTwitterユーザーを巻き込んだキャンペーンは他にも多数実施されています。

また、発言者の具体的なプロフィールを集計し、自社の商品やサービスに興味を持っているユーザーの属性（職種、年代、性別など）を把握します。これらの情報は今後のマーケティングに活用できます。

上記の各分析手法の解説を一読された人は気づいたと思いますが、Twitter分析を行うには非常に手間がかかります。Twitter分析の最大の課題は「手間がかかる」ことです。情報を収集するツールは多岐にわたり、またつぶやきの内容を地道に読む必要もあります。すべての手法を一度に実施するのではなく、まずはいくつかピックアップして実施してください。

Column　その他のウェブ分析手法

本章の最後に、事前準備が必要な手法や有料な手法など、少しハードルの高い4つのウェブ分析手法を紹介します。どの手法も本書で紹介してきた他のツールや分析方法とは毛色が違いますが、新しい気づきを得るためには非常に有効な手法です。

▶ユーザーインタビュー

ユーザーインタビューとは、サイトの利用者に直接インタビューを行い、商品やサービス、サイトの感想を聞く手法です。サイトを利用している目的や使い勝手、不満な点などをヒアリングすることができます。ユーザーインタビューの良いところは、ユーザーの属性を確認できるところです。アンケートでも属性を取得することはできますが、正誤確認は行えません。

ユーザーインタビューを行ううえで、もっとも大切なことは「何を聞きたいのか明確にする」ということです。例えば、「サイトをリニューアルしたので新しいデザインの感想が聞きたい」、「最近リリースした新商品の感想を聞きたい」のように具体的な目的を設定します。そのうえで、その目的の対象となる人（商品やサービスに明確なターゲット層が設定されている場合は、その層に適合する人）を集め、インタビューを行います。

ユーザーインタビューは準備期間やコストが必要になるので、実施は簡単ではありませんが、その分上手に活用すれば、他の分析手法では取得できない有用情報を手に入れることができます。

▶アイトラッキング

アイトラッキングとは、被験者に特殊な装置を付けてサイトを閲覧してもらい、目の動きやクリック箇所を計測する分析手法です。

ヒートマップ（P.231）と似た分析手法ですが、ヒートマップとは異なり、被験者が目の前にいるので実験後に行動理由や感想を聞くことができます。

アイトラッキングのデメリットはコストです。計測には特殊な装置や専用のテストルームが必要になるため、安くても1回の試験に10万円以上かかります。そのため、定期的に利用するので

はなく、大規模なサイトのリニューアル時や、非常に大切なサイトやページの改変時にのみ活用することをお勧めします。以下にアイトラッキングサービスを提供している企業をいくつか掲載します。

● アイトラッキングの装置（ディスプレイ下に計測機を備える）

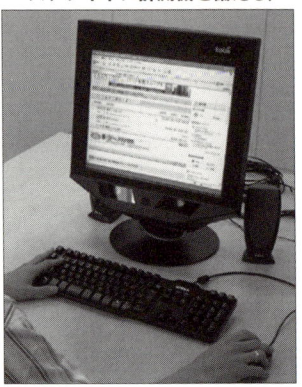

● 主なアイトラッキングサービス提供会社

企業名	URL
株式会社スパイスボックス	http://www.eye-tracking.jp/index.html
株式会社ビービット	http://www.bebit.co.jp/service/eyetracking.html
ミツエーリンクス	http://www.mitsue.co.jp/service/support/eye_tracking.html

▶ ネットリサーチ

　ネットリサーチとは、大勢の人にネットを介してアンケートに答えてもらいサイトの現状を把握する分析手法です。ブランドの認知調査や競合他社との比較を行いたい場合に最適な手法です。ネットリサーチにおいては、アンケートの目的を明確にすることはもとより、「アンケート項目」（質問内容）と「選択肢」の選定が特に重要です。

　なお、ネットリサーチにはコストがかかるため（10万円以上）、事前に明確な目的を設定し、その目的を達成できるよう入念にアンケート項目やその選択肢を選定してください。

● 主なネットリサーチ提供会社

企業名	URL
マクロミル	http://monitor.macromill.com/
マイボイス	http://www.myvoice.co.jp/
Yahoo!リサーチ	http://research.yahoo.co.jp/

▶ インターネット視聴率サービス

　インターネット視聴率サービスとは、インターネットの「視聴率」を計測するサービスです。競合サイトの調査や自社サイトの分析に有効なサービスです。現在はネットレイティングス株式会社（http://www.netratings.co.jp/）と株式会社ビデオリサーチインタラクティブ（http://www.videoi.co.jp/）の2社がサービスを提供しています。インターネット視聴率サービスでは「アドプランナー」（P.245）よりも詳細な以下のデータを収集できます。

・あるサイトへの接触者数／接触率／接触回数／平均ページビュー数／平均滞在時間
・サイトを訪れている人の性別や年代
・サイトへの流入元と流出先
・競合サイトの併用率
・特定のキーワードに興味を持っている人がどのサイトを見ているのか

　なお、インターネット視聴率サービスの利用は、毎月、競合サイトのデータを取得・比較し、集客施策やブランド認知の効果を測定する場合は有効ですが、定期的にデータを確認できない場合はコストの観点からお勧めできません。

Chapter 11 12のアドバンスドウェブ分析手法

本章では、これまでに解説してきた「トレンド分析」や「セグメンテーション」、「集客最適化」、「導線最適化」などを応用し、さらに一歩踏み込んだウェブ分析の手法を12種類ほど紹介します。

なお、ここで解説する分析手法の多くは難易度が高く手間がかかります。またGoogle Analyticsでは取得できないローデータも使用します。そのため、先に前章までに解説した内容を一通り実施してから、本章で解決する分析手法を試すことをお勧めします。

1. トレンド＋セグメンテーションの併用分析

トレンド＋セグメンテーションの併用分析とは、その名のとおりトレンド（P.60）とセグメンテーション（P.85）の2つの分析手法を併用して、サイトの特徴を分析する手法です。最初にデータをセグメント単位に分け、続いてそのデータごとにトレンドを分析します。

下図では、流入を「検索エンジン」、「検索エンジン以外」、「ノーリファラー」にセグメンテーションし、セグメントごとにコンバージョン率の変遷を取得しています。

●流入種別ごとのコンバージョン率

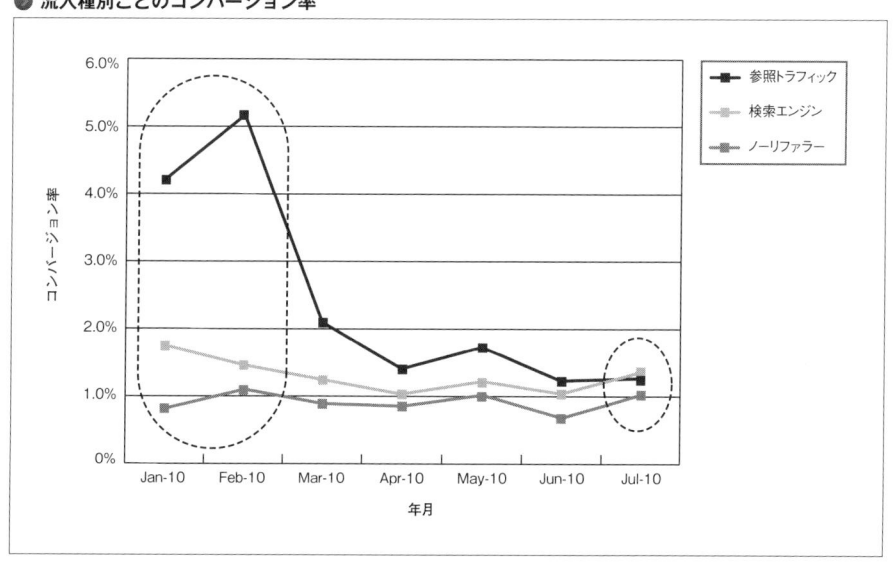

上図のようにセグメントごとのトレンドを確認することで、各分析手法単体では見えてこなかった「新しい気づき」を見つけることができます。上図の場合、この分析手法を行うことで「現在は横並びだが、過去の一時期は参照トラフィックのコンバージョン率が非常に高かった」ということがわかります。この事実を把握できれば、分析期間をこの時期に絞ってさらに分析を進めることで、このような数値になった原因を追求することができ、またその分析結果をもとにサイトを改善することもできます。

2. 任意の変数を利用したセグメンテーション

利用しているアクセス解析ツールが任意の変数を取得できる場合は[※]、その変数を利用してセグメンテーションすることで、サイト独自の切り口でデータを分析することができます。

例えば、不動産を扱うサイトにおいて会員の勤務地情報を変数に設定してセグメンテーションすれば、勤務地と居住地の関係性(ある場所に勤める人が好む居住エリアなど)を把握することができます。下図は勤務地別の物件検索エリアを図式化したものです。対象の勤務地は東京駅と秋葉原駅です。小さい正円が駅の場所、大きい楕円が検索対象エリアです。

● 勤務地と居住エリアの関係図(勤務地が東京駅と秋葉原駅の場合)

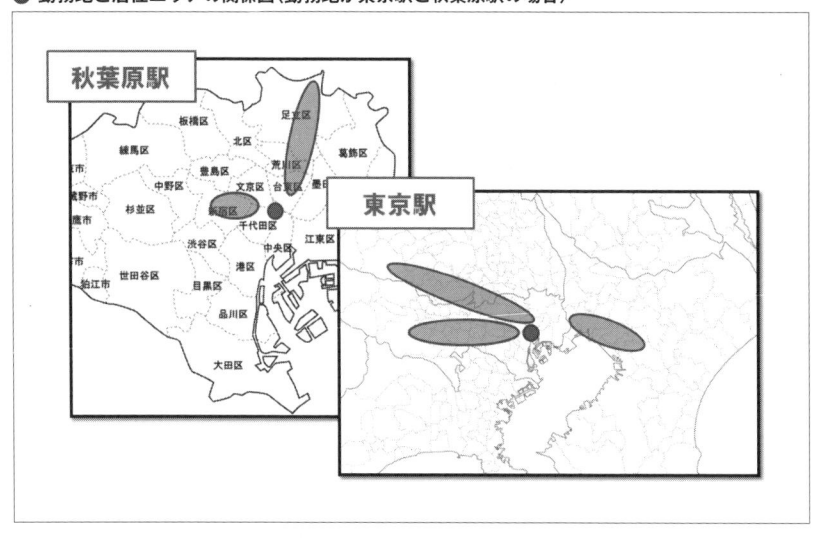

上図を見ると、東京駅と秋葉原駅は隣接するにもかかわらず、居住地として検索するエリアが異なることがわかります。勤務地が東京駅の人は埼玉県や千葉県も含めた広範囲で物件を探していますが、勤務地が秋葉原駅の人は23区周辺とつくばエクスプレス線(秋葉原と茨城県つくば市を結ぶ鉄道)沿いの物件を探しています。これはあくまでも一例ですが、このようなニーズを把握しておけば、それ

※ Google Analyticsには「カスタム変数」という機能があります。実装方法はGoogle Analyticsの公式ブログの記事(http://analytics-ja.blogspot.com/2010/01/custom-variables-overview.html)を参照してください。

ぞれのエリアに勤務する人にアピールする内容は変わってくると思います。

　もう1つ例を紹介します。FAQページやレビューページにおいて評価点数を変数に設定してセグメンテーションすれば、サイトやページの評価とコンバージョン率の関係性を把握することができます。下図は評価の平均点とコンバージョン率を図式化したものです。

● 評価点とコンバージョン率の関係

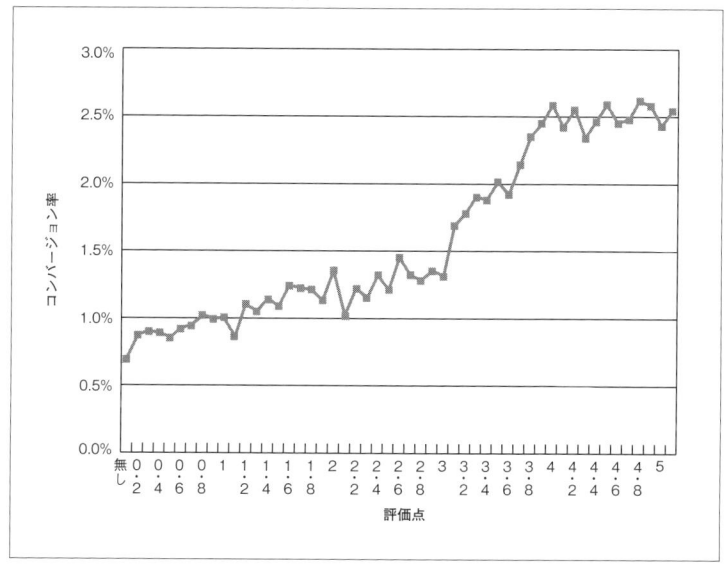

　上図を見ると「評価点が3点以上になるとコンバージョン率が高くなるが、4点を超えてもそれほどコンバージョン率には影響がない」ということがわかります。また「評価点が低くても、評価点がないものよりはコンバージョン率が高い」ということも把握できます。

　このことから、このページの改善策には2つの方向性が見えてきます。まずは「評価点をつけてもらう」こと、そして「3点以上の評価をしてもらう」ことです。この2つを実現できる改善策を提案できれば、効率良くコンバージョン率を上げることができます。

3. リピーターのセグメンテーション

　「Chapter05 セグメンテーションによるウェブ分析」(P.85)では、流入元を「新規ユーザー」と「リピーター」に分類して分析する手法を解説しました。ここでは、その分析手法からさらに一歩踏み込んで、リピーターをセグメンテーションします。なぜなら、Chapter05のセグメンテーションでは、サイトに2回来訪したユーザーも、100回来訪したユーザーも同じ「リピーター」として分類されますが、これらの両者が必ずしも同じ行動をとるとは限らないからです。同様の考え方で、「サイトに再訪するまでの期間」をもとに分類することも有効です。毎日または毎週来訪してくれるユーザーと、半年に1回しか来訪してくれないユーザーでは、やはり行動内容は異なります。再訪してくれるユーザーを

を「リピーター」としてひとまとめにするのではなく、細かく分類し、分析を進めることで新しい気づきを見つけることができるでしょう。

　ある結婚情報サイトを例に、リピーターをセグメンテーションしてみましょう。このサイトには結婚式場の案内だけではなく、ウエディングドレスのレンタルや2次会の案内、ブライダルエステなどさまざまな情報が掲載されています。また、会員登録機能やメルマガ登録機能もあります。下図は来訪者の訪問回数でセグメンテーションして、各コンテンツの閲覧状況を図式化したものです。X軸は訪問回数、Y軸は各ページの最大ページビュー数を100%として他のページビュー数を相対的に算出した値です。

● 訪問回数別の閲覧コンテンツ

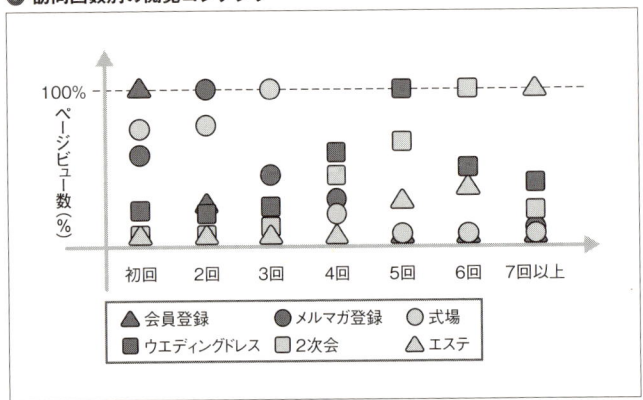

　サイト全体で見ると、どの機能も一定量閲覧されていましたが、訪問回数でセグメンテーションすると訪問回数と閲覧コンテンツの間にある関係性が見えてきます。比率が50%以上のコンテンツのみ表示すると以下のようになります。

● 訪問回数別の閲覧コンテンツ（比率が50%以上のコンテンツのみ）

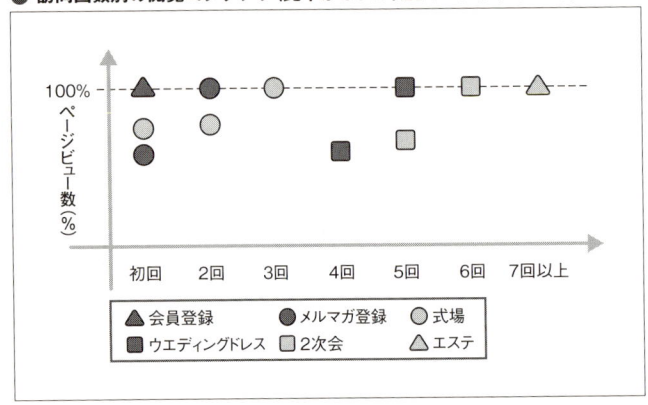

　上図を見ると、ユーザーの行動が見えてきます。例えば以下のようなことが上図から判断できます。

- 結婚式を控えた女性がはじめてサイトにアクセスし、会員登録を行う

- 2回目の来訪時にお得な情報を取得するためにメルマガ登録を行う
- 結婚式の最初のステップである式場探しを初回〜3回目の訪問で行う
- 式場が決定したらウエディングドレスを探す
- ウエディングドレスが決まったら2次会の会場を探す
- 最後は結婚式に向けてエステ情報を集める

　このようなユーザーの行動パターンはリピーターを細分化して分析することではじめて見えてきます。これらの行動パターンを事前に把握することができれば、訪問回数に合わせて表示するバナー広告やメールマガジンの内容を変更することで、よりユーザーのニーズに合ったサイトを提供できるでしょう。

4. ロングテール分析

　ロングテール分析とは、流入数が少ない検索ワードの中からコンバージョンにつながる「有効な検索ワード」を探し出す分析手法です。多くのサイトでは流入の大半を一部の検索ワードが占めるため、通常はそれらの検索ワードやその入り口ページを集中的に分析・改善します。本書でも、上位検索ワードや上位入り口ページの分析方法を解説してきました。

　しかし、それだけでは十分ではありません。さらにコンバージョン数を増やすためには、流入数が少ない検索ワードを活かす必要があります。以下はソファを通信販売しているサイトの検索ワード別流入数です。下図を見るとわかりますが、上位20ワードだけで流入の45%を占めている一方で、残りの55%は流入数が少ない検索ワードの集合によって占められています。

◉ 検索ワード別の流入数

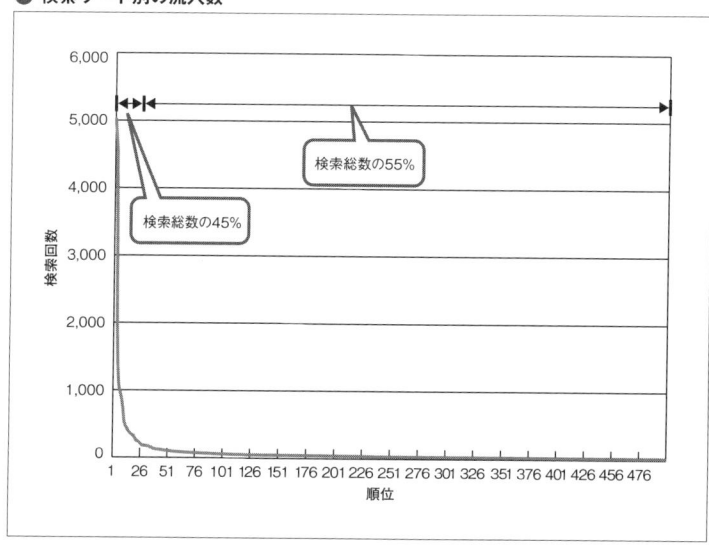

このことから、上位20ワードに対して改善策を行うことはもとより、それ以下の検索ワードに対しても改善策を行う必要性が理解できます。ただし、だからといってすべての検索ワードを細かく分析することは困難です。注目する検索ワードは「流入数は少ないが、コンバージョン率が高い検索ワード」です。しかし、それらの検索ワードはもともと検索数が少ないため、大数の定理により精度が下がってしまいます。そこで、ポイントなのはその検索ワードをそのまま使うのではなく、コンバージョン率が高い「ワード群」の特徴を見つけることです。地域名が入ったワードのコンバージョン率が高いのか、特定のカテゴリのワードのコンバージョン率が高いのか、といった形です。

　なお、ロングテール分析は、あくまでも、上位ワードの分析と対策が終わってからです。最初からロングテールワードにとらわれないようにしましょう。

5. ユーザー単位の分析

　ユーザー単位の分析とは、通常の「セッション単位の分析」に時系列情報を加味して、サイトに訪れた「ユーザー」の一連の行動を分析する手法です。具体例を見てみましょう。以下は、「リピーターのセグメンテーション」(P.259)で例示した結婚情報サイトに来訪したあるユーザーの行動内容です。

● 結婚情報サイトに来訪したユーザーの行動

訪問回数	流入日	流入元	流入キーワード	閲覧コンテンツ	達成したコンバージョン
1	2010/2/1	Yahoo!	結婚　準備	結婚の準備方法	－
2	2010/2/2	Yahoo!	結婚　式場	・関西地域の結婚式場一覧 ・詳細ページ	会員登録
3	2010/2/5	Yahoo!	結婚情報サイト名	・関西地域の結婚式場一覧 ・詳細ページ	資料請求
4	2010/2/6	ノーリファラー	－	・関西地域の結婚式場一覧 ・詳細ページ	資料請求
5	2010/2/24	ノーリファラー	－	ウエディングドレスに関するコンテンツ	メルマガ登録
6	2010/2/26	ノーリファラー	－	ウエディングドレスに関するコンテンツ	資料請求

　上記の行動を分析すると、最初はYahoo!で「結婚　準備」を検索してサイトに流入していることがわかります。しかし、このときは結婚に関する情報を見ただけで、コンバージョンを達成しませんでした。しかし、2回目の来訪時にコンバージョンである「会員登録」を行っています。また、4回目以降は流入元が「ノーリファラー」になっていることから、ブックマークに登録された可能性が高いと判断できます。そして、5回目の訪問時にはウエディングドレスのコンテンツを見ています。つまり、5回目の訪問時前に式場が決まったのではないでしょうか。

　このような「ユーザーが成長をしている様子」がわかるのが、ユーザー単位の分析の魅力です。この情報を把握しておけば、訪問回数ごとにTOPページに出すバナーを最適化したり、メールマガジンの配信回数によって内容を変更したりできます。

> **Tips** 大半のアクセス解析ツールは「ユーザー単位の分析」に対応していません。ユーザー単位の分析を行うには、アクセス解析ツールが用意している専用のツール（オムニチュア社のDiscover2など）を利用するか、Apacheログやローデータをダウンロードしてサイト管理者自身でAccessやBIツールを使用して集計する必要があります。非常に大変な作業になりますが、そこから得るものも非常に大きいと思います。

6. 間接効果の利用

　間接効果とは、コンバージョンに間接的に貢献した流入元や施策です。例えば、最初はアフィリエイト経由で来訪したがそのときはコンバージョンを達成せず、2回目は検索エンジン経由で来訪してコンバージョンを達成した場合は、最初のアフィリエイトが「コンバージョンに間接的に貢献した」といえます。なぜなら、最初にアフィリエイトで流入しなければサイトの存在を知ることがなく、また2回目に検索エンジンから流入することもなかったかもしれないからです。

● 間接効果

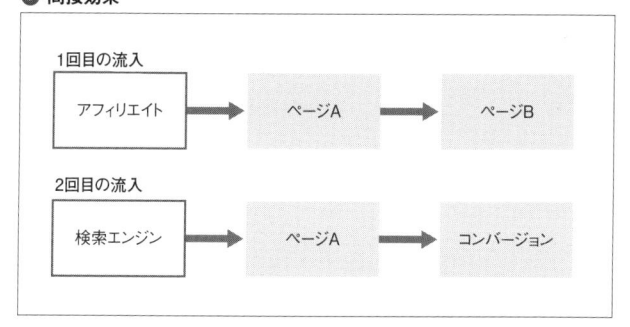

```
1回目の流入
[アフィリエイト] → [ページA] → [ページB]

2回目の流入
[検索エンジン] → [ページA] → [コンバージョン]
```

　間接効果は、すでにいくつかの集客施策で利用されています。例えば、リスティング広告やアフィリエイトでは、それらを経由して流入した際にコンバージョンを達成しなくても、一定期間以内（30〜90日以内が多い）にコンバージョンすれば、それを「貢献」として計測しています。

　直接効果（コンバージョン時の流入元）だけでなく、間接効果も併せて計測することで、実施した施策の評価時に新しい気づきを発見できることがあります。中には、直接効果としてはまったく評価されていなかった施策でも、間接効果としては抜群にコンバージョンに貢献している場合もあります。直接効果が低いからといってその施策をやめてしまうと、結果的にコンバージョン数を大きく落とす可能性もあるのです。

● 間接効果の評価

集客施策	流入数	コンバージョン数	コンバージョン率	間接効果数	間接効果率
A	5,000	200	4.00%	420	8.40%
B	2,500	120	4.80%	200	8.00%
C	10,000	150	1.50%	980	9.80%
D	5,000	150	3.00%	210	4.20%
E	10,000	250	2.50%	600	6.00%
F	8,000	320	4.00%	170	2.13%
G	4,000	150	3.75%	180	4.50%

　集客施策のAとFを比較すると、コンバージョン率は同じですが、間接効果率は、AがFの4倍近くあります。また、集客施策Cのコンバージョン率は低いのですが、間接効果率はもっとも高くなっています。

　また、間接効果と前述の「ユーザー単位の分析」を併せると、各ユーザーがコンバージョンするまでにたどってきた変遷を確認することができ、それらを集計すれば、各ユーザーがコンバージョンするまでにかかった平均の訪問回数とその流入元を把握することも可能です。

7. 売上の取得

　ECサイトにとって、もっとも重要な指標は「売上」です。しかし、多くのアクセス解析ツールではデフォルトの設定のままではサイトの売上を計測することはできません。そこで、アクセス解析ツールでも売上を計測できるように「商品の購入完了ページ」に以下のような計測タグを追加します[※]。

● 売上を計測するためのタグ（Google Analyticsの場合）

```
<script type="text/javascript">
var pageTracker = _gat._getTracker("UA-XXXXX-X");
pageTracker._trackPageview();
pageTracker._addTrans(
"1234",       // 注文 ID-必須
"小川商店",    // 提携先またはストア名
"2000",       // 合計-必須
"100",        // 税
"250",        // 配送料
"鎌倉市",      // 市・区
"神奈川県",    // 県・郡
"日本"         // 国
);
```

※ 上記に掲載している計測タグは Google Analytics 用のものです（2010年7月現在）。計測タグの指定方法はツールによって異なるので、詳細は各ツールのベンダーに確認してください。

```
pageTracker._addItem(
"1234",        // 注文 ID - 必須
"DD44",        // SKU/コード
"T シャツ",     // 商品名
"緑 M サイズ",  // カテゴリまたは種類
"1000",        // 単価-必須
"2"            // 数量-必須
);
pageTracker._trackTrans();
</script>
```

　上記のような計測タグを追加することで、「コンバージョンの有無」だけではなく「売上」を取得することができます。その結果、売れ筋商品の価格帯や1回の平均購入金額なども算出できるようになります。

　コンバージョン数・率も非常に大切な指標ですが、コンバージョンの有無だけでは金額の大小がわからないため、10,000円の商品を買った人と100円の商品を買った人が同じように扱われます。その点、売上ベースで計測すれば、複数実施した施策をより正当に評価することができます。

　なお、上記では主にECサイトを対象に解説していますが、商品を直接販売していないサイトでも複数種類のコンバージョンがある場合はこの考え方を利用できます。それぞれのコンバージョンの見込み売上をもとに実装してください。

8. サイト内検索の検索ワード分析

　現在はECサイトを中心に、多くのサイトが「サイト内検索」機能を有しています。しかし、ほとんどのサイトがサイト内検索で使用された検索ワードを分析していません。これは非常にもったいないことです。

　サイト内検索で使用される検索ワードにはユーザーのニーズがはっきりと表れます。もし、すでにサイト内検索機能を実装しているのであればすぐに検索ワード分析を行ってください。

Google Analyticsを利用したサイト内検索の検索ワード分析

　サイト内検索の検索ワードを分析する機能はさまざまなアクセス解析ツールに実装されていますが、ここではGoogle Analyticsの機能を紹介します。以下の手順を実行して設定します。

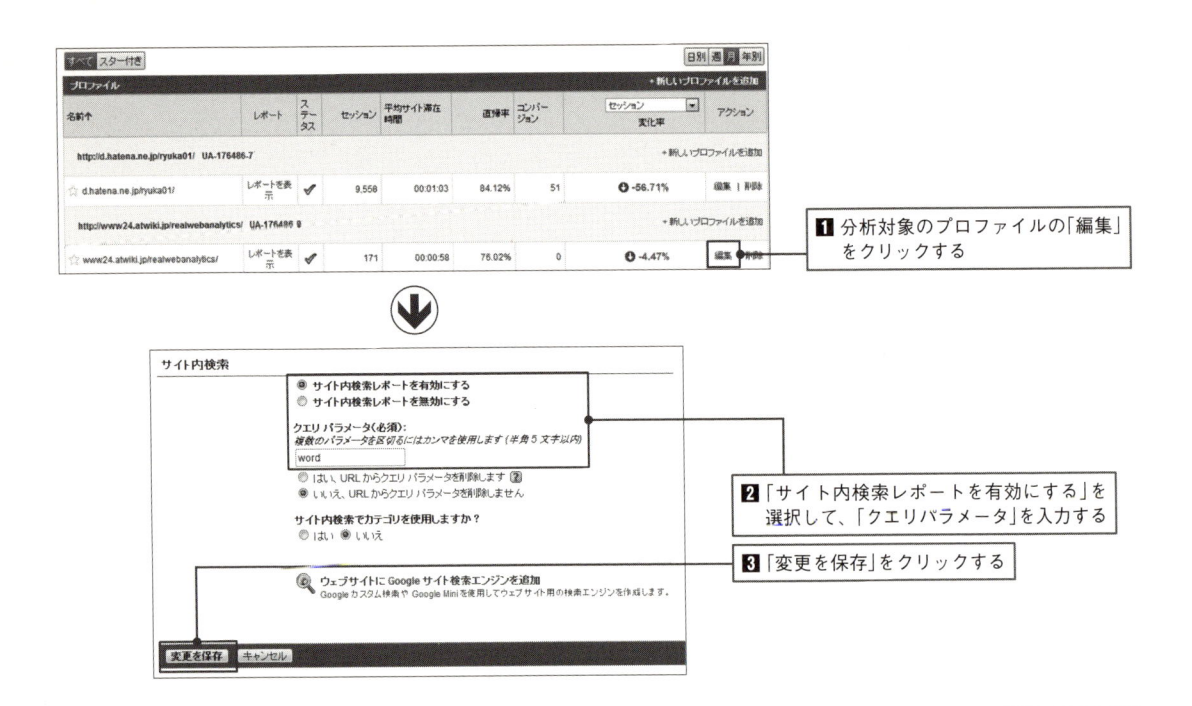

Part 04　一歩先のウェブ分析手法

1 分析対象のプロファイルの「編集」をクリックする

2 「サイト内検索レポートを有効にする」を選択して、「クエリパラメータ」を入力する

3 「変更を保存」をクリックする

> **Tips**　クエリパラメータとは、検索ワードが含まれているパラメータです。例えば、サイト内検索の結果画面のURLが以下の場合、クエリパラメータは「word」になります（検索ワードそのものはエンコードされています）。
>
> ```
> http://d.hatena.ne.jp/ryuka01/searchdiary?word=%A5%A2%A5%AF%A5%BB%A5%B9%B2%F
> 2%C0%CF&.submit=%B8%A1%BA%F7&type=detail
> ```

　設定が完了した時点から、サイト内検索の検索ワードが収集されます。収集内容は「サイト検索のサマリー」から確認できます。

● サイト検索のサマリー

266

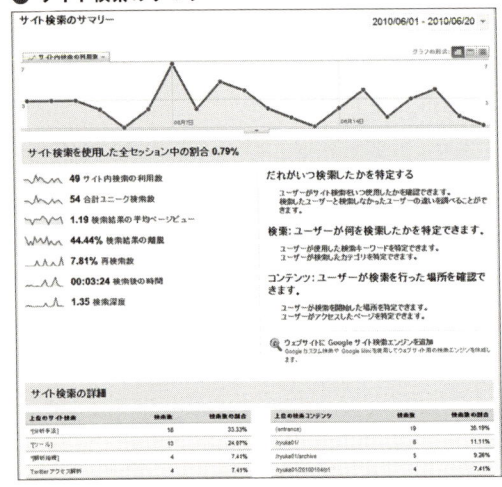

サイト内検索に関する分析のポイントは大きく分けると以下の3つです。

● サイト内検索に関する分析のポイント

分析のポイント	説明
実際に使われた検索ワード	もっとも大切な分析ポイント。ある程度ブランド力のあるサイトでは、外部の検索ワードにブランドワードが指定され、サイト内検索の検索ワードに商品名が指定されることが多い。サイト管理者側はサイト内検索の検索ワードを確認し、ユーザーに求められている商品やカテゴリ、ジャンルなどを把握する必要がある。また、流入キーワードとサイト内検索キーワードを分析するとユーザーのニーズをより精緻に把握できる
検索結果が0件になる検索ワードとその発生回数	検索結果が0件になると、多くのユーザーは「自分が探している商品がない」や「検索の仕組みがいまいちだな」と感じてサイトから離脱する。そのため、検索結果が0件になる検索ワードと、その発生回数を確認し、発生回数が多いものから順番に、その検索ワードに適合する商品を用意するか、関連性の高いコンテンツがマッチするようにサイトを改善する
検索結果数	検索結果数とコンバージョン数の相関関係を確認し、検索結果数がコンバージョンに影響を与えている場合は、より良い検索結果数を求め、対応する。例えば、検索結果数が1件のときよりも、30件ほどあったほうが同じ商品でもより多くコンバージョンされているのであれば、検索結果数が増えるようにコンテンツを作成する

9. データマイニング

データマイニングとは、専用の集計ツールを使用して膨大なデータ（アクセスログやそれ以外のデータも含む）をもとにサイトの現状や特徴を数学的に洗い出す手法です。ここまでに解説してきた、「気づき」を発見し、テストを繰り返すこれまでのウェブ分析手法とは対極にある分析手法といえます。

データマイニングを行うと、その他のウェブ分析手法では得ることができない新しい事実を把握することができます。例えば「長野」を旅行先に選んでいる人の特徴として「最初の訪問から3回以内に予約を行う」、「2泊以内のショートステイが98％を占める」、「フリーワード検索をまったく使わない」などが統計的に証明されるかもしれません。

ただし、データマイニングには「実施してみないと何が得られるのかわからない」という特徴があるため、実施後に得られた情報をサイトの改善やコンバージョン数の増加に利用できるのかを事前に把握することは困難です。

● 主なデータマイニングツール

ツール名	URL
SPSS Modeling Family	http://www.spss.co.jp/software/modeling/
Visual Mining Studio	http://www.msi.co.jp/vmstudio/
CART	http://www.hulinks.co.jp/software/cart/

データマイニングを行うには、専用ツールに加え、モデルを設計できる人も必要です。しかし、現時点ではデータマイニングのスペシャリストは多く存在しないため、実際に利用する機会は少ないと思います。もし機会があったらぜひチャレンジしてみてください。

10. 離脱リンクの計測

サブサイトから本体サイトにユーザーを送客する場合など、一部のサイトではKPIの1つに「他のサイトに送客する」という項目を設定する場合があります。この"送客したか否か"は「離脱リンク」を計測することで判断できます。離脱リンクは以下の計算式で求めます※。

離脱リンク ＝ 離脱数－外部へのリンクをクリックせずに離脱した数

> **Tips** Google Analyticsで離脱リンクを計測する方法については以下のサイトを参照してください。
>
> 》》》 実践CMS*IA：Google Analyticsで離脱リンクを自動計測する方法
> URL http://www.cms-ia.info/news/track-exit-links-with-google-analytics/

11. 効果差配

「効果差配」とは、サイト内の成果を適切に配分することです。分析手法というよりは、「連れてきたい人を、連れてきたいタイミングで、連れて行きたい場所に連れて行く」という、「集客最適化」の考え方を一歩推し進めた概念に近いものです。

例えば、ある求人サイトに50社が求人広告を出しているとします。このときある施策を行った結果として100件の応募があれば、評価としては「効率よく集客を行い100件の応募を集めた」といえるかもしれません（100件が多いか少ないかはここでは問題ではありません）。しかし、その内訳が「ある1社に100件の応募が集中し、その他の49社には1件の応募もなかった」であったなら、この施策を成功といえるのでしょうか。より良い結果は「50社に2件ずつ応募があった」です。なぜなら、前者の場合、49社は広告費を支払ったのにまったく応募がなかったことになり、それらの企業は再度広告を出さない可能性が高いからです。

ユーザーの視点に立つと違和感があるかもしれませんが、場合によっては「人気のない企業に応募するようにユーザーを誘導する」（効果差配）ことも必要です。ウェブ分析を行い、ユーザーの動きやコンバージョン数を把握したうえで、サイト内に特集を作ったり、検索結果のデフォルトのソート順を変えたりすることでユーザーを誘導することを検討してください。

※ 大半のアクセス解析ツールは、「離脱リンク」を正確に計測することができません。

● 効果差配で再出稿率を増やす

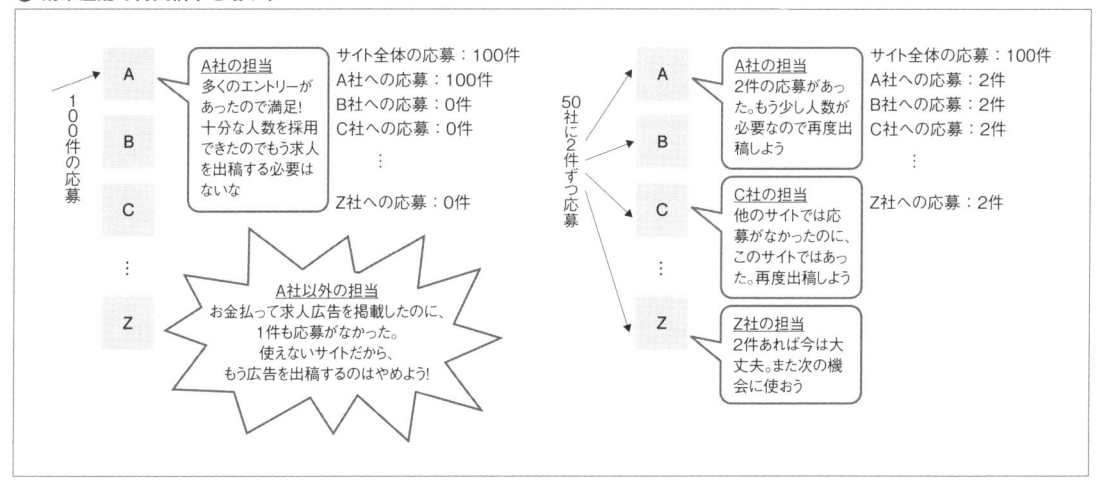

A社の担当
多くのエントリーがあったので満足！十分な人数を採用できたのでもう求人を出稿する必要はないな

サイト全体の応募：100件
A社への応募：100件
B社への応募：0件
C社への応募：0件
⋮
Z社への応募：0件

A社以外の担当
お金払って求人広告を掲載したのに、1件も応募がなかった。使えないサイトだから、もう広告を出稿するのはやめよう！

A社の担当
2件の応募があった。もう少し人数が必要なので再度出稿しよう

サイト全体の応募：100件
A社への応募：2件
B社への応募：2件
C社への応募：2件
⋮
Z社への応募：2件

C社の担当
他のサイトでは応募がなかったのに、このサイトではあった。再度出稿しよう

Z社の担当
2件あれば今は大丈夫。また次の機会に使おう

12. レコメンデーション

　レコメンデーションとは、商品を購入した人や商品に興味を持っている人に対して、他の類似商品を勧めることで売上増加を狙う手法です。分析方法というよりは販売戦略に近い内容ですが、特にECサイトにとっては非常に重要です。

● Amazonのレコメンデーション

解説 Amazonのレコメンデーション機能

主なレコメンドエンジン

レコメンドエンジン名	URL
ZERO-ZONE RECOMMEND	http://zero-start.jp/products/zero-zone-recommend
Cicindela	http://labs.edge.jp/cicindela/
レコナイズ	http://www.hottolink.co.jp/reconize/
チームラボレコメンデーション	http://www.team-lab.com/products/recommend.html
リッテルレコメンダー	http://littel.co.jp/product/recommender.html
さぶみっと！レコメンド	http://recommend.dragon.jp/

　レコメンドエンジンの導入が困難な場合は、手動でレコメンデーションを行うことを検討してください。流入してきたユーザーの属性に応じてお勧め商品を変更することはできませんが、商品を掲載しておくだけでも売上の向上が期待できます。以下の選定基準を参考にレコメンデーションを行ってみましょう。

レコメンデーション時の商品の選定基準

選定基準	説明
類似商品	ユーザーが興味を持っている商品と似ている商品を紹介する
代替商品	類似商品ではない、同カテゴリの商品を紹介する。例えば「蚊取り線香」に興味を持っているユーザーに「蚊を退治するスプレー」を紹介する。類似商品ではないが、用途が一致しているためこちらを購入する可能性はある
補足商品	購入した商品を使用する際に必要な関連商品を紹介する。例えば、プリンターを購入したユーザーにインクを紹介したり、懐中電灯を購入したユーザーに乾電池を紹介したりする
アップセル商品	同一商品群の中からワンランク上の商品を紹介する。例えば、39インチのテレビをカートに入れた人に42インチのテレビを紹介する。ラインアップが豊富に用意されている家電製品などに向いている
人気商品	売れ筋の商品を紹介する。または効果差配を考慮して、サイト側やクライアント側の「売りたい商品」を紹介する

Column　ユーザーエンゲージメント

　ユーザーエンゲージメントとは、来訪者の「サイトへの興味度合い」や「サービスの利用可能性」を数値化する分析手法です。これらの指標を数値化することができれば、効率の良い集客施策やマーケティングを実現できます。しかし、ユーザーエンゲージメントを行うための計測指標や方法論はまだ確立していません。今後が期待されている分析手法といえます。

　興味度合いを示す指標には「訪問回数」、「ページビュー数」、「サイト滞在時間」、「来訪頻度」などがありますが、どれも単体ではエンゲージメントを表す値としては不十分です。そこで本コラムでは、米国のウェブマーケティング会社「WebAnalyticsDemysitified」で紹介された、エンゲージメントを測る方程式を紹介します。なお、この内容がすべてと考えず、批判的な視点も持ちながら読み進めてください。

▶ **ユーザーエンゲージメントの計測方法**

　ユーザーエンゲージメント（VE：Visitor Engagement）は以下の式を用いて計測します[※]。なお、ユーザーエンゲージメントの値そのものには、大きな意味はありません。定期的に計測し、比較するために利用します。

※ 出所：米国のウェブマーケティングの会社WebAnalyticsDemysitifiedの定義

```
VE ＝ Σ(Ci＋Di＋Ri＋Li＋Bi＋Fi＋Ii)
```

　上記の式を計算すれば、サイトの特性や種類に関係なく、各ユーザーのエンゲージメントを数値化できます。各変数については以下で詳しく解説します[※]。

▶ Ci（Click Depth Index：ページ閲覧や成果を表す変数）

　Ciは、ページ閲覧や成果を表す変数です。以下の式で求めます。

```
ΣCi ＝ 特定のページ数以上を閲覧したユーザー数÷全ユーザー数
```

　特定のページ数以上を閲覧したユーザーはエンゲージメントが高いといえます。「特定のページ数」とはコンバージョンを達成するまでに必要な最短ページ遷移数です。例えば、コンバージョンを達成するまでに「詳細ページ」→「個人情報入力画面1」→「個人情報入力画面2」→「確認画面」→「完了画面」を遷移する必要がある場合は「5ページ」を設定します。

▶ Di（Duration Index：サイト滞在時間を表す変数）

　Diは、サイト滞在時間を表す変数です。以下の式で求めます。

```
ΣDi ＝特定の滞在時間以上サイトに滞在したユーザー数÷全ユーザー数
```

　特定の時間以上サイトに滞在したユーザーはエンゲージメントが高いといえます。「特定の滞在時間」とはサイト内の一連のアクションを達成する（サイトの目的と内容を理解する）のに必要な時間です。

▶ Ri（Recency Index：訪問頻度を表す変数）

　Riは、訪問頻度を表す変数です。以下の式で求めます。

```
Ri ＝ 1÷最新の訪問間隔（日数）
ΣRi ＝ Ri÷セッション数
```

　例えば、あるユーザーが1月6日と1月8日にサイトに訪れ、別のユーザーが1月7日に訪れた場合、2人のRi値は以下のようになります。

```
Ri ＝ 1÷[(8-6)+0] ＝ 0.5
ΣRi ＝ 0.5÷3 ＝ 0.17
```

　サイトに頻繁に訪れるユーザーはエンゲージメントが高いといえます。サイトの訪問間隔が短いユーザーが多ければ、それだけRi値も大きくなります。

▶ Li（Loyalty Index：サイト訪問回数を表す変数）

　Liは、決まった期間内にサイトに訪問した回数を表す変数です。Riと似ていますが、Riは頻度を、Liは回数を表します。以下の式で求めます。

[※] 本書では紙面の都合上、変数値の計算方法と概要のみ記載しています。より詳しい解説が必要になったら、筆者のブログ（http://d.hatena.ne.jp/ryuka01/20080930/p1）を参照してください。変数はすべてパーセンテージで記されます。

```
Li  = 1−(1÷集計期間の訪問回数)
ΣLi = 1−(1÷[訪問回数÷訪問者数])
```

例えば、Aさんが4回、Bさんが2回google.comから流入した場合のgoogle.comのLi値は以下のようになります。

```
ΣLi = 1−(1÷(4+2))
ΣLi = 1−(1÷6)
ΣLi = 0.83
```

▶ **Bi（Brand Index：サイトのブランドの認知度を表す変数）**

Biは、サイトのブランドの認知度を表す変数です。以下の式で求めます。

```
ΣBi = ブランドワードまたはノーリファラーの流入数÷全流入数
```

なお、この変数を求めるには、事前にブランドワード（会社名やブランド名、商品名など）のリストを作成する必要があります。例えば、アップル社であれば「Apple」、「Apple Computer」、「iPod」、「iPod Touch」、「iPhone」などがブランドワードになります。

ノーリファラーの流入がBiに含まれているのは、流入元がノーリファラーになる「URL直打ち」や「メルマガからの流入」、「ブックマーク」などを「すでにサイトを知っているユーザー」として考えているからです。

▶ **Fi（Feedback Index：サイトへのフィードバックなどの定性情報を表す変数）**

Fiは、ユーザーからのフィードバックや情報送信の有無を表す変数です。以下の式で求めます。

```
ΣFi = フィードバックがあったセッション数÷全セッション数
```

フィードバックや情報送信には以下のものが含まれます。

・（EC系のサイトなどにある）評価システム入力完了画面
・アンケート回答完了画面
・サイトへの意見入力フォーム完了画面
・問い合わせ送信完了画面
・問い合わせ用のe-mailアドレスのリンクをクリック
・ブログなどでアイコンをクリックして記事を評価

なお、より精緻にFi値を計測する場合は、フィードバックされた内容をネガティブなものとポジティブなものに分類したうえで、以下の式で求めます。

```
ΣFi = (フィードバックがあったセッション数÷全セッション数)÷2 + (ポジティブなフィードバックがあったセッション数÷全セッション数)÷2
```

▶ **Ii（Interaction Index：エンゲージメントにつながるアクションを表す変数）**

Iiは、サイト内でエンゲージメントにつながるアクションを表す変数です。以下の式で求めます。

> ΣIi ＝ アクションを行ったセッション数÷全セッション数

なお、この変数を求めるには、Bi（Brand Index）と同様に、事前に「エンゲージメントにつながるアクション」のリストを作成する必要があります。以下のようなアクションが含まれます。

・商品に関する購入レポートを書いた
・ブログにコメントを書いた
・ブックマークをするというリンクを押した
・ソーシャルブックマーク登録ボタンやRSS登録ボタンを押した
・PDFをダウンロードした
・商品をショッピングカートに追加した

ここで注意してほしいのですが、「エンゲージメントにつながるアクション」にサイトのKGIを入れてはいけません。あくまでもサイトへのエンゲージメントにつながるアクションのみ入れてください。

● エンゲージメント度合い（VE）を流入元別に確認

リンク元ドメイン	VE	Ci	Di	Ri	Li	Bi	Fi	Ii
google.com	12%	25%	17%	31%	4%	1%	1%	8%
stumble.upon.com	4%	1%	7%	22%	0%	0%	0%	1%
google.co.uk	10%	14%	14%	35%	2%	0%	1%	3%
yahoo.com	14%	26%	16%	31%	8%	0%	1%	13%
live.com	10%	14%	10%	33%	1%	1%	2%	8%
webanalyticsassociation.org	18%	41%	24%	38%	15%	2%	2%	6%
blogspot.com	20%	35%	28%	46%	12%	2%	2%	12%
wikipedia.org	8%	15%	14%	25%	1%	0%	0%	4%
msn.com	9%	6%	8%	50%	1%	0%	0%	1%

※ VEは各指標の平均値を元に算出しています。

おわりに

　ウェブ分析は、学べば学ぶほど楽しくなります。徐々に自社サイトの状況を把握できるようになり、また競合他社とも比較できるようになります。何かしらの改善策を実施すれば、必ず反応が数値に表れます。成功するときも、失敗するときもありますが、何もわからない状況でサイトを更新していたときよりも、ずっとわくわくすると思います。

　今後も継続してウェブ分析を行っていくためにもっとも大切なのは「サイトとユーザーに対する好奇心」です。小難しい専門用語を覚えることや、いわれたとおりにデータを見ることではありません。「お客さまとクライアント、そして自分のために、サイトを良くしたい」という思いが、サイトの最適化につながります。

　ウェブ分析は上司にいわれて実施するだけでは長続きしません。なぜなら、何度も繰り返しながら経験を積む必要があるからです。1回の施策で成功することはまれです。数回、数十回とさまざまな施策を実施することによってはじめて見えてくる世界があります。そのためにも自分自身がウェブ分析に興味を持ち、率先して取り組む姿勢が求められるのです。

　しかし、最初の一歩を踏み出すことも、同じくらい大切です。筆者が危惧しているのは、本書を読んだだけで終わってしまうことです。学んだだけではサイトは改善されません。本書で紹介した手法をどれか1つでも良いので、今日あるいは明日にでも、自分のサイトで試してみてください。本書を読んでくれた人の何%が行動を起こしてくれるのかが、筆者にとっての本書のKGIです。

　本書を読み終えた人は、すでにウェブ分析の基礎知識を有していると思います。しかし、本書の内容はウェブ分析全体からすれば、まだほんの入り口にすぎません。ウェブ分析の世界は深く、常に変化しています。

　最後に、これからウェブ分析を活用していくみなさんにとって、有用かつ最新の情報を得られるサイトをいくつか紹介します。これらのサイトにはウェブ分析やアクセス解析ツールに関するコンテンツがたくさん用意されています。暇を見つけては読んでみてください。きっと役立つ「気づき」を得ることができるでしょう。

アクセス解析イニシアチブ
URL http://a2i.jp

　「アクセス解析イニシアチブ」は、2009年4月に発足したアクセス解析の評議会です。「アクセス解析のベースアップ」、「ウェブアナリストの地位向上」、「人の交流の促進」の3つのミッションをもとに、さまざまな情報発信やワークショップ、講演などを行っています。筆者も立ち上げスタッフとして参加し、オンラインコンテンツの作成や講演などを行っています。ウェブ分析に携わる人は会員になることをお勧めします。

WebAnalyticsAssociation
URL http://waablog.webanalyticsassociation.org/

　「WebAnalyticsAssociation」は、米国に本拠地を置く世界最大のアクセス解析の団体です。アクセス解析の試験を作成したり、アクセス解析用語の定義集を発表したり、世界各地で活動が行われてい

ます。サイトはすべて英語ですが、最新のトレンドを把握するためには押さえておきたいサイトです。

ログマニアックス
URL http://logmania.masakiplus.net/

「ログマニアックス」は、筆者の同僚でもある齋藤氏が書いているアクセス解析に関する、名前のとおりマニアックなブログです。主なエントリーには「ブランドキャンペーンを分析するための7つの方法」、「直帰率を考えないとCVRは意味がない？」、「複数ドメインをアクセス解析でどうとるか」などがあります。

dig iT
URL http://an-k.jp/blog

「dig iT」は、アクセス解析ベンダーに勤めておられる安西氏のブログです。アクセス解析ツールの利用者、ベンダー両方の経験をもとにした良質のエントリーばかりです。数々の講演や勉強会なども開いています。主なエントリーには「Twitterマーケティングを計測する方法」、「成功するWebアナリストの7つの習慣」、「はじめてのサイト分析」、「GoalとKPIに潜むキャズムの乗り越え方」などがあります。

Insight for WebAnalytics
URL http://ibukuro.blogspot.com/

「Insight for WebAnalytics」は、アクセス解析イニシアチブの副代表である衣袋氏のブログです。さまざまな調査結果や統計情報を中心に紹介しており、毎日複数回更新されています。主なエントリーには「アクセス解析ツールのいけていない集計仕様」、「遅れていた楽天のアクセス解析、今年1年で物凄い進歩」、「アクセス解析のKPIに意義あり」などがあります。

実践CMS★IA
URL http://www.cms-ia.info/web-analytics/

コンテンツ管理（CMS）と情報アーキテクチャー（IA）に関する内容が中心ですが、アクセス解析、特にSiteCatalystに関しての造詣が深い清水氏のブログです。主なエントリーに「他サイトへの送客効果を定点観測する方法」、「iPhone用のGAアプリ13種類まとめ」、「SiteCatalystのAPIを活用する3つの方法」などがあります。

カグア！ Google Analytics 活用塾
URL http://www.kagua.biz/

「カグア！ Google Analytics 活用塾」は、全国で精力的にGoogle Analyticsに関するセミナーを行っている吉田氏によるGoogle Analyticsに関するブログです。最新の使い方や機能などを紹介しています。主なエントリーには「ゼロから学ぶGoogle Analytics携帯版」、「Google Analytics活用事例まとめ～アパレル編～」、「ロングテールは成功しているか、解析の3ステップ」などがあります。

≫ Google Analytics　アクセス解析
URL http://abc-analytics.com/

「Google Analytics　アクセス解析」は、白井氏によるGoogle Analyticsに関するブログです。具体的な分析事例や実装方法が丁寧に説明されており、実用性が高いのが特徴です。主なエントリーには「ユニークユーザー数の話」、「trackEventとpageViews、bounceRateの関係」、「Google AnalyticsでのABテスト」などがあります。

≫ makitani.com
URL http://makitani.com/

「makitani.com」は、Webアナリスト市嶋氏のブログです。勉強会の感想やアクセス解析に関する考え方など、幅広いエントリーが投稿されています。主なエントリーには「Webアナリストに必要なスキル」、「Google Analyticsで曜日別のデータを取得する」、「アクセス解析ツールは二つ入れよう」、「Webサイトのアクセス解析で、押さえておくべき26の指標」などがあります。

≫ SEM-LABO
URL http://sem-labo.net/blog/

「SEM-LABO」は、Google Analytics関連の著書もある阿部氏のSEM、アクセス解析、リスティング広告に関するブログです。ウェブ分析関連の書評も数多く行っています。主なエントリーには「ネットショップを運営する際に必ず忘れてはいけない3つの簡単なこと」、「意外と簡単！Google Analyticsでランディングページを改善する方法」、「リスティング広告でありがちな15個のミス」などがあります。

≫ ウェブ力学
URL http://m-ishikawa.com/blog/

「ウェブ力学」は、SEO、ウェブマーケティング、アクセス解析を取り上げている石川氏のブログです。サイト改善やアクセスアップに関するTIPSが数多く掲載されています。主なエントリーには「Google Analyticsを導入したらやっておきたい簡単で便利な設定集」、「ブログのアクセス数が1ヶ月で7倍になった本当の理由」、「直帰率を下げるには？ユーザーが直帰する4つの理由」、「最高の内部リンクを構築するための10のポイント」などがあります。

≫ アクセス解析は名古屋の運営堂
URL http://www.uneidou.com/

「アクセス解析は名古屋の運営堂」は、名古屋でホームページ作成などの業務をされている森野氏のブログです。Google Analyticsを中心に、アクセス解析について取り上げています。Google Analyticsに関するエントリーに「Google Analyticsで同じURLのページ遷移を取得する方法」、「Google AnalyticsでWordpressのサイト内検索データを収集する方法」などがあります。

≫ ススムカタチ×コトバ×しくみ
URL http://susumukatachi.jp/category/blog

　アクセス解析やサイト改善のコンサルを行っている「ススムカタチ情報設計室」のブログです。特にGoogle Analyticsの仕様などに詳しく、参考になる記事が多いです。主なエントリーに「最初のきっかけ訪問をGoogle Analyticsで計測する」、「ダメなサイトに共通する7つのポイントは？」、「Googleから来た人の検索キーワード、何番目に表示されたのかが分かるフィルタ」などがあります。

≫ Analytics日本版公式サイト
URL http://analytics-ja.blogspot.com/

　「Analytics日本版公式サイト」は、Google Analyticsの公式サイトです。最新のリリース情報や分析方法などが紹介されています。Google Analyticsユーザーには必須のサイトです。

≫ WebAnalyticsDemystified
URL http://www.webanalyticsdemystified.com/

　「WebAnalyticsDemystified」は、アクセス解析に関するトッププロフェショナルの方々が書いているブログです。業界を代表する方々の考えや米国のアクセス解析のトレンドを把握することができます。

≫ Occam's Razor
URL http://www.kaushik.net/avinash/

　「Occam's Razor」は、Google Analyticsのエバンジェリストであるアビナッシュ・コーシック氏のブログです。Google Analyticsを中心に分析の手法や課題などに鋭く切り込んでいます。アクセス解析業界でもっとも有名な1人で、書籍「Webアナリスト養成講座」は日本語版も出版されています。

≫ リアルアクセス解析
URL http://d.hatena.ne.jp/ryuka01/

　「リアルアクセス解析」は、筆者のブログです。週に1回程度アクセス解析に関するさまざまな記事を掲載しています。主なエントリーには「アクセス解析だけでは分からない、サイト上での動向を追うツール8+2種」、「散布図を使ったアクセス解析」、「Twitter解析ツール15種比較レビュー」、「アクセス解析が駄目な7つの理由」などがあります。

≫ ウェブ分析関連のTwitterアカウント
URL http://bit.ly/webtwitter

　上記で紹介したブログを書いている人の大半は、Twitterのアカウントを持っています。ブログを読んで興味がわいたら、その人をフォローしてみてはいかがでしょうか。上記のURLにウェブ分析やアクセス解析に関する方々のTwitterアカウントの一覧を掲載しています。よろしければご覧ください。ちなみに私のTwitterアカウントは「ryuka01」です。

Index

≫ 記号・数字

「売上と利益の達成率」グラフ	64
「コンバージョンあたりの売上」グラフ	65
「コンバージョン数とコンバージョン率」グラフ	66
「サイトの売上と利益」グラフ	63
「集客施策ごとのコンバージョン数内訳」グラフ	67
「集客施策ごとの流入内訳」グラフ	66
「主要ページのページビュー数」グラフ	68
「直帰率／新規率」グラフ	68
「ページビュー数／訪問回数／訪問者数」グラフ	67
「訪問回数」グラフ	65
4Q	235

≫ A・B・C

A/Bテスト	149
access.log	21
Adwords	166
Amazonアソシエイト	174
Apacheモジュール方式	26
Apacheログ方式	21
Bit.ly	251
Blogpolis	242
CART	267
Cicindela	270
ClickHeat	84
ClickM@iler	171
CNETプレスリリース	178
Combined Log Format	22
Comfy Analytics	6
COMSEARCH	178
CORREL関数	45
CPA（Cost Per Action）	161
CPC（Cost Per Click）	161
Critical Success Factor	14
CSF	14
CSV形式	63
CTR	164
CustomLog	22

≫ D・E・F

DLPO	153
econda	24, 153
ECサイトのKGI	17
FeedBurner	84
FormAnalytics	238

≫ G・H・I

Google Analytics	6
Google Insights for Search	221
Googleコンテンツネットワーク	170
GRC	225
HTTP認証	23
Imp数	164
itomakihitode.jp	230

≫ J・K・L

Key Goal Indicator	10
Key Performance Indicator	15

KGI	10
kizasi.jp	242
KPI	15
LogChaser	23
logsディレクトリー	22

≫ M・N・O

MailArrow	171
me*you	250
Mobilog	26
Mochibot	84
Opera	30
Overture	166

≫ P・Q・R

PageRank	166
PR TIMES	178
PV数	31
RTmetrics	6, 23

≫ S・T・U

Salesforce	13
SEO	162
SEO TOOL DW230	228
SEOアクセス解析ツール	228
Sibulla	6, 24
SiteCatalyst	6
SiteTracker	23
SPA（Sales Per Action）	161
Spiral	171
SPSS Modeling Family	267
SUUMO	12
Test & Target	153
TopHatenar	242
Traffic Statistics	246
Twitter公式検索エンジン	250

Twitter分析	249
ubicast A/B Split	153
UnitSearch	230
Urchin	27
URL作成ツール	87
UserHeat	231
utmcc	25
UU数	31

≫ V・W・X・Y・Z

Value Commerce	174
VFリリース	178
Visionalist	6
Visual Mining Studio	267
WASP	84
Web Optimizer	151
WebAnalyst	84
WebTrends	23
Webビーコン方式	23
XML形式	63
ZERO-ZONE RECOMMEND	270

≫ あ行

アイトラッキング	255
アイレップ	176
赤すぐ	11
アクセス日時	25
アクセスログ	21
アドバンスドセグメント機能	106
アドビシステムズ	6
アドプランナー	245
アフィリエイト	174
アライアンス	185
入り口ページ	98
入り口ページ見直しワード	97
インターネット視聴率サービス	256

インタレストマッチ	170	検索順位チェックツール	225
インテリジェンス機能	120	検索ワード	93
ウェブアンテナ	153	検索ワード分析	265
ウェブ分析の3ステップ	2	効果差配	268
うごくひと2	84	広告型サイトのKGI	17
円グラフ	54	公式サイト（モバイル）	181
オーガニック流入	87	コンバージョン	35
オーリック・システムズ	6	コンフォート・マーケティング	6
オプト	176		
折れ線グラフ	49		

» か行

» さ行

改善策の5W2H	147	サードパーティCookie	30
外部広告	176	再掲率	12
加重平均	104	最頻値	42
間接効果	263	さぶみっと！レコメンド	270
カンパイル・フォー・ウェブサイト	238	サマリーレポート	239
関連ワード分析	254	参照元	23
キーワード出現頻度解析	229	散布図	55
キーワードツール	215	時間差テスト	151
キーワードマトリックス	96	時間別トレンド	75
期間別トレンド	74	自己集客	179
季節トレンド	71	自社アカウント分析	252
キャンペーンの最適化	208	自社キャンペーン分析	253
休祝日平均ページビュー数	73	自社ブランディング分析	252
競合分析	254	集客最適化	19, 158
共分散	46	集客ポートフォリオ	187
業務評価指標	15	重要成功要因	14
近似直線	45	熟読エリア分析	231
クエリパラメータ	266	旬感ランキング	222
クリエイティブ見直しワード	98	上位100ワード	96
クリックマップ分析	231	上位10ワード	93
クローラー	22	新規掲載数	12
経営目標達成指標	10	新規ユーザー	34
検索エンジン	87	浸透度合い	7
検索エンジン最適化	162	ステータスコード	23
		スポット分析	61
		正規分布	43

成熟度モデル	7
正の相関関係	44
セグメンテーション	85
セッション数	31
遷移	37
遷移率	203
戦術・戦略	13
相加平均	46
相関係数	44

≫ た行

滞在時間	37
大数の定理	46
代表値	42
タグ方式	23
多項式近似	80
ダブルタギング	39
多変量テスト	154
他力集客	183
端末識別番号	30
チームラボレコメンデーション	270
中央値	42
中間成果	36
注目検索クエリ	224
直帰	37
直帰率	16
月別ページビュー数	73
積み上げ式の棒グラフ	54
定常分析	61
ディメンション	107
ディレクティブ	22
データシート	63
データマイニング	267
デジタルフォレスト	6
同時テスト	151
導線最適化	197

導線の最適化	19
トレンド	49, 70
トレンドの誤差	83

≫ な行

なかのひと	234
入力フォーム最適化ツール	238
人気検索クエリ	224
忍者アクセス解析	84
ネットリサーチ	256
ノーリファラー	87
のべ訪問者数	31

≫ は行

パケットキャプチャー方式	27
発言者分析	254
バブルチャート	56
バリュープレス	178
ヒートマップツール	231
標準偏差	46
ビルディングブロック	21
ファーストパーティCookie	30
ファーストビュー	199
ファイルの読み込み時間	25
負の相関関係	44
ブランドワード	94
ブレインメール	171
プレスリリース	178
プロモーション	176
分布	41
平均	40
平均購入単価	65
平日平均ページビュー数	73
ページ滞在時間	37
ページビュー数	11, 31
ページビュー単価	11

変動要素	16
棒グラフ	53
訪問回数・訪問者数	31
訪問滞在時間	37
補助円グラフ付き円グラフ	54

≫ ま行

マイクロコンバージョン	36
マウストラック分析	231
まとめシート	69
マルチバリエイトテスト	154
見込み客獲得型サイト	18
メールマガジン	171
メディアサイトのKGI	17
メディックス	176
目的の可視化	10
モニタリングレポート	60

≫ や行

ユーザーインタビュー	255
ユーザーエージェント	23
ユーザーエンゲージメント	270
ユーザーの特定	29
ユーザビリティ	204
誘導ワード	97
優良ワード	97
ユニークビジター数	31
ユニークブラウザ数	31
ユニークユーザー数	31

≫ ら行・わ行

ライバルサイトチェッカーβ	229
楽天アフィリエイト	174
リード獲得型サイト	18
リクエスト情報	23
リスティング広告	166

リスティング流入	87
離脱	37
リッテルレコメンダー	270
リテンション率	12
リピーター	34
リファラー	23
レーダーチャート	56
レコナイズ	270
レコメンデーション	269
ロングテール型	44
ロングテール分析	261
環	6

■著者プロフィール

小川　卓（おがわ　たく）。

昭和 53 年生まれ。在米 5 年・在英 7 年の後、ロンドン大学（University College London）、早稲田大学大学院を卒業。専攻は化学。マイクロソフト株式会社、株式会社ウェブマネーを経て、2006 年より現職。大小さまざまな規模のサイトの分析・改善に多数携わる。また、全社アクセス解析ツールの選定・導入・教育も行う。日本に存在するほぼすべてのアクセス解析ツールの利用経験あり。

アクセス解析に特化したブログ「リアルアクセス解析」を 2008 年より開始。Markezine、Web 担当者フォーラム、日経ネットマーケティングなどで執筆多数。

■本書サポートページ

http://isbn.sbcr.jp/50845/

本書をお読みになりましたご感想、ご意見を上記 URL からお寄せください。

■注意事項

○本書内の内容の実行については、すべて自己責任のもとでおこなってください。内容の実行により発生したいかなる直接、間接的被害について、筆者およびソフトバンク クリエイティブ株式会社、製品メーカー、購入した書店、ショップはその責を負いません。

○本書の内容に関するお問い合わせに関して、編集部への電話によるお問い合わせはご遠慮ください。

○お問い合わせに関しては、封書のみでお受けしております。なお、質問の回答に関しては原則として著者に転送いたしますので、多少のお時間を頂戴、もしくは返答できない場合もありますのであらかじめご了承ください。また、本書を逸脱したご質問に関しては、お答えいたしかねますのでご了承ください。

入門 ウェブ分析論
～アクセス解析を成果につなげるための新・基礎知識～

2010 年 10 月 6 日　初版第 1 刷発行
2011 年　1 月 31 日　初版第 2 刷発行

著　者	小川 卓
発行者	新田 光敏
発行所	ソフトバンククリエイティブ株式会社
	〒 107-0052　東京都港区赤坂 4-13-13
	TEL 03-5549-1200（販売）
	http://www.sbcr.jp
印刷・製本	株式会社 シナノ
カバーデザイン	重原 隆
本文デザイン・組版	クニメディア株式会社

落丁本、乱丁本は小社営業部にてお取り替えいたします。定価はカバーに記載されております。

Printed in Japan　ISBN978-4-7973-5084-5